普通高等院校应用型本科“十四五”系列特色教材

单片机应用技术

主　编◎贾亚娟　尚丽莎　王亚亚　姚　丹　赵进全

西南交通大学出版社
·成都·

图书在版编目（CIP）数据

单片机应用技术 / 贾亚娟等主编. —成都：西南交通大学出版社，2023.5

ISBN 978-7-5643-9282-6

Ⅰ. ①单… Ⅱ. ①贾… Ⅲ. ①单片微型计算机 - 高等学校 - 教材 Ⅳ. ①TP368.1

中国国家版本馆 CIP 数据核字（2023）第 081215 号

Danpianji Yingyong Jishu

单片机应用技术

主编 贾亚娟 尚丽莎 王亚亚 姚 丹 赵进全

责任编辑 张文越
封面设计 GT 工作室

出版发行 西南交通大学出版社
（四川省成都市金牛区二环路北一段 111 号
西南交通大学创新大厦 21 楼）
邮政编码 610031
发行部电话 028-87600564 028-87600533
网址 http://www.xnjdcbs.com
印刷 四川森林印务有限责任公司

成品尺寸 185 mm × 260 mm
印张 20
字数 503 千
版次 2023 年 5 月第 1 版
印次 2023 年 5 月第 1 次
定价 52.00 元
书号 ISBN 978-7-5643-9282-6

课件咨询电话：028-81435775

前 言

PREFACE

《单片机应用技术》一书融入了最新的教学理念和教学实践内容，在实践中渗透理论，实例内容丰富，结构新颖，层次清晰，软硬件设计资料丰富，具有较强的实用性、代表性和参考价值。本书是一本基于实际工作过程开发设计的单片机一体化教程，书中以单片机硬件设计助理工程师、软件设计师、PCB 电路设计师等一些与单片机项目开发相关的岗位工作任务为依据，通过典型工作任务的分析归纳，由浅到深、循序渐进地介绍单片机应用技术，程序设计采用 C 语言开发，逻辑性强。

全书包含单片机基础知识与基础课题仿真、单片机与传感器综合应用、单片机项目实践以及 PCB 设计部分。在书中课题仿真与 PCB 设计部分讲述了 Proteus、Keil C51、Altium Designer 6.9 软件的应用。本书编写组教师基于多年教学经验，整合教学内容，采用“边理论，边实践”的教学方法，使学生在实践中逐步掌握单片机的硬件电路与开发方法。本教材的编写硬件实物与软件配套，内容讲解以“紧密结合实践”为特色。因此，本书特别适合单片机初学者与单片机原理教材配合使用。编写过程按照产品开发的流程，首先掌握预备基础知识，然后模拟仿真，最后实践制作。在教材的指导下进行仿真和动手焊接制作，既可加强对电路的理解又能锻炼学生的动手制作能力。

本书由西安交通工程学院单片机应用教研组老师共同完成。其中王亚亚编写第 1、2 章，姚丹编写第 3 章，贾亚娟编写第 4、5、6 章，尚丽莎编写第 7 章，赵进全进行校稿。书中实例丰富，突出技能训练，适合于应用型本科院校的学生使用。此外，本书结构合理、实用性强，涉及的知识面广泛，也可供单片机应用系统的设计、开发人员以及其他院校电子、计算机相关专业的师生参考、学习使用。

本书由西南交通工程学院组织出版。另外，本书编写过程中参考了很多文献，在此对参考文献的著作者致以真诚的感谢。限于编者水平，书中难免有疏漏和不妥之处，敬请同行和读者批评指正。

编 者

2022 年 12 月

目 录

CONTENTS

第 1 章

51 单片机硬件基础

1.1 单片机基本知识

1.1.1 单片机概念

单片机就是在一块硅片上集成了微处理器（CPU）、存储器及各种输入/输出接口的芯片，这样一块芯片就是具有了计算机的属性，因而被称为单片微型计算机，简称单片机。

新型增强型单片机除了以上资源外，还内部集成了 A/D 转换、脉宽调制（PWM）、双串口、显示驱动电路等，使其功能更加强大，如台湾宏晶科技公司的 STC12xx 系列单片机是一款高速、低功耗、超强抗干扰的新一代 8051 单片机。

1.1.2 单片机的发展历史

单片机出现的历史并不长，它的产生与发展和微处理器的产生与发展基本同步，经历了四个阶段。

第一阶段（1971—1974）：低性能单片机的探索阶段。1971 年 11 月，美国 Intel 公司首先设计出了集成度为 2000 只晶体管的 4 位微处理器 Intel4004，并且配有随机存储器 RAM、只读存储器 ROM 和寄存器等芯片，构成了第一台 MCS-4 微型计算机。1972 年 4 月，Intel 公司又设计成功了 8 位微处理器——Intel8008。这些微处理器虽说不是单片机，但从此拉开了研制单片机的序幕。

第二阶段（1976—1978）：初级单片机阶段。这个阶段的单片机内集成有 8 位 CPU、并行 I/O 接口、8 位定时/计数器，寻址范围不大于 4K，并且无串行通信口。该阶段以 Intel 公司的 MSC-48 为代表。

第三阶段（1978—1983）：高性能单片机阶段。这个阶段推出的单片机普遍有串行 I/O 口，有多级中断处理，16 位定时/计数器。单片机内部 RAM、ROM 容量增大。这类单片机代表产品有 Intel 公司的 MSC-51 系列、Motorola 公司的 MC6801 系列等。

第四阶段（1983 至今）：8 位巩固发展及 16 位、32 位单片机推出阶段。这个阶段部分 8 位单片机工艺先进、集成度高、内部功能强，运算速度可达 1s。代表产品有 Intel 公司的 MCS-96，TI 公司的 TMS9900，新产品还有 STC 公司的 12 系列单片机。继 8 位之后，高性能和高技术的 16 位、32 位单片机也问世了。这类单片机主要应用于航天航空、高级机器人、军事等方面，它代表着单片机发展中的高新技术。

1.1.3 单片机的应用领域

由于单片机具有体积小、功耗低、可靠性好、性能价格比高、易于学习和开发等突出优点，广泛应用于仪器仪表、家用电器内节能装置、工业控制、通信等诸多领域。

生活中：空调、冰箱、饮水机、微波炉、洗衣机等。

信息技术中：传真机、调制/解调器、数字接收机、网络交换机等。

工业中：各种智能化仪表、测控系统等。

军事中：军事监视系统、通信设备等。

总之，单片机技术使用范围广，在仪器仪表、石油、化工、纺织、机械加工、汽车、军事领域等各个行业都有广泛的应用。可以说，有控制系统的地方就有单片机的身影。

1.1.4 单片机分类及标号介绍

本教材第 6 章采用的是目前国内使用最多的基于 51 内核的单片机，即常说的 51 单片机，具体型号是 STC89C52RC。

1. 单片机系列产品

目前，国内外单片机应用呈现百花齐放之势，不同的单片机具有不同的特征，介绍如下：

（1）PHILPS——LPC 系列，基于 51 内核的微控制器，每机器周期只需要 6 个时钟，比普通的 51 快一倍。应用在电子门禁系统、倒车雷达、里程表等。

（2）凌阳——台湾凌阳科技，集成语言识别系统。

（3）PIC——美国微芯科技，主要应用于工业控制。

（4）430——德州仪器（TI），接口多，性能稳定，工作电压低，超低功耗，主要应用于智能仪表、测试测量系统。

（5）ATMEL——美国 Atmel 公司，传统的 AVR 单片机。

（6）Intel——MCS-51 系列单片机。

（7）STC——台湾宏晶科技（STC），STC89C5XRC，STC10XX，STC11XX，STC12XX 等。

2. 单片机标号简单介绍

本教材实践项目中采用 STC 公司的 51 单片机，具体型号与介绍如下：

STC89C52RC 单片机

STC——前缀，表示芯片为 STC 公司的产品。

8——该芯片为 8051 内核芯片。

9——内部含 Flash E^2PROM 存储器。

C——该器件为 CMOS 产品。

5——固定不变。

1——该芯片内部程序存储空间的大小，1 为 4 KB，2 为 8 KB，3 为 12 KB，即在该数乘上 4 KB 就是该芯片内部的程序存储空间的大小。

RC——STC 单片机内部 RAM（随机读写存储器）为 512 B，还有 RD+表示内部 RAM 为 128 B。

1.2　单片机内部结构、引脚定义与功能

1.2.1　单片机引脚定义及功能说明

常用的 STC89C51 单片机是 40 管脚双列直插封装（DIP）集成电路芯片，封装的引脚与逻辑符号如图 1-1 所示。和 MCS-51 系列的其他单片机一样，89C51 单片机因为受到集成电路芯片数目的限制，所以有许多引脚具有双功能。从引脚的功能来看，可以将引脚分为以下几部分。

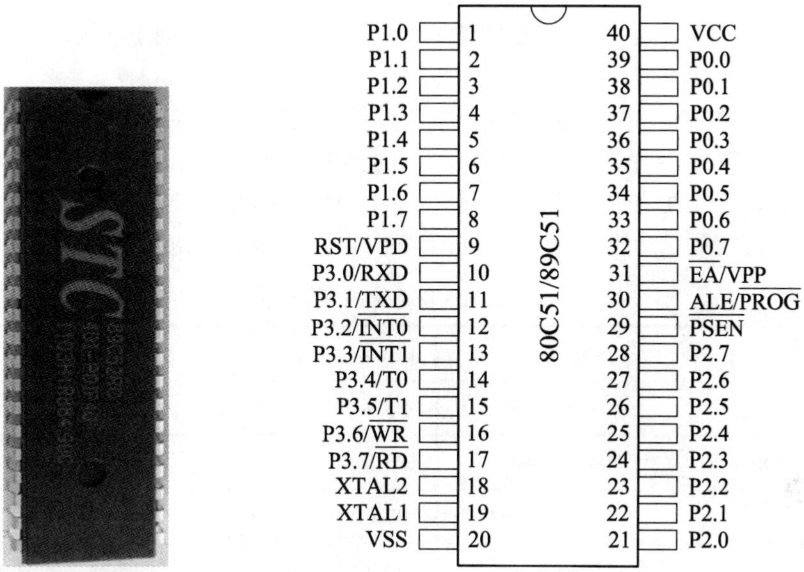

（a）实物图　　　　（b）引脚图

图 1-1　89C51 单片机实物图与引脚图

1. 电源引脚 Vcc 和 Vss

Vcc（引脚 40）：芯片工作电源端，电压范围 4.5 ~ 5.5 V，典型值为+5 V。

Vss（引脚 20）：电源接地端。

2. 时钟电路引脚 XTAL1 和 XTAL2

XTAL1（引脚 19）与 XTAL2（引脚 18）：使用单片机内部振荡电路时，用于外接石英晶振和陶瓷电容。XTAL1 是片内振荡电路反相放大器的输入端，XTAL2 是片内振荡电路反相输出端，振荡电路的频率就是晶振的固有频率。

3. 控制信号引脚 RST/VPD，ALE/ $\overline{PROG}$ ，$\overline{PSEN}$ 和 $\overline{EA}$ /VPP

RST/VPD：RST 是复位信号输入端，高电平有效。当 RST 保持两个机器周期（24 个时钟周期）的高电平时，单片机完成一次初始化复位工作。第 2 功能 VPD 作为备用电源输入端。

ALE/ $\overline{PROG}$ ：ALE 为地址锁存允许输出信号。在访问外部存储器时，ALE 用来锁存 P0 口扩展地址低 8 位的地址信号。在不访问外部存储器时，ALE 以晶振频率的 1/6 的固定频率输出正脉冲。第 2 功能 $\overline{PROG}$ 是内部有 EPROM 的单片机的 EPROM 时编程脉冲输入端。

$\overline{\text{PSEN}}$：外部程序存储器 ROM 的读选通信号输出端。当访问外部 ROM 时，$\overline{\text{PSEN}}$定时产生负脉冲作外部 ROM 的选通信号。

$\overline{\text{EA}}$/VPP：$\overline{\text{EA}}$是访问外部程序存储器 ROM 的控制信号。当$\overline{\text{EA}}$为低电平时，CPU 只执行外部程序存储器中的程序。当$\overline{\text{EA}}$为高电平且 PC 值小于 0FFFH（4K）时，CPU 执行内部程序存储器的程序，当 PC 的值超出 4K 时，将自动执行外部程序存储器的程序。第 2 功能 Vpp 是内部 EPROM 的编程的 21 V 编程电源输出端。

4. 并行 I/O 接口 P0、P1、P2、P3

P0 口（P0.0 ~ P0.7）：第一功能 P0 口是一个 8 位漏极开路的双向 I/O 接口（做输出使用时，须外接上拉电阻）。

P1 口（P1.0 ~ P1.7）：P1 口是一个内部带有上拉电阻的 8 位准双向 I/O 接口。

P2 口（P2.0 ~ P2.7）：P2 口是一个内部带有上拉电阻的 8 位准双向 I/O 接口。

P3 口（P3.0 ~ P3.7）：P3 口是一个内部带有上拉电阻的 8 位准双向 I/O 接口。在系统中，8 个引脚都有各自的第 2 功能。表 1-1 列出了 P3 口各位的第 2 功能。

表 1-1　P3 口各位的第二功能

P3 口	第 2 功能	说明	P3 口	第 2 功能	说明
P3.0	RXD	串行输入端	P3.4	T0	定时器 0 的外部输入端
P3.1	TXD	串行输出端	P3.5	T1	定时器 1 的外部输入端
P3.2	$\overline{\text{INT0}}$	外部中断 0 输入	P3.6	$\overline{\text{WR}}$	外部存储器写选通端
P3.3	$\overline{\text{INT1}}$	外部中断 1 输入	P3.7	$\overline{\text{RD}}$	外部存储器读选通端

1.2.2　单片机的内部结构

8051 单片机的内部总体结构如图 1-2 所示。

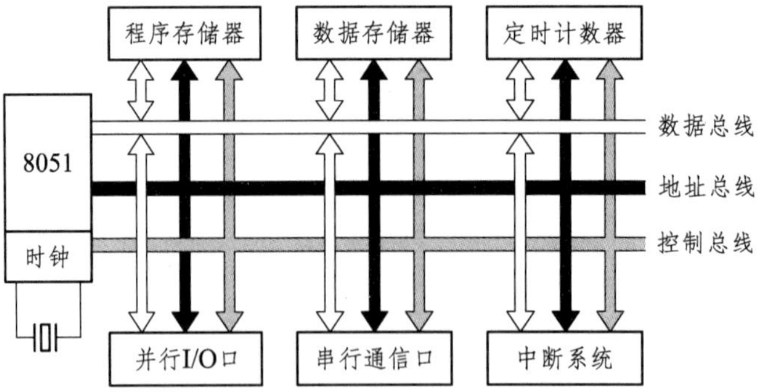

图 1-2　8051 单片机的内部总体结构

基本构成：集成 8 位 CPU、4K 字节的 ROM、128 字节 RAM、4 个 8 位并行通信口、1 个全双串行通信口、5 个中断源、2 个 16 位定时/计数器等。

1.3 单片机最小系统

单片机最小系统是指能够维持单片机正常工作时的最小组合电路。该组合电路一般需要满足以下三个条件：给单片机供电、复位电路、时钟电路。

单片机最小系统组成电路，如图 1-3 所示。

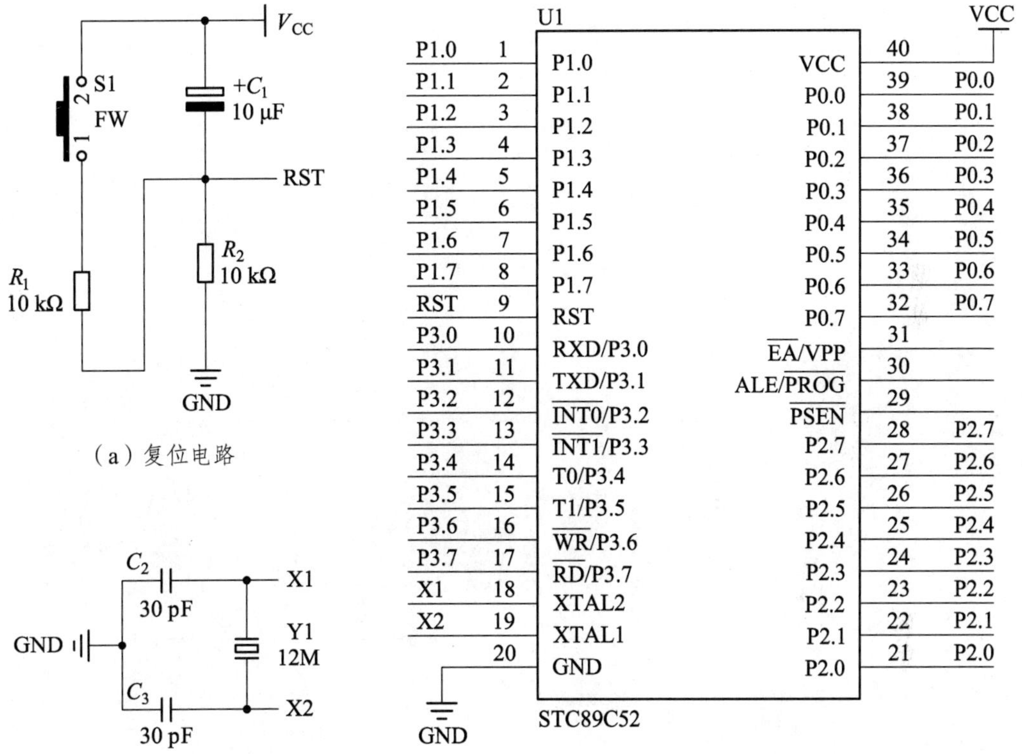

（a）复位电路

（b）时钟电路

（c）单片机引脚图

图 1-3　单片机最小系统组成图

1.4 学习单片机应该掌握的主要内容

（1）掌握单片机最小系统是学习单片机的必要条件：

从以上电路中不难看到，单片机最小系统就是由电源、时钟电路、复位电路构成的，这个就是单片机工作时的一个最小电路组合。这个组合电路是单片机最小系统的一个典型电路，设计者可以参考。

（2）掌握单片机任意输入输出口（I/O 口）的操作：

① 输出控制电平高低；

② 输入检测电平高低。

（3）中断系统/定时器：

掌握外部中断、定时中断、串行中断、定时器的方式 1。

（4）串行通信：单片机与单片机之间的通信、单片机与 PC 之间的通信。

以上四点为单片机内部资源，掌握了以上这几点知识后，可以说对单片机已经基本掌握了，其他扩展的外部资源需要额外地学习，如：数字温度传感器 DS18B20，LCD 液晶显示器的显示、A/D、D/A 的应用、继电器控制、蜂鸣器报警指示等。

第2章

单片机C51语言基础

C 语言作为一种非常方便的编程语言，很多硬件开发都用到了 C 语言开发。如：各种单片机、DSP、ARM 等。C 语言提供了很多数学函数，开发效率高、阅读性好、便于移植。本教材中采用了 C 语言作为单片机编程语言，首先了解一下 C51 的数据类型。

2.1　基本数据类型

基本数据类型属性如表 2-1 所示。

表 2-1　基本数据类型表

类型	符号	关键字	所占位数	数的表示范围
整型	有	(signed)int	16	−32768 ~ 32767
		(signed)short	16	−32768 ~ 32767
		(signed)long	32	−2147483648 ~ 2147483648
整型	无	unsigned int	16	0 ~ 65535
		unsigned short	16	0 ~ 65535
		unsigned loog	32	0 ~ 4294967295
实型	有	float	32	3.4e−38 ~ 3.4e38
	有	double	64	1.7e−308 ~ 1.7e308
字符	有	char	8	−128 ~ 127
	无	unsigned char	8	0 ~ 255

在 C51 程序编写过程中，数据类型更多的是与变量使用相关联起来，在定义变量时要确定该变量是哪种数据类型。因此，下面介绍 C51 中变量定义方法。

2.1.1　定义变量与常量

在编写程序时，几乎离不开使用变量，C51 语言中定义变量格式是：

数据类型说明符　　　变量名[变量名]

例：数据类型　　　　变量名

char　　　　　　　　var1

bit　　　　　　　　　flags

```
unsigned char          vextor[10]
int                    wwww,wxy
```

注意：在定义变量名时，若为多个变量则之间用“,”隔开，最后一个变量名之后以“;”结束，程序所有的输入必须是英文状态下的输入。变量名不能用C语言中的关键字表示。

什么是常量呢？常量就是固定的或是不变的数。在C51中语言中，常量有两种表示方法使用得很广泛。

十进制表示法：以非0开始的数，如89，45，66等。

十六进制数表示方法：以0x或0X开头的数，如0X07，0XFD等通常在C51中二进制数转换成十六进制数，以便容易记忆。

2.1.2 变量的作用范围

变量的作用是有范围的，并不是定义了变量以后，就可以在程序中任何位置使用它。比如：

```
int x;
void z1()
{
int y;
y=x;          //用法正确
}
void z2()
{
x=10;         //用法正确
y=10;         //用法错误
}
```

在上面的代码中，变量x，y都有自己作用域，x的作用域是全局变量，在x定义之后的任何地方都可以使用它。y是在函数z1中使用，只能在z1中使用，故y是局部变量。

2.2 C51语言的运算符

运算符主要分为4类：算术运算符、关系运算符、逻辑运算符、按位运算符。

1. 算术运算符

C51的算术运算符如表2-2所示。

表2-2 算术运算符

运算符	作用	运算符	作用
+	加	%	求余
-	减	++	自加/加1
*	乘	--	自减/减1
/	除		

算术运算符中前 5 个的作用比较简单，“++”“--”两个运算符简单介绍如下。如：

x++ 等价于 x=x+1；表示 x 值在原来基础上加 1。

y-- 等价于 y=y-1；表示 y 值在原来基础上减 1。

注：x++与++x 在参与运算时，是不同的。

x++ 运算规则是先运算，后自加；

++x 运算规则是先自加，后运算。

2. 关系运算符

关系运算符是比较数的大小的运算符号，关系运算符如表 2-3 所示。

表 2-3 关系运算符

运算符	作用	运算符	作用
>	大于	<=	小于等于
>=	大于等于	==	等于
<	小于	!=	不等于

两个操作数经关系运算符运算后，其结果是成立或不成立，即 1 或 0。

例如：10>9 计算结果为 1。

6>=9 计算结果为 0。

注：“==”和“=”是不同的。前者是关系运算符，后者是赋值运算符。

3. 逻辑运算符

逻辑运算符如表 2-4 所示。

表 2-4 逻辑运算符

运算符	作用	运算符	作用
&&	逻辑与	!	逻辑非
||	逻辑或		

a&&b 若 a、b 为真，则 a&&b 为真；若 a、b 其中一个为假，则 a&&b 为假；若 a.b 都为假，则 a&&b 为假。

a||b 若 a、b 为真，则 a||b 为真；若 a、b 其中一个为真，则 a||b 为真；若 a.b 都为假，则 a||b 为假。

!a 若 a 为真，则!a 为假；若 a 为假，则!a 为真。

4. 按位运算符

按位运算符是指进行二进制位的运算，C51 提供的按位运算功能是十分有用的，在编程中也经常会用到的。按位运算符如表 2-5 所示。

表 2-5　按位运算符

运算符	作用	运算符	作用
&	按位逻辑与	~	按位逻辑反
|	按位逻辑或	>>	右移
^	按位逻辑异或	<<	左移

请大家注意区分按位逻辑运算与逻辑运算的不同之处。例：x=7，y=5，则 x&&y=1；x&y=5；其他逻辑运算就不再说明，与上述一样。

2.3　C51 语言基本语句

1. C51 语句

语句是 CPU 发出的操作指令。每一条语句经过编译生成若干机器操作的机器编码，来控制机器运行。C51 程序由数据定义和执行语句组成。一条完整的语句必须以分号“;”结束。

例如：

a. int num=3;

b. unsigned char sum=10;

c. sibt LED=P1^1;

d. z=x+y;

e. i++.

以上语句 a、b 为定义数据变量，同时赋初值；c 为单片机引脚定义，由于 51 单片机不支持位操作，所以使用某一位时需要进行位定义。LED 位变量对应于单片机 P1 口第 2 个引脚（第 1 引脚是 P1^0）；d、e 为两条执行语句，z=x+y 表示把 x，y 的和赋给 z，i++表示 i=i+1。

2. 基本 C 语句

1）复合语句

花括号“{”和“}”，把一些语句组合在一起，使它们在语法上等价于一个简单语句，称为复合语句。

例如：

```
{
    z=x+y;
    i++;
}
```

2）循环语句　while 语句

```
while（表达式）
{
语句（内部语句也可为空）
}
```

特点：先判断表达式，后执行语句。

原则：若表达式不是 0，即为真，那么执行语句。

否则跳出 while 语句。

例如：

```
while(1)
{
…
delay(100);
…
}
```

该语句为一条大循环语句，是条死循环语句，程序一旦进入 while 语句，则一直在 while 内部循环。

3）循环语句 for 语句

```
for (表达式 1;表达式 2;表达式 3)
{
语句（内部语句可为空）
}
```

执行过程：

a. 求解一次表达式 1（一般表达式 1 为赋值语句）。

b. 求解表达式 2，若其值为真（非 0，即为真），则执行 for 中语句，然后执行第 3 步；否则结束 for 语句，直接跳出，不再执行第 3 步。

c. 求解表达式 3。

d. 跳到第 2 步重复执行。

例如：单片机编程中经常使用的延时函数

```
void delay(int z)   // 延时函数
{
    int x,y;
    for(x=500;x>0;x--)
        for(y=z;y>0;y--);
}
```

该语句是 for 语句的嵌套语句，z 值在函数调用时赋值，该语句的执行次数为 500×z 次。

4）条件语句

```
a. if(表达式)    语句
b. if(表达式)    语句 1   else  语句 2
c. if(表达式)    语句 1
else if(表达式)  语句 2
else if(表达式)  语句 3
……
else if(表达式)语句 m
else  语句 m+1
```

执行过程：（以 2 为例）如果条件表达式的值为非 0，则执行语句 1，执行完后跳到语句 2 后继续执行；如果表达式的值为 0，则跳过语句 1，执行语句 2。

例如：

```
if(k1==0)
LED=0;
else
LED=1;
```

该语句为条件判断语句，如果 k1==0，则 LED=0；否则 LED=1。

5）跳转语句

switch-case 语句格式：

```
switch(变量)
{
case  常量 1:  语句 1 或空;
case  常量 2:  语句 2 或空;
……
case  常量 n:  语句 n 或空;
default:  语句 n+1 或空;
}
```

执行 switch 语句执行过程：将变量逐个与 case 后的常量进行比较，若与其中那一个相等，则执行该常量下的语句；若不与任何一个常量相等则执行 default 后面的语句。

例如：

```
switch(temp)
{
case 0xee:num=4;break;
case 0xde:num=3;break;
case 0xbe:num=2;break;
case 0x7e:num=1;break;
default
}
```

上述语句执行后，假设

temp 的值是 0xee，则 num 的值为 4；

temp 的值是 0xde，则 num 的值为 3；

temp 的值是 0xbe，则 num 的值为 2；

temp 的值是 0x7e，则 num 的值为 1。

2.4　函数的定义及使用

函数是一个自包含的完成一定功能的执行代码。C51 语言程序允许把一个大问题划分成为若干个子问题，对于解决一个子问题编写一个子函数，这样做的好处就是让各部分独立，并且任务单一。

1. 函数定义

```
类型标识符  函数名 (形式参数列表)
{
函数体
    }
```

例如：

```
void delay(int z)    // 延时函数
{
      int x,y;
      for(x=500;x>0;x--)
            for(y=z;y>0;y--);
}
```

特点：无返回值，有参。

注意：函数类型是指函数返回值的数据类型，如果函数没有返回值，则该数据通常选用的是无值型（void）；如果函数无参数，则括号内为空。

2. 函数的使用

在 C51 程序中使用已经定义的函数方法很简单，直接使用函数名及实参数。先看看下面的例子。

在上面的函数定义时，定义了一个子函数 delay(int z)，现在看看在程序中如何使用这个子函数。

例如：

```
void main()        //主函数
{
   …
   while(1)
   {
   …
   delay(100);
   }
}
```

上述例子为主函数，在主函数中需要使用子函数时，调用子函数即可。该子函数是一个延时函数，延时时间由参数 z 的值来决定。

注：任何一个 C 程序有且仅有一个 main 函数，它是整个程序开始执行的入口。

2.5 C51 数组定义及使用

数组是由具体相同类型的数据元素组合的有序集合，是选用一块连续的内存空间存储多个类型相同的数据，以解决一批相关数据的存储问题。数组与普通变量是一样的，也是先定义后使用。

在这里以一维数组为例，学习一维数组的定义与使用。

1. 一维数组的定义方式

数据类型　数组名[常量]

例如：

int a[10]; //表示定义一个整形数组，数组名为 a，有 10 个元素。

在 C51 程序设计中，经常会在定义数组时，赋初值。以数码管的显示编码的定义为例。

如：

```
char code table[]={
0x3f, 0x06, 0x5b, 0x4f, 0x66, 0x6d, 0x7d, 0x07,
0x7f, 0x6f, 0x77, 0x7c, 0x39, 0x5e, 0x79, 0x71
};    //共阴极数码管 0 ~ F 的显示码
```

2. 一维数组的使用方法

数组元素的使用格式如下：

数组名[下标]

下标是数组中的序号，需要注意的是，C5 中的数组默认序号是从 0 开始，如前文中的数组 table[0]=0x3f，table[1]=0x06……

应用如下：

```
P0=table[num];  //如果 num=0，则 P=0x3f
```

2.6　C51 中头文件

在 C51 编程中，经常会用的一些头文件，这些文件包含常数、宏定义、类型定义、函数等。C51 编译器中包含了许多头文件，这些文件存放在目录 keil\c51\inc 中。

reg51.h——51 的特殊寄存器；

reg52.h——52 的特殊寄存器；

math.h——数学函数；

stdio.h——标准的输入与输出函数；

intins.h——文件包括许多常用功能函数，比如：经常用到的左移，右移。

其实还有很多头文件与各自厂家的芯片有关。对于 STC89C52 单片机，使用 reg52.h 就行，如果使用其他单片机，具体可以查阅相关资料。

2.7　C51 程序书写结构要点

（1）C51 程序书写格式自由，一般情况下，一条语句占一行，C 语言无行号。也可以一行写多个语句，一个语句也可以写在多行上，但每个语句最后必须以分号结束，分号是 C 语句的一个组成部分，即使是程序中最后一个语句，也应该包含分号。

（2）为了体现程序不同结构层次的语句，采用从不同起始位置开始语句书写，也就是同一结构层次的语句，在行中缩进相同的字数。

（3）表示层次的大括号通常写在该结构语句的第一个字母的下方，与该语句对齐，并占一行。

（4）C51 程序中用“//”或“/*……*/”对程序的任何地方作注释。一个好的、有价值的源程序都应该加上必要的注释，从而增加程序的可读性。

第3章 单片机相关软件应用

基于Proteus的电路设计从根本上克服了传统电子产品设计的没有实物原型就无法对系统进行测试，没有硬件系统就很难对软件进行调试的缺点。

Proteus是单片机应用产品研发的灵活、高效的设计与仿真平台，其配合编程软件keil提高了研发效率、缩短了研发周期、节约了研发成本。

Proteus的问世，刷新了单片机应用产品的研发过程。

1. 单片机应用产品的传统开发

单片机应用产品的传统开发过程一般可分为三步：

（1）单片机系统原理图设计，选择、购买元器件和接插件，安装和电气检测等（简称硬件设计）。

（2）进行单片机系统程序设计，调试、编译等（简称软件设计）。

（3）单片机系统在线调试、检测，实时运行直至完成（简称单片机系统综合调试）。

2. 单片机应用产品的Proteus开发

（1）在Proteus平台上进行单片机系统电路设计、选择元器件、接插件、连接电路和电气检测等（简称Proteus电路设计）。

（2）在Proteus平台上进行单片机系统源程序设计、编辑、编译、调试，最后生成目标代码文件（*.hex）（简称Proteus软件设计）。

（3）在Proteus平台上将目标代码文件加载到单片机系统中，并实现单片机系统的实时交互、协同仿真（简称Proteus仿真）。

（4）仿真正确后，制作、安装实际单片机系统电路，并将目标代码文件（*.hex）下载到实际单片机中运行、调试。若出现问题，可与Proteus设计与仿真相互配合调试，直至运行成功（简称实际产品安装、运行与调试）。

本章主要讲述Proteus仿真单片机应用系统和keil的编程应用方法。

3.1 单片机仿真软件Proteus

Proteus软件是英国Labcenter公司于1989年开发的电路分析与仿真软件。它集成原理图设计、电路分析、仿真和PCB为一体，配有各种信号源和电路分析所需的虚拟仪表；具有模拟电路、数字电路、单片机应用系统、嵌入式（主要是ARM7）设计与仿真功能。

3.1.1 Proteus 软件简介

1. 进入 Proteus ISIS

在计算机上安装好 Proteus（7.8 版本）后，双击桌面上的“ISIS 7 Professional”图标或者单击屏幕左下方的“开始”→“程序”→“Proteus 7 Professional”→“ISIS 7 Professional”，出现如图 3-1 所示屏幕，表明进入 Proteus ISIS 集成环境。

图 3-1 Proteus 启动界面

2. 工作界面

Proteus ISIS 的工作界面是一种标准的 Windows 界面，如图 3-2 所示。包括：标题栏、主菜单、标准工具栏、绘图工具栏、状态栏、对象选择按钮、预览对象方位控制按钮、仿真进程控制按钮、预览窗口、对象选择器窗口、图形编辑窗口（电路编辑区）。

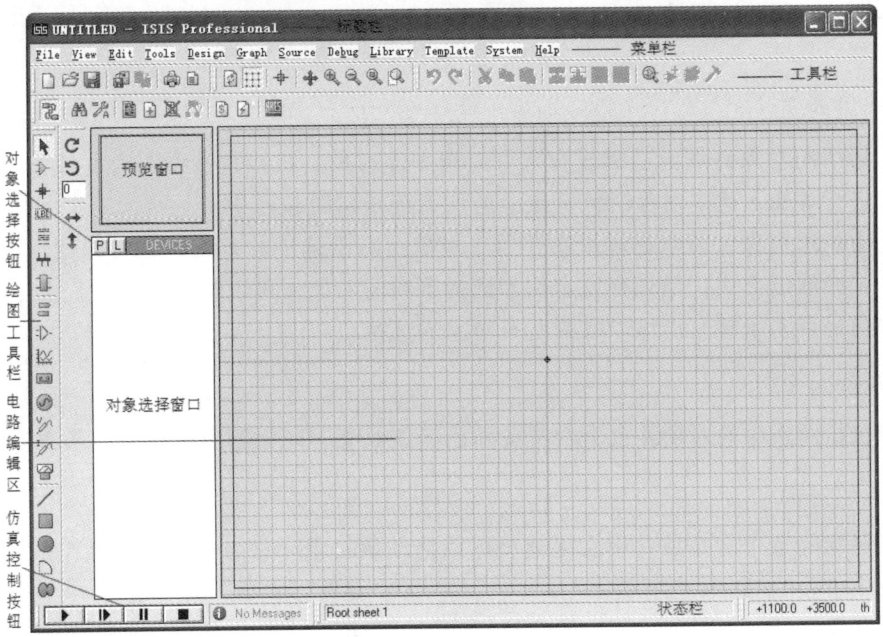

图 3-2 Proteus 工作界面

3.1.2 Proteus 软件基本操作

1. 元件放置

在绘制图工具栏中点击“Component Mode”按钮，然后单击对象选择按钮“P”，弹出图 3-3 所示的对话框，在 Keywords 输入框中输入元件的名称，如 AT89C51；或者在 Category 中从元件库中选择元器件（元件库介绍见表 3-1），单击“OK”按钮，元器件被添加到对象选择窗口中，然后在电路编辑区域放置元器件。

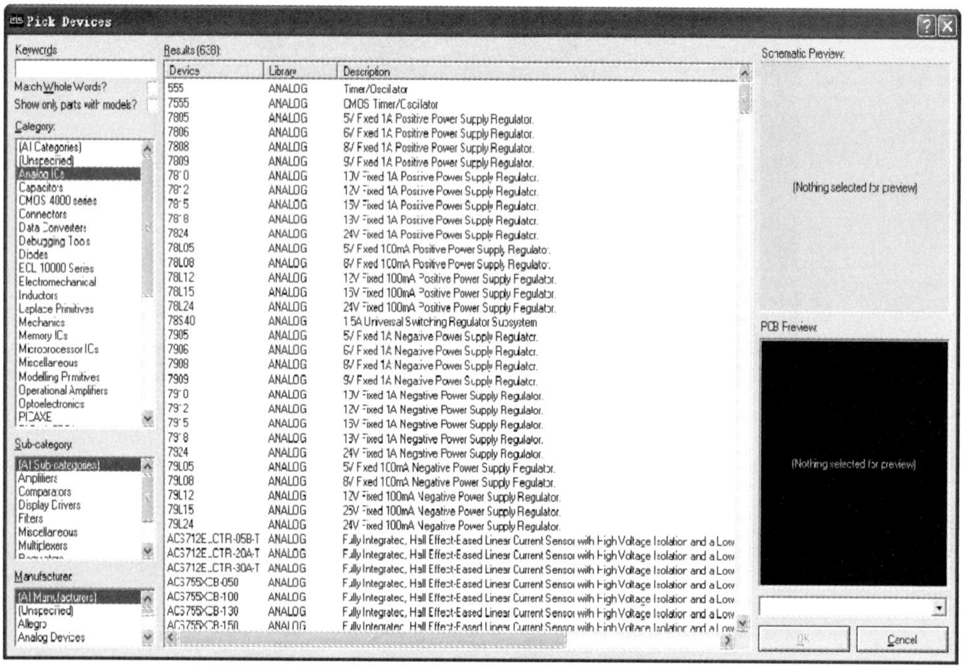

图 3-3 元件选择对话框

2. 选中对象

用鼠标指向对象并点击左键或右键可以选中该对象。该操作选中对象并使其高亮显示，然后可以进行编辑。选中对象时该对象上的所有连线同时被选中。

要选中一组对象，可以通过依次在每个对象上右击选中的方式，也可以通过左（右）键拖出一个选择框的方式，但只有完全位于选择框内的对象才可以被选中。

在空白处点击鼠标右键可以取消所有对象的选择。

3. 删除对象

用鼠标指向选中的对象并点击右键选择删除该对象，同时删除该对象的所有连线。

4. 拖动对象

用鼠标指向选中的对象并用左键拖曳可以拖动该对象。该方式不仅对整个对象有效，而且对对象中单独的 labels 也有效。

如果错误拖动一个对象，所有的连线都变得一团糟，则可以使用“Undo”命令撤消操作恢复原来的状态。

5. 拖动对象标签

许多类型的对象有一个或多个属性标签附着。例如，每个元件有一个“reference”标签和一个“value”标签。可以很容易地移动这些标签使得电路图看起来更美观。移动标签的步骤如下：

① 选中对象。

② 用鼠标指向标签，按下鼠标左键。

③ 拖动标签到所需要的位置。

④ 释放鼠标。

6. 调整对象大小

子电路、图表、线、框和圆都可以调整大小，调整对象大小的步骤如下：

① 选中对象。

② 如果对象可以调整大小，对象周围会出现黑色小方块，叫作“手柄”。

③ 用鼠标左键拖动这些“手柄”到新的位置，可以改变对象的大小。在拖动的过程中手柄会消失以便不和对象的显示混叠。

7. 调整对象的方向

许多类型的对象可以调整方向为 0°、90°、270°、360°，或通过 x 轴、y 轴镜像。旋转对象的步骤如下：右击对象元件，在弹出的菜单中选择需要旋转的方向进行旋转。

8. 编辑对象

许多对象具有图形或文本属性，这些属性可以通过一个对话框进行编辑，这是一种很常见的操作，有多种实现方式：双击该对象或者右击对象，在弹出的菜单中选“Edit Properties”命令。

9. 拷贝所有选中的对象

拷贝对象电路的方式：先选择要拷贝的对象，右击选择“Copy to Clipboard”命令进行拷贝，然后在空白处右击选择“Paste From clipboard”命令进行粘贴。

10. 移动所有选中的对象

移动一组对象的步骤是：

① 选中需要移动的对象，具体的方式参照上文的“Tagging an Object”部分。

② 把轮廓拖到需要的位置，点击鼠标左键放置。

可以使用块移动的方式来移动一组导线，而不移动任何对象。

11. 删除所有选中的对象

删除一组对象的步骤是：

① 选中需要删除的对象。

② 用鼠标左键点击“Delete”图标。

如果错误删除了对象，可以使用“Undo”命令来恢复原状。

12. 画线

① 画线。

Proteus ISIS 没有画线的图标按钮，因为 ISIS 的智能化，足以在画线时能自动检测。

② 在两个对象间连线。

a. 左击第一个对象连接点。

b. 左击另一个连接点。（如果想自己决定走线路径，只需在想要拐点处点击鼠标左键）

一个连接点可以精确地连到一根线。在元件和中断的管脚末端都有连接点。一个圆点从中心出发有四个连接点，可以连四根线。

在此过程的任何一个阶段，都可以按下键盘的“ESC”来放弃画线。

13. Proteus 库介绍

Proteus 系统中有很多元件库，每个库里面又有许多同类型的元件，具体介绍如表 3-1 所示。

表 3-1　元件库的分类

英文元件库名称	中文元件库名称	英文元件库名称	中文元件库名称
(Unspecified)	未指定	PICAXE	PICAXE 单片机
Analog ICs	模拟集成电路库	PLDs&FPGAs	PLd.FPGA
Capacitors	电容库	Resistors	电阻库
CMOS 4000 series	CMOS 4000 系列	Simulator Primitives	仿真模型
Connectors	接插件	Speakers & Sounders	喇叭、音响
Data Converters	数字转换器	Switches & Relays	开关继电器
Debugging Tools	调试工具	Switching Device	开关
Diodes	二极管	Thermionic Valves	热离子真空管
ECl 10000 series	ECL 10000 系列	Transducers	传感器
Electromechanical	电动机系列	Transistors	晶体管
Inductors	电感库	TTL 74 series	74 系列
Laplace Primitives	Laplace 原型	TTL 74ALS series	74ALS 系列
Mechanics	交流三相电机	TTL 74AS series	74AS 系列
Memory ICs	存储器集成库电路	TTL 74F series	74F 系列
Microprocessor ICs	微处理器集成库	TTL 74HC series	74HC 系列
Miscellaneous	其他库	TTL 74HCT series	74HCT 系列
Modeling Primitives	模型原型	TTL 74LS series	74LS 系列
Operational Amplifiers	运算放大器库	TTL 74S series	74S 系列
Optoelectronics	光电显示器件		

3.2　应用举例

由于本书以介绍单片机的知识为主，在这里以简单单片机应用实例介绍 Proteus 的使用方法。

设计要求：设计一个简单的单片机控制的流水电路，如图 3-4 所示。电路的控制器芯片为

51 单片机，具体选择 AT89C51，单片机的 P1 口接 8 路 LED 灯，通过排阻限流接电源正极。

注：由于在仿真环境中，单片机可以直接运行，所以可以不加最小系统，后面所有的仿真图都没有加最小系统，但在实际应用电路中必须加最小系统电路。

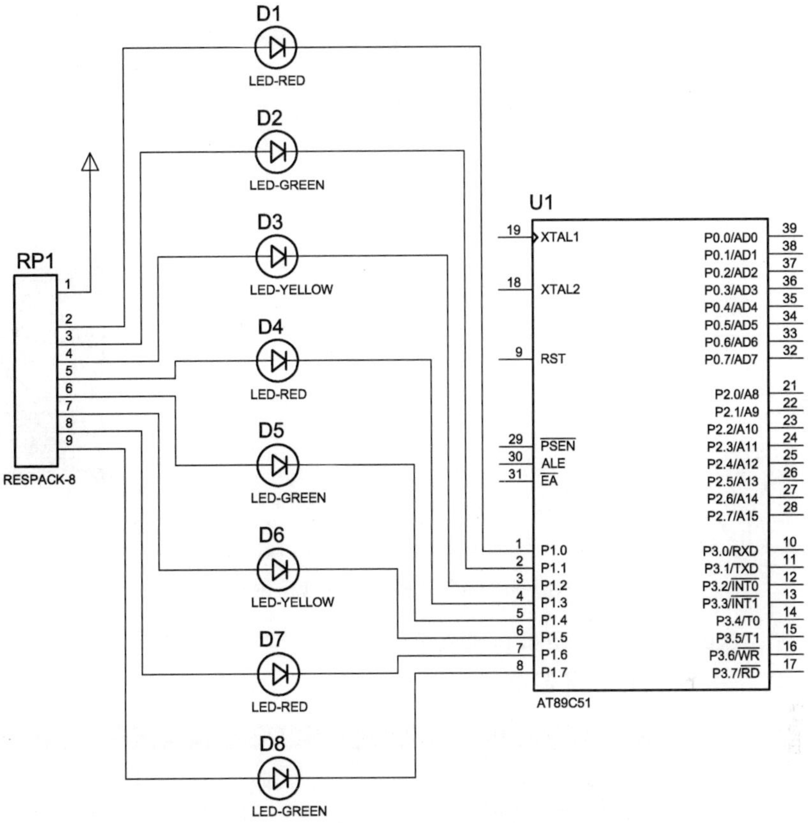

图 3-4　8 路流水灯电路图

设计步骤：

1. 将所需要的元器件加入到对象选择窗口

（1）单击库选择按钮 P，如图 3-5 所示。

图 3-5　选择库文件

（2）在图 3-5 弹出“Pick from Libraries”界面中，在“Keywords”中输入 AT89C51，系

统在对象中进行搜索查找，并将搜索结果显示在“Results”中，如图 3-6 所示。在“Results”栏中的列表中双击“AT89C51”，将“AT89C51”添加到对象选择器窗口。

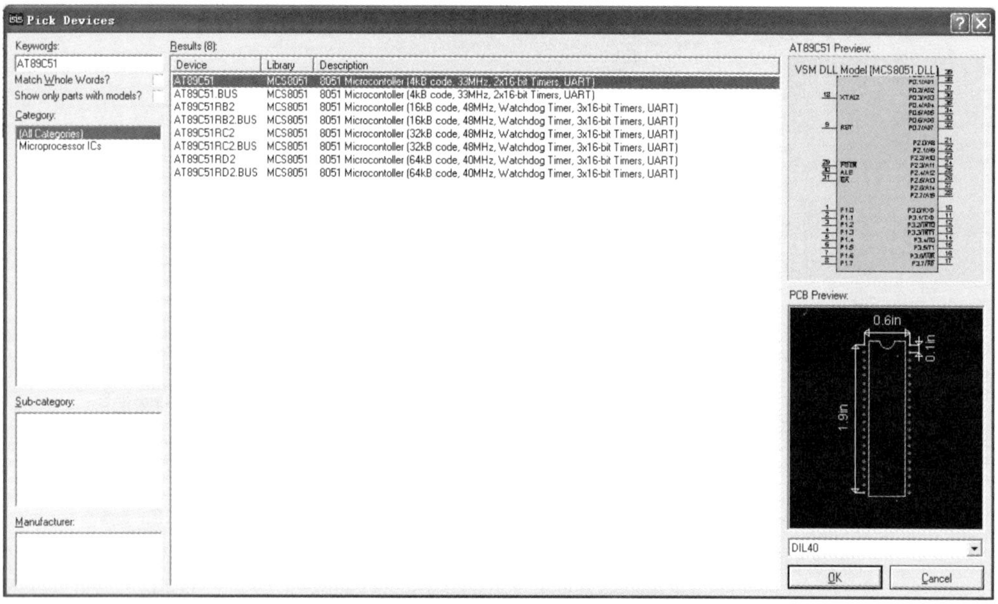

图 3-6　搜索元器件，选择单片机

（3）随后在“Keywords”栏中重新输入 RESPACK，如图 3-7 所示。双击“RESPACK-8”，将“RESPACK”添加到对象选择器窗口。

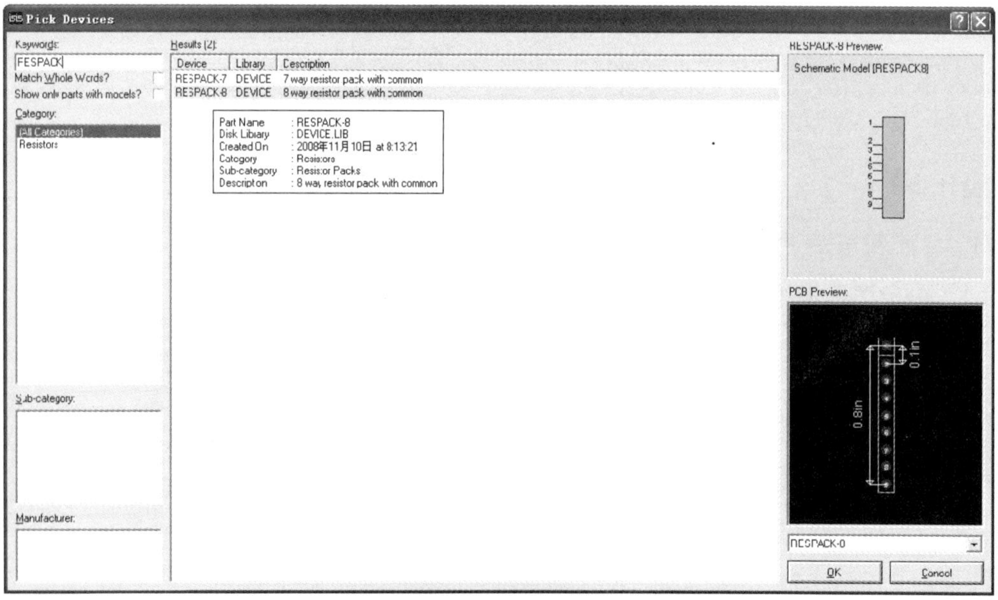

图 3-7　选择排阻

（4）最后，在“Keywords”栏中输入 LED-，如图 3-8 所示。双击“LED-YELLOW”，将“LED-YELLOW”添加到对象选择器窗口，可以根据需要选择不同颜色的 LED 灯，在这里选择“LED-YELLOW、LED-GREEN、LED-RED”三种灯。单击“OK”按钮，结束对象选择。

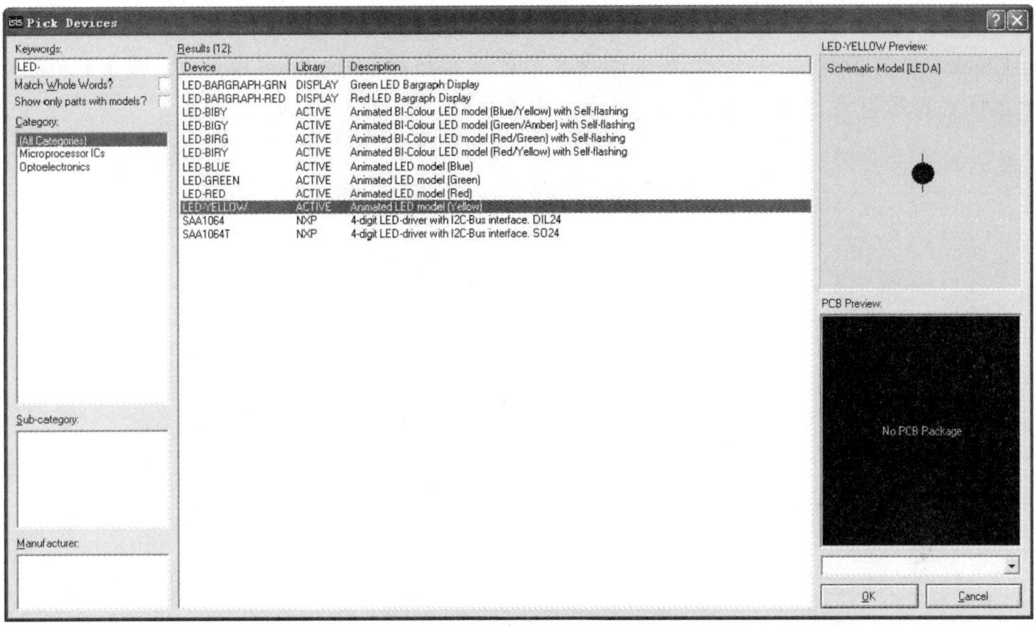

图 3-8　选择 LED 灯

经过以上选择操作，在对象选择器窗口中，已经有了 AT89C51、LED-YELLOW、LED-GREEN、LED-RED、RESPACK 五个元器件对象。

2. 放置元器件到电路编辑区

（1）在对象选择器窗口中，选中 AT89C51，将鼠标放于电路编辑区元器件欲放置的位置，单击鼠标左键放置元件。同理，放置 LED、RESPACK 到电路编辑区，如果元器件需要修改参数，只需要双击元器件，在弹出的对话框中修改即可，如图 3-9 所示。

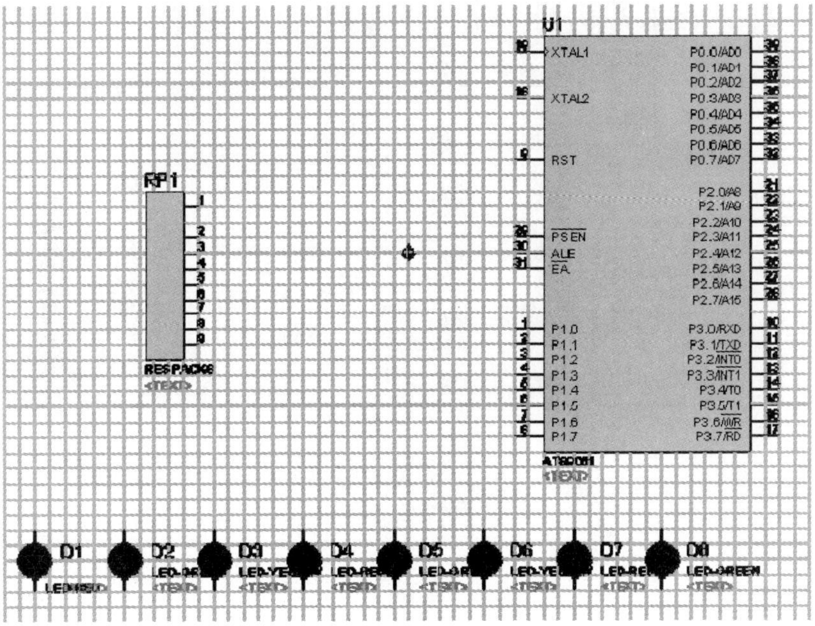

图 3-9　放置元件图

（2）如对象需要旋转，则可将对象选中，单击鼠标右键，进行旋转（此处进行 Rotate Anti-Clockwise NUM-+旋转），如图 3-10 所示；如需要移动，则可将对象选中，按下鼠标左键，拖动鼠标到要放置元件的位置，松开鼠标，完成移动。如图 3-11 所示。

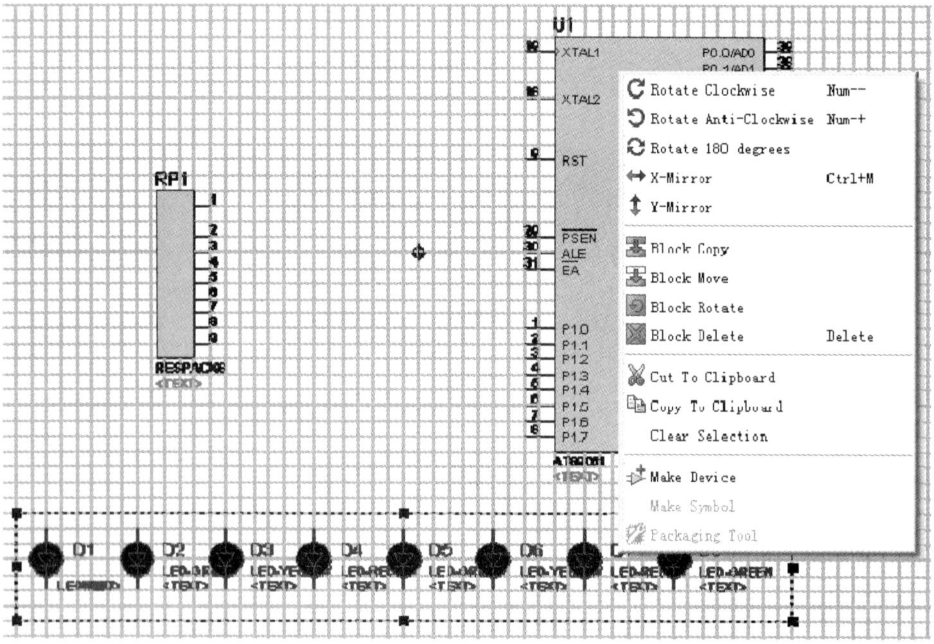

图 3-10　旋转对象元件

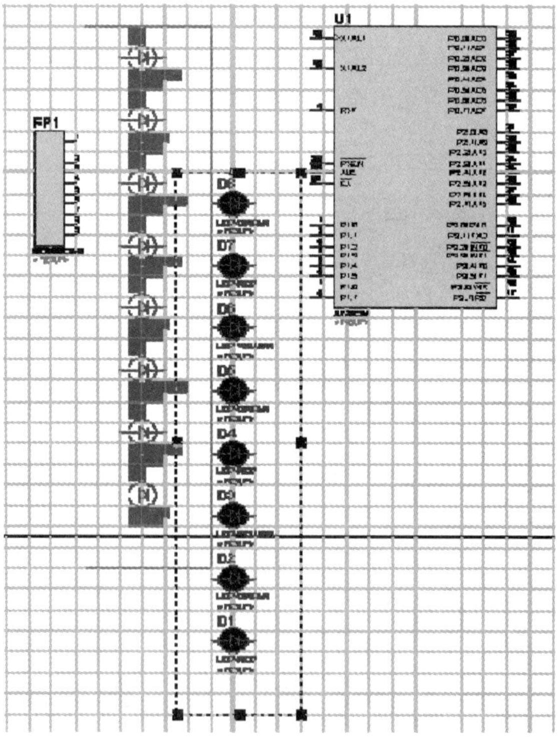

图 3-11　移动元器件

3. 元器件加电源

选择点击绘图工具栏按钮，选择电源“POWER”，如图 3-12 所示。

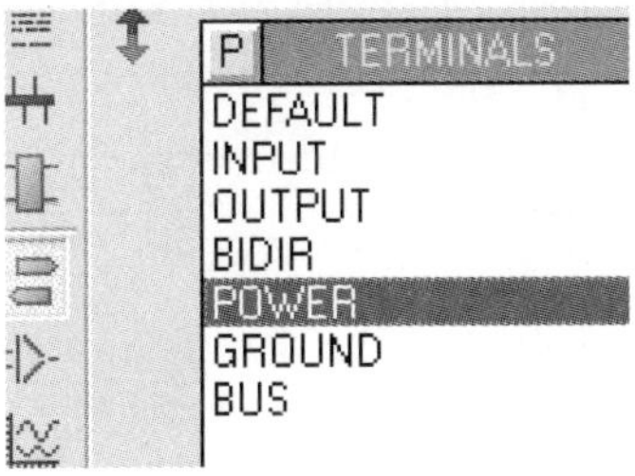

图 3-12　选择电源图

4. 元件与元件之间的连线

在 Proteus 中连线时，系统会自动检测。当鼠标的指针靠近元件引脚时，鼠标将变成一个铅笔，引脚处出现一个红色方框。此时，单击左键进行连线。连线完成的电路如图 3-13 所示。

注：需要拐弯的地方单击左键即可确定位置。

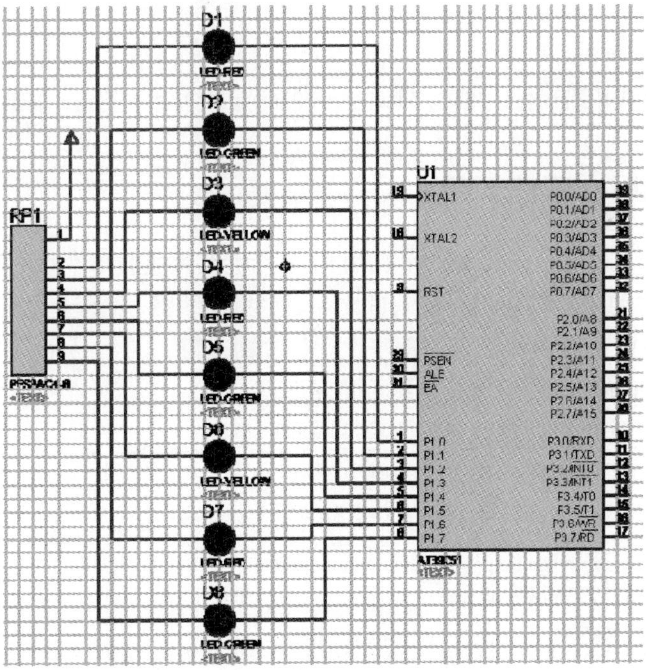

图 3-13　连接线图

同理，可以完成其他元器件之间的连线，在此过程中任意时刻都可以按下键盘的 ESC 键或者单击鼠标右键放弃连线。

5. 保存设计

6. 加载程序代码到单片机

双击 AT89C51 单片机图标，弹出如图 3-14 所示的对话框。将 Keil 环境下调试成功产生的代码（.HEX）文件加载给单片机，用鼠标单击“Program File”中的出现“文件浏览”对话框，找到需要添加的文件，单击“确定”完成加载文件，单击“OK”退出。

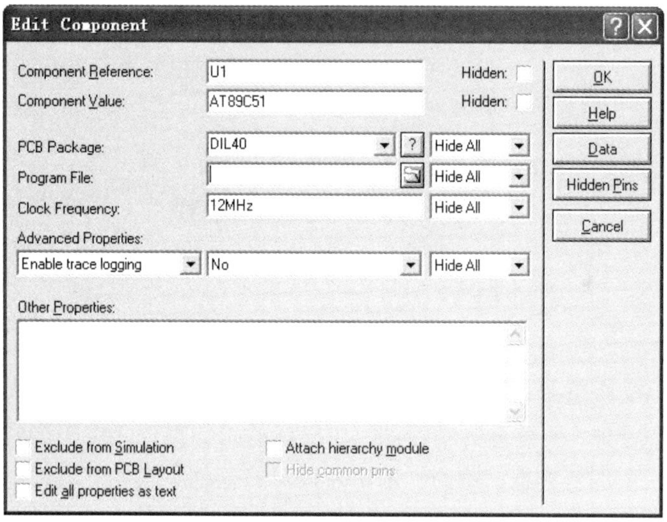

图 3-14　程序下载对话框

7. Proteus 仿真调试

单击按钮仿真开始运行，此时，能观察到 8 路流水灯交替点亮，单击按钮停止仿真。

3.3　单片机编程软件 Keil

Keil C51 是美国 Keil Software 公司出品的 51 单片机系列兼容单片机 C 语言软件开发系统。Keil C51 是众多优秀的单片机应用开发软件之一，它集成编辑、编译、仿真为一体，支持 ASM 语言、C 语言、C++语言等多种语言的程序设计，界面友好，易学易用。Keil C51 功能很多，本节只介绍基本使用方法。使用方法总结为以下三步：

（1）建立工程，选择单片机型号，保存工程。

（2）新建文件，保存文件，添加文件到工程。

（3）编写程序代码，编译，生成 HEX 文件。

3.3.1　进入 Keil，新建工程

在计算机上安装好 Keil 后，双击桌面上的“Keil uVision2”图标或者单击屏幕左下方的“开始”→“程序”→“Keil uVision2”，出现如图 3-15 所示屏幕，表明进入 Keil uVision2 集成环境。

图 3-15　启动 Keil 软件的屏幕

进入 Keil 后，紧接着出现编辑界面，如图 3-16 所示。

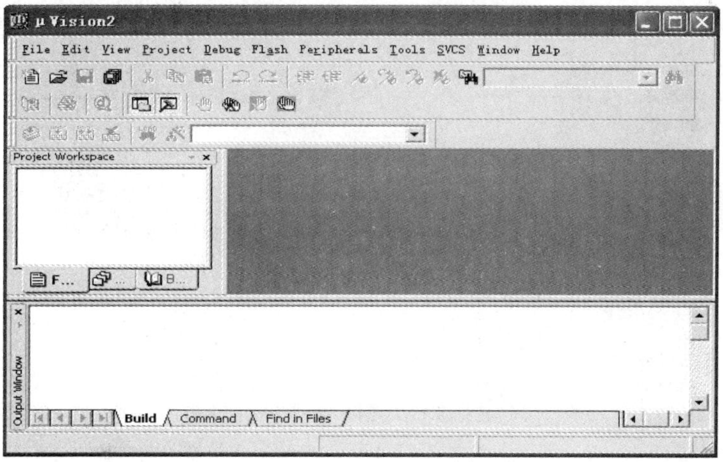

图 3-16　进入 Keil 的编辑区

（1）建立一个新工程单击“Project”菜单中的“New Project”选项，如图 3-17 所示。

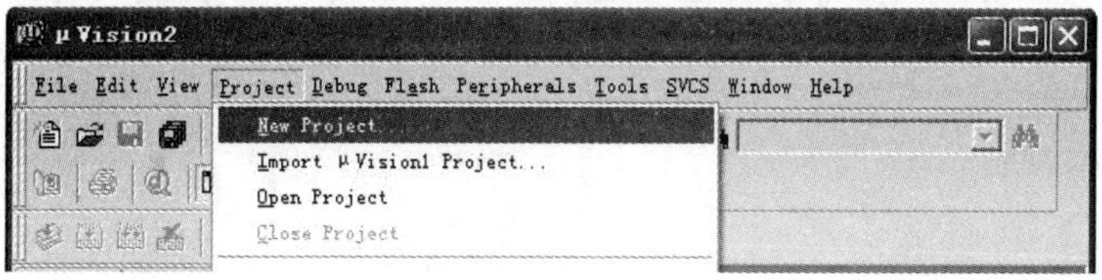

图 3-17　新建工程

（2）在上一步中弹出工程保存对话框，如图 3-18 所示。选择工程保存路径，输入工程名称。Keil 工程包含很多文件，把工程保存到“桌面/实验一”文件夹中，输入工程名为 sy1（注：该工程的扩展名.uv2）。最后单击“保存”按钮。

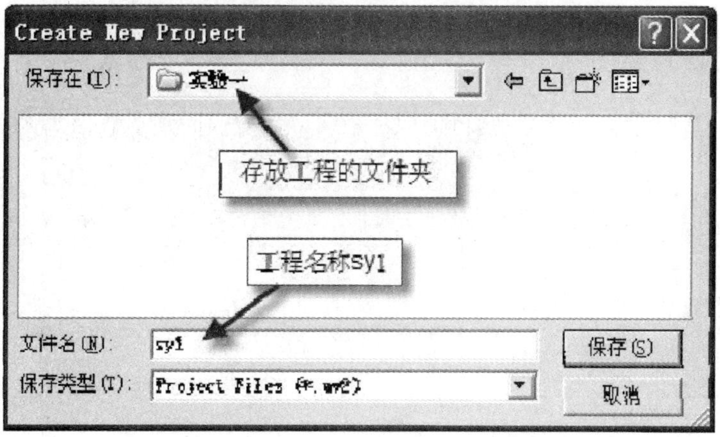

图 3-18　保存工程

（3）上一步会弹出一个单片机型号选择窗口，可以根据用户所使用的单片机进行选择。由于仿真时，使用的是 AT89C51 单片机，在此选择 Atmel 公司的 AT89C51，如图 3-19 所示，最后单击“确定”按钮。

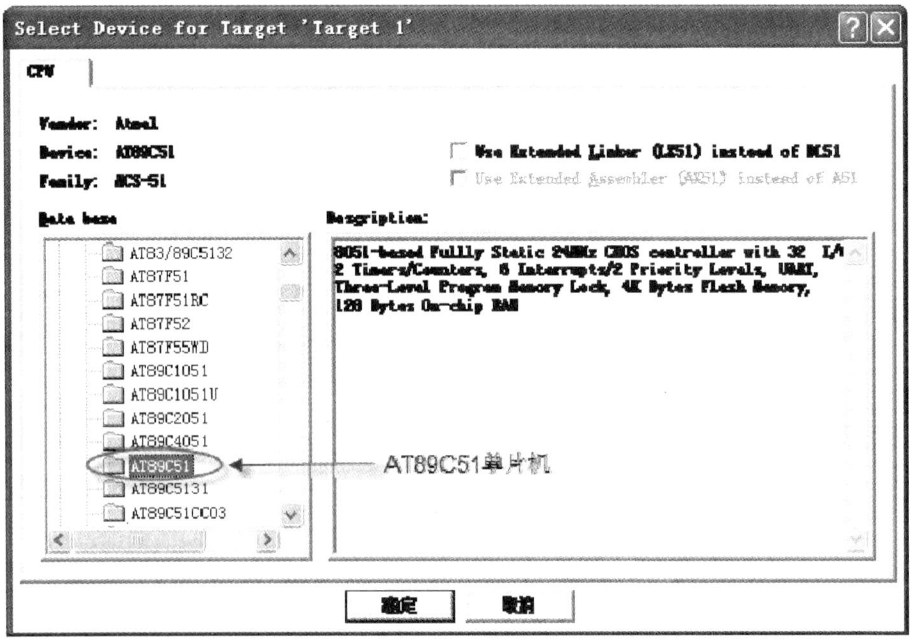

图 3-19 选择单片机型号

3.3.2 新建文件，保存文件

完成上面建立工程操作后，窗口界面如图 3-20 所示。

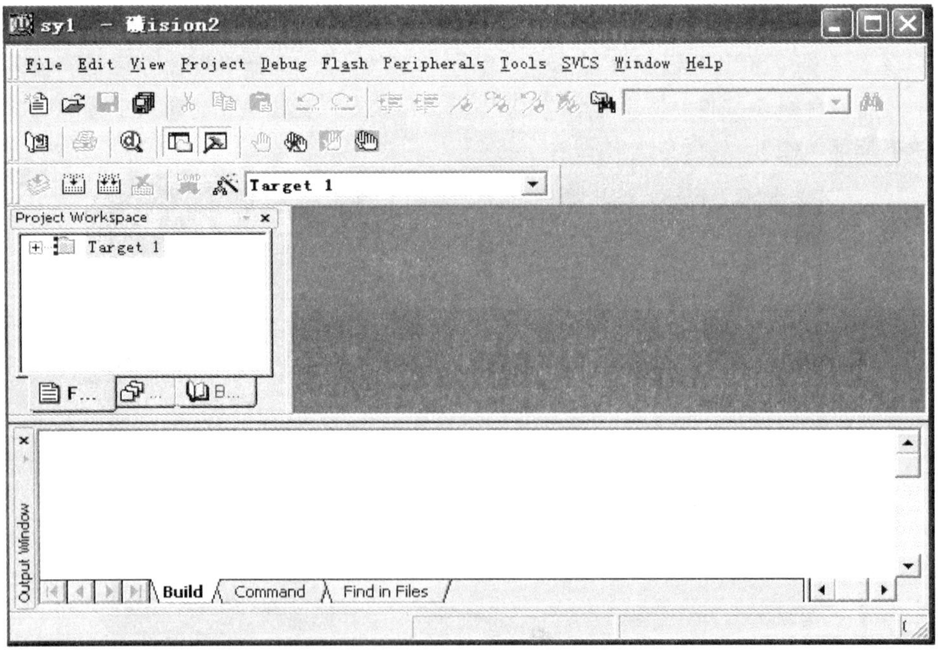

图 3-20 建立完工程的窗口界面

（1）建立工程文件，单击“File”菜单中的“New”菜单项。操作步骤如图 3-21 所示，随后弹出文件编辑窗口如图 3-22 所示。

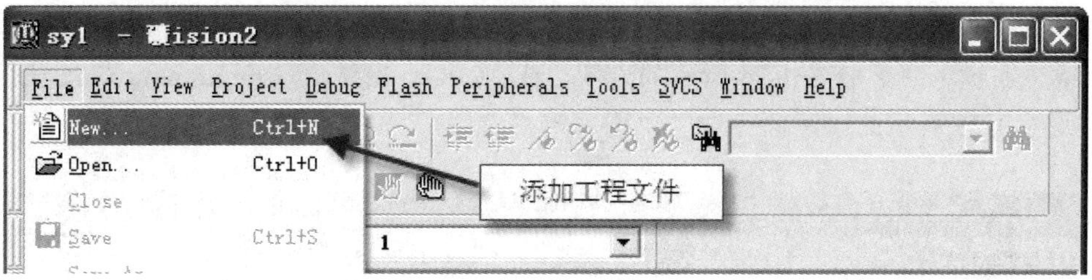

图 3-21　新建文件

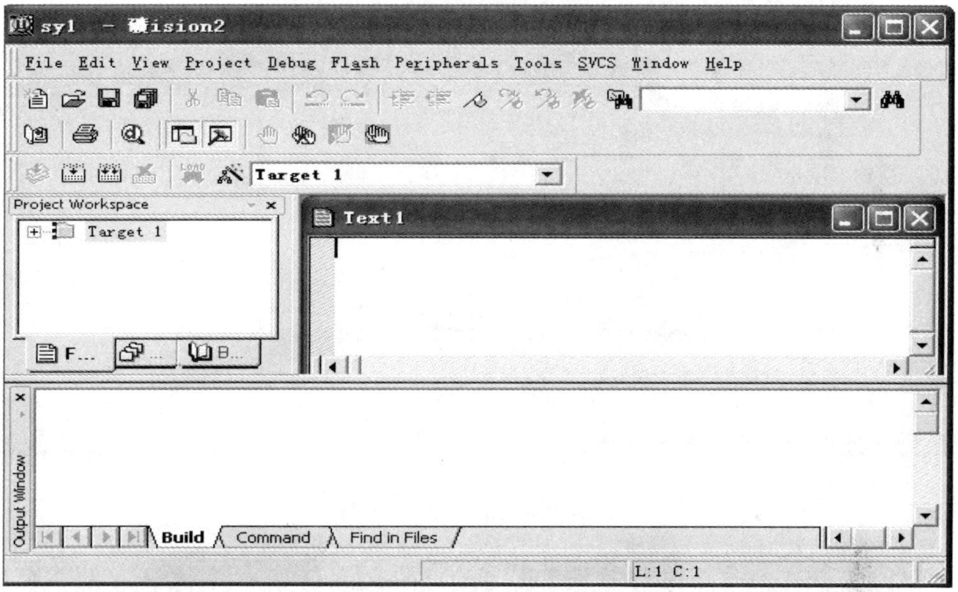

图 3-22　添加文件完成后的窗口界面

（2）此时新建默认名为“Text 1”的文件，光标在编辑窗口中闪烁，将该文件保存到上面建立的工程当中。单击“File”菜单中的“Save”菜单选项，弹出保存对话框如图 3-23 所示；输入文件名，点击“保存”将其保存到工程的文件夹中。

注：如果用 C 语言编写程序，则扩展名为.C；如果用汇编语言编写程序，则扩展名为.ASM。

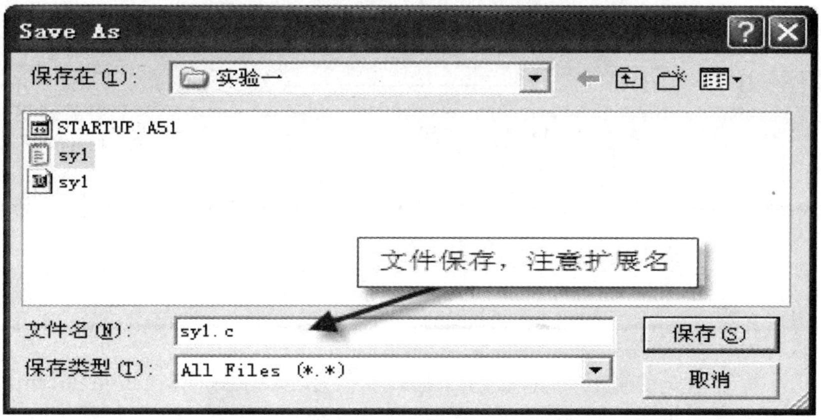

图 3-23　保存工程文件

（3）回到 Keil 的主界面，在项目窗口区单击“Target”前面的“+”号，然后在“Source Group1”选项上单击右键，弹出如图 3-24 所示的选项。选中“Add files to Group Source Group1”，单击会弹出如图 3-25 所示的对话框，选中要添加的 C 文件，单击“Add”即可。

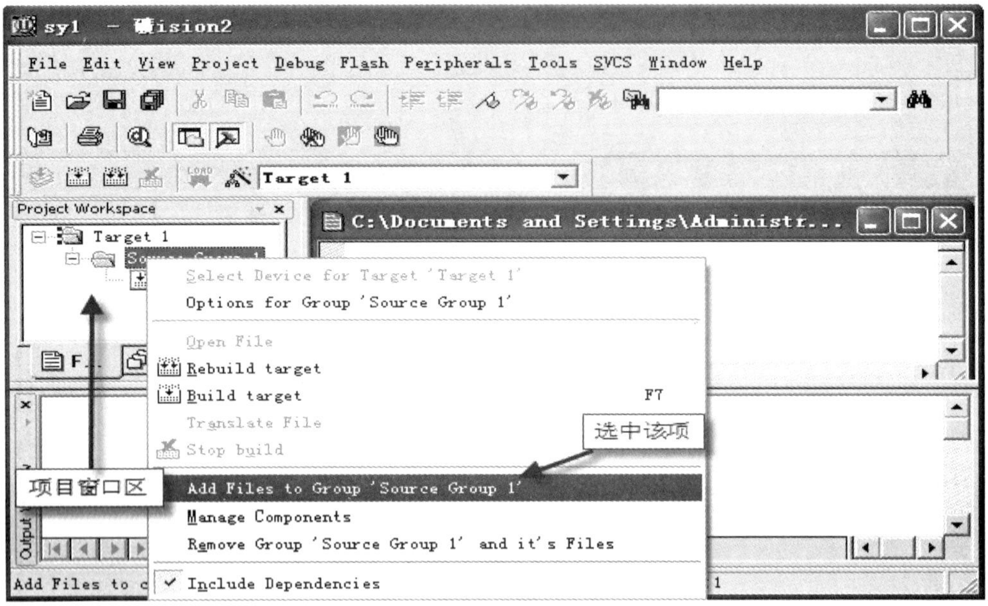

图 3-24　将文件添加到工程菜单

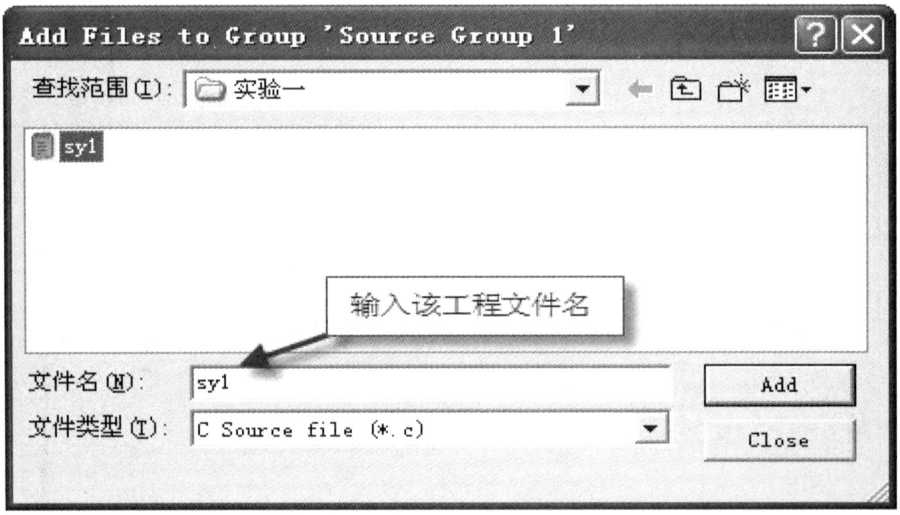

图 3-25　添加的 C 文件

3.3.3　编译程序

以上是工程及工程文件的建立过程，接下来输入要测试的程序，进行编译。

（1）在 C 文件编辑框中输入要编译的程序，点击编译按钮，查看信息框。0 个错误，0 个警告，说明没有语法错误，如图 3-26 所示。

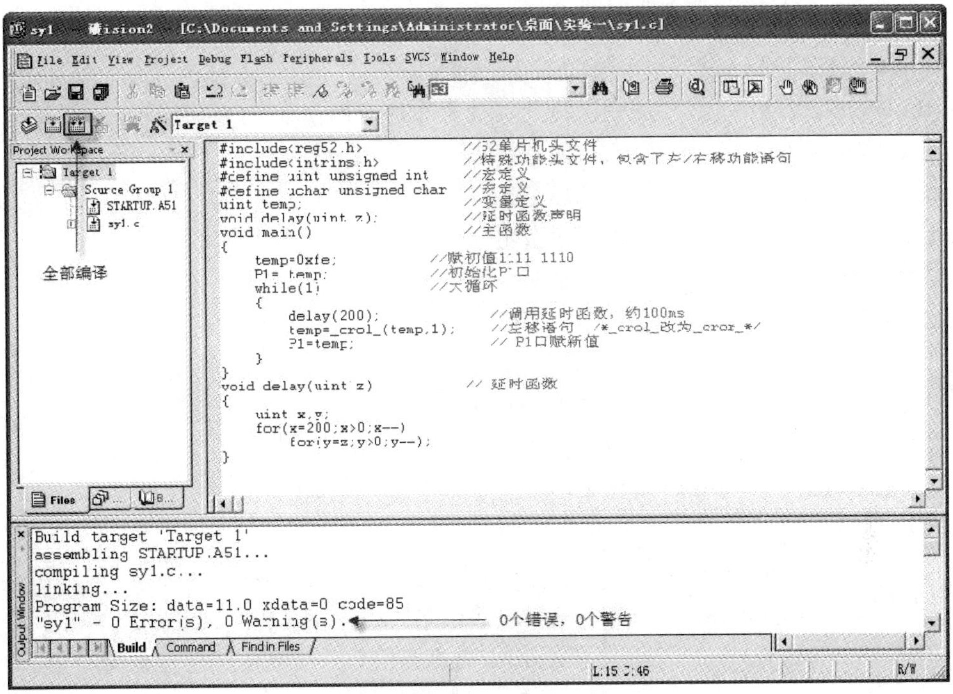

图 3-26　编译程序

（2）产生单片机所能执行的文件（HEX 文件）。

在产生.HEX 文件之前需要进行如下的设计：单击“Project”（工程）菜单，在下拉菜单中单击“optins for target‘target1’”（目标 1 属性），选择“output”（输出），勾选“Create HEX File”（产生 HEX 文件）的选项，如图 3-27 所示，以便编译后产生 HEX 代码。随后再次编译刚才的 C 文件，才可以产生.HEX 文件。

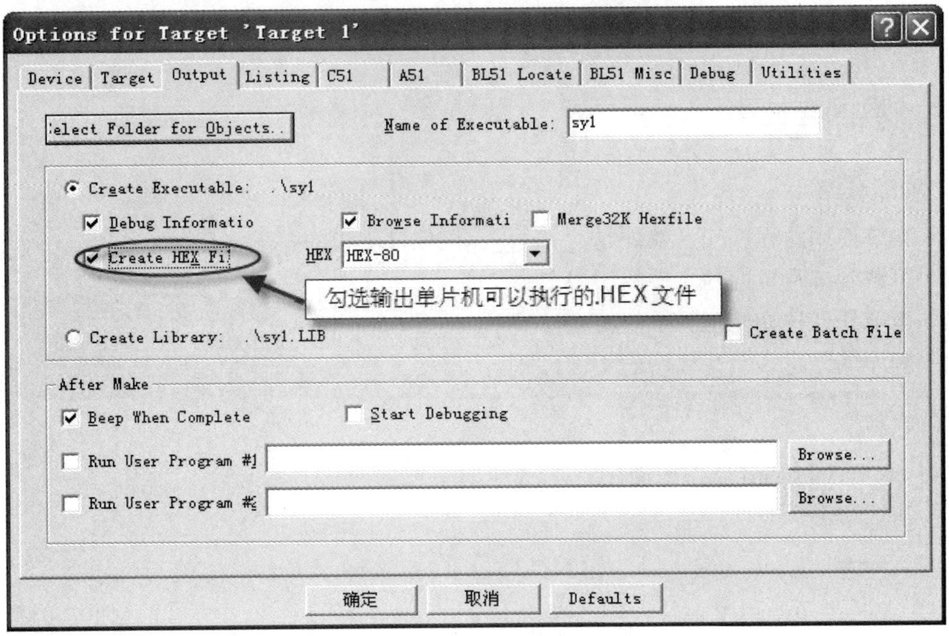

图 3-27　选择产生*.HEX 文件

注：程序调试测试代码如下。

```
#include<reg52.h>                //52 单片机头文件
#include<intrins.h>              //特殊功能头文件，包含了左/右移功能语句
#define uint unsigned int        //宏定义
#define uchar unsigned char      //宏定义
uint temp;                       //变量定义
void delay(uint z);              //延时函数声明
void main()                      //主函数
{
    temp=0xfe;               //赋初值 1111 1110
    P1= temp;                //初始化 P1 口
    while(1)                 //大循环
    {
        delay(200);                  //调用延时函数，约 100 ms
        temp=_crol_(temp,1);         //左移语句   /*_crol_改为_cror_*/
        P1=temp;                     // P1 口赋新值
    }
}
void delay(uint z)               //  延时函数
{
    uint x,y;
    for(x=200;x>0;x--)
        for(y=z;y>0;y--);
}
```

3.4 巩固与提高

1. 填空题

（1）本节使用的程序编译软件是________，该软件工程的扩展名为_________。

（2）下载到单片机内的文件的扩展名为_________。

（3）本节任务选择使用的单片机型号是___________。

（4）程序编译时，编写程序的文件扩展名为_________。

2. 操作题

练习 Proteus 和 Keil 软件的使用。

第 4 章

单片机基础仿真

本章基于单片机的主要人机交互及外部设备，以具体案例形式列举了单片机的基本应用。

4.1 显示设备应用

4.1.1 点亮彩灯

在晚上，人们经常在大街上会看到各式各样的霓虹灯，五颜六色的，以不同的闪烁方式装点着城市。本节内容将学习简单的霓虹灯—流水灯。

霓虹彩灯，又叫流水灯。所谓流水灯，就是让 LED 灯从左到右或从右到左依次点亮。形成 LED 灯循环点亮的流水灯。

一、任务目标

（1）了解彩灯的设计原理。

（2）通过循环点亮 P1.0 ~ P1.7 所接的 LED 灯，实现流水灯的效果，掌握单片机端口的使用。

（3）初步掌握单片机的 I/O 口的操作。

（4）掌握延时子程序的编写与调用。

（5）熟练使用 Proteus 和 Keil 软件。

二、任务内容

1. 任务预备知识

（1）LED 灯的实物图，如图 4-1 所示。

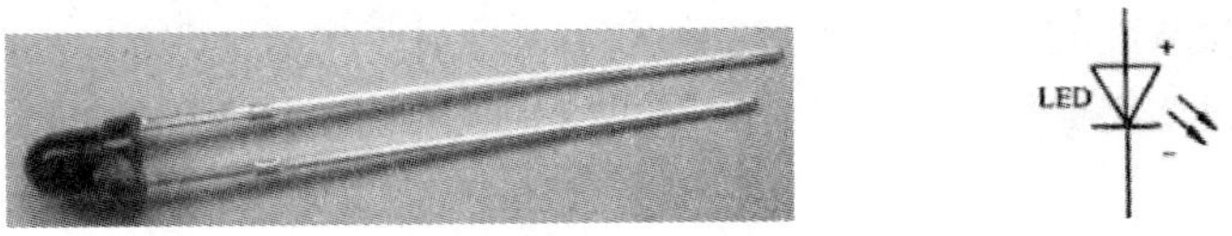

（a）LED 灯实物图　　（b）LED 灯电路符号图

图 4-1　LED 灯

普通的 LED 灯正常工作时，两端电压与导通电流有如下条件：

① 5 mA≤ I_D≤20 mA；② 1.5 V≤U_D ≤3 V

发光二极管的反向击穿电压大约为 5 V。它的正向伏安特性曲线很陡，使用时必须串联限流电阻以控制通过管子的电流。限流电阻 R 可用下式计算：

$$R=(E-U_D)/I_D$$

式中，E 为电源电压，U_D 为 LED 灯的正向压降，I_D 为 LED 灯的一般工作电流。由上述计算，一般选用 470 Ω 或 560 Ω 的电阻做 LED 灯的限流电阻，选用 470 Ω×8 的排阻给 LED 流水灯做限流电阻。

（2）排阻的实物与识别。

排阻，就是若干个参数完全相同的电阻，它们的一个引脚都连到一起，作为公共引脚，其余引脚正常引出。所以如果一个排阻是由 n 个电阻构成的，那么它就有 $n+1$ 只引脚，一般来说，最左边的那个是公共引脚。它在排阻上一般用一个色点标出来。排阻的实物如图 4-2 所示。

图 4-2　排阻实物图

识别：在三位数字中，从左至右的第一、第二位为有效数字，第三位表示前两位数字乘 10 的 n 次方（单位 Ω）。如果阻值中有小数点，则用“R”表示，并占一位有效数字。例如：标示为“A103J”的阻值为 10×10^3=10 kΩ。

（3）端口变量的定义。

要使得 Keil C51 编写程序实现点亮 P1.0 端口所接的 LED 灯或者使该 LED 闪烁，就需要了解在 Keil C51 中如何定义单片机的引脚。在 MCS-51 系列单片机中，将端口 P0 ~ P3 都分别作为一个特殊功能寄存器，每一个都有具体的地址，端口 P0 ~ P3 所对应的寄存器的地址为 80h.90h.A0h.B0H。在 Keil C51 中，为了解决这一问题，Keil C51 使用 sfr 命令来对单片机这些端口进行定义，如：

```
sfrP1=0X90;
```

如果要对端口的某一位进行操作，不能直接使用该位，因为 51 单片机不支持直接按位操作，则需要使用 sbit 命令定义特殊寄存器的可寻址位。若要对 STC89C52 端口 P1 的 P1.0 进行操作，则可以使用下面命令进行定义：

```
sbit LED=P1^0;
```

然后就能使用“LED=0;”控制 P1.0 输出低电平，“LED=1;”控制 P1.0 输出高电平。

为了方便编程，Keil C51 将各个厂商生产的单片机的各个特殊功能寄存器的定义放在了一个特殊文件中，如 AT89S51 对应的文件是 AT89X51.H。作为通用的 MSC-51 系列单片机，在编写程序时，可以调用通用的“reg51.h”或“reg52.h”头文件。

2. 延时程序的编写

当系统加电后，单片机就开始工作，单片机按照设计的程序开始运行，也称执行指令，每执行一条指令会需要一定的时间，利用这个原则可以设计一个有限次数的循环来实现延时。程序代码如下所示：

```
void delay(int z)                // 延时函数
{
```

```
    int x,y;
    for(x=200;x>0;x--)
        for(y=z;y>0;y--);
}
```

整个延时的次数为 200×z，z 在调用时给赋值。比如 z 为 455 时，延时时间为 1s，此延时时间是由 Keil 软件调试得到的。(单片机外部时钟为 12 MHz)

3. 元件清单

流水灯应用电路元件清单：AT89C51、LED-YELLOW、LED-GREEN、LED-REd、RESPACK-8 和电源。

4. 流水灯应用电路

流水灯应用电路如图 4-3 所示。仿真结果如图 4-4 所示。

三、程序

1. LED 灯的闪烁（P1.0 端口所接的 LED 灯闪烁）

（1）程序流程图，如图 4-5 所示。

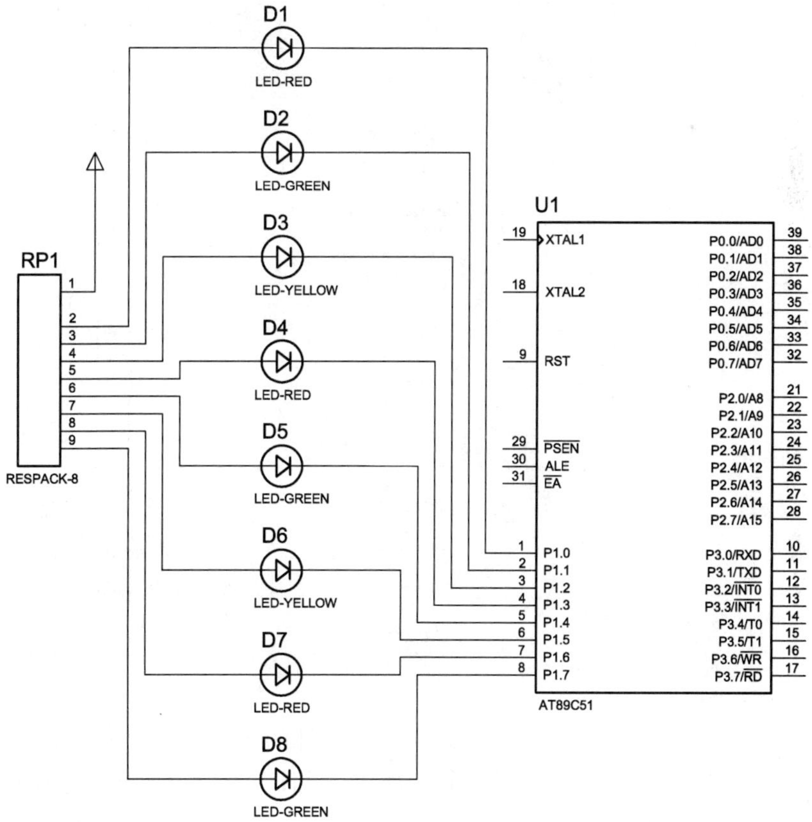

图 4-3　流水灯应用电路

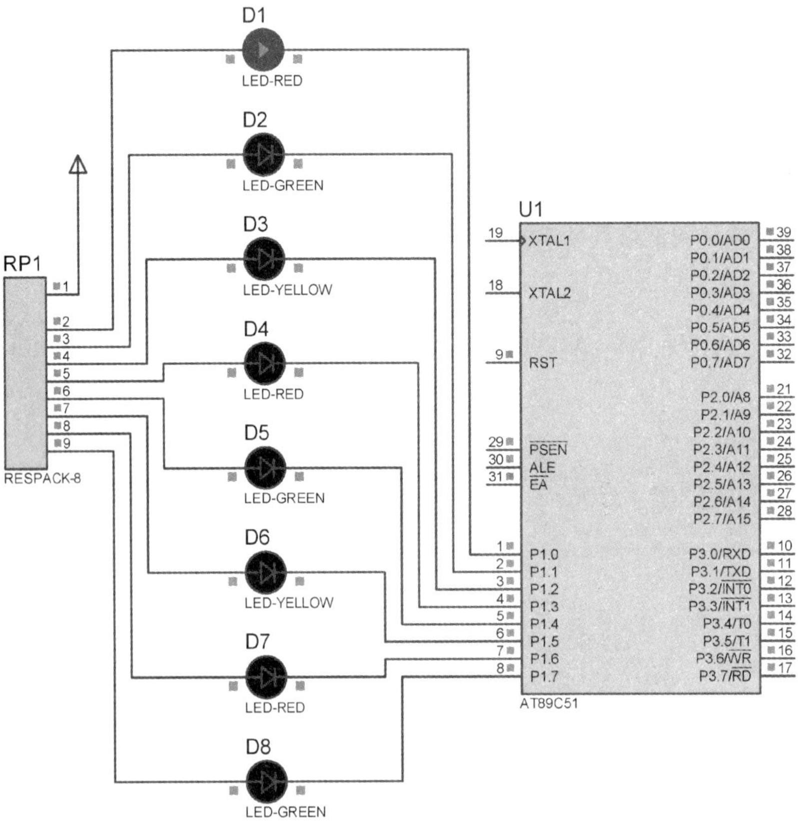

图 4-4　流水灯仿真结果

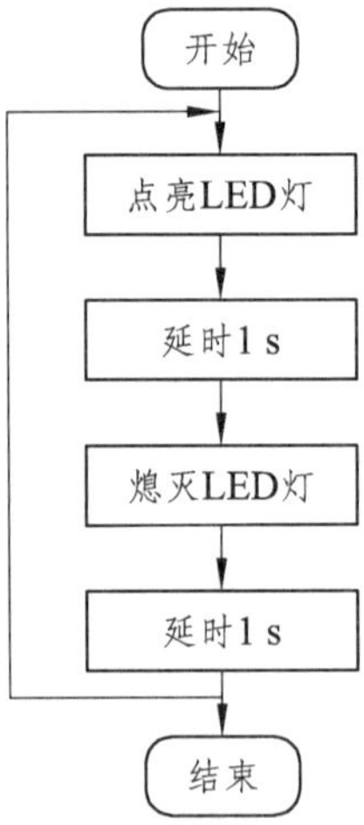

图 4-5　LED 灯的闪烁程序流程图

（2）程序代码：

```
#include <reg52.h>                  //单片机头文件
#define uint unsigned int           //宏定义
#define uchar unsigned char         //宏定义
sbit LED=P1^0;                      //声明单片机 P1 口的第一位
void delay(uint z);                 //延时函数声明
```

```
void main()                         //主函数
{
     while(1)                  //大循环
     {
     LED=0;                    //点亮第一个 LED 灯
     delay(455);               //调用延时函数，约 1S
     LED=1;                    //关闭第一个 LED 灯
     delay(455);               //调用延时函数，约 1S
     }
}
void delay(uint z)        //延时函数
{
     uint x,y;                      //定义两个变量
     for(x=200;x>0;x--)             //for 循环
          for(y=z;y>0;y--);         //此 for 循环为第一条 for 循环的子语句
}
```

2. 8 路流水彩灯

(1) 程序流程图，如图 4-6 所示。

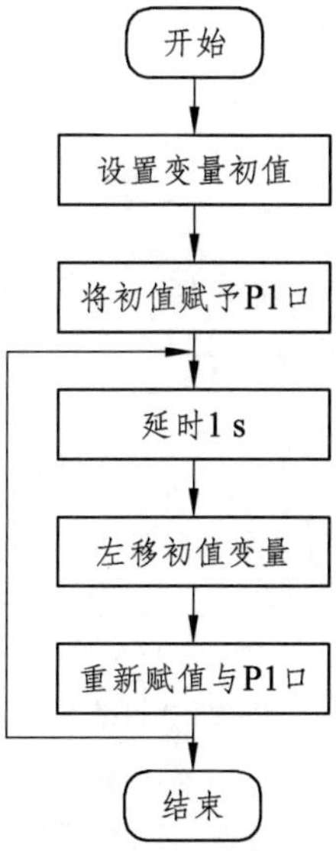

图 4-6　8 路流水彩灯程序流程图

(2) 程序代码：

```
#include<reg52.h>                  //52 单片机头文件
#include<intrins.h>                //特殊功能头文件，包含了左/右移功能语句
#define uint unsigned int          //宏定义
#define uchar unsigned char        //宏定义
```

```
uint temp;                          //变量定义
void delay(uint z);                 //延时函数声明
void main()                         //主函数
{
    temp=0xfe;                  //赋初值 1111 1110
    P1= temp;                   //初始化 P1 口
    while(1)                    //大循环
    {
        delay(200);                     //调用延时函数，约 100 ms
        temp=_crol_(temp,1);            //左移语句   /*_crol_改为_cror_*/
        P1=temp;                        // P1 口赋新值
    }
}
void delay(uint z)                  // 延时函数
{
    uint x,y;
    for(x=200;x>0;x--)
        for(y=z;y>0;y--);
}
```

四、巩固与提高

1. 填空题

（1）LED 灯按照发光强度分：________、________ 和 ________。

（2）如果把 LED 灯接到 5 V 电源上需要加一个分压电阻，该电阻阻值约为_____Ω。

（3）单片机编程时，需要调用的头文件是___________。

（4）排阻“A471J”的阻值是_________Ω。

（5）单片机编程过程中，用到的宏定义的标识符是_________。

（6）头文件<intrins.h>中定义的左右循环移动的函数，其表达式是________。

2. 编程题

（1）修改程序三-1 闪烁的 LED 灯，使 P1 口的 8 只 LED 灯同时闪烁（间隔 0.5 s）。

（2）编写“红绿黄”灯程序，要求：红灯、绿灯、黄灯 3 个灯同时亮灭闪烁 2 次；随后单个灯按照红、绿、黄的顺序循环点亮 2 次，最后返回初始。

（3）修改程序三-2 流水灯，实现流水灯右移。

（4）编写彩灯程序，要求：8 路流水灯左移循环一次后，8 只灯整体闪烁 2 次，再右移循环一次，最后返回初始。

3. 问答题

（1）从程序中，能看出来 LED 灯的点亮是高电平有效还是低电平有效吗？为什么？

（2）如果改变延时常数，流水灯的循环将会发生什么样的变化？

（3）对于上述任务，左移与右移的初始化值是怎么取得的？

4. 应用编程

在 Proteus 仿真环境下，按照图 4-7 所示绘制电路原理图，LED 灯的控制分配如下：

东西方向：

LED-RED——P2.0

LED-YELLOW——P2.1

LED-GREEN——P2.2

南北方向：

LED-RED——P2.5

LED-YELLOW——P2.6

LED-GREEN——P2.7

元件清单：

AT89C51、TRAFFIC LIGHTS。

任务分析：

根据实际交通灯的变化规律，设计如图 4-7 所示的交通灯，初始东西红灯亮，南北绿灯亮，25 s 后南北绿灯闪烁 2 次转黄灯亮 3 s，东西红灯继续亮；30 s 后，南北为红灯亮，东西为绿灯亮，过 25 s 后，东西绿灯闪烁 2 次转黄灯亮 3 s，南北红灯继续亮；30 s 后，返回初始状态不断循环。

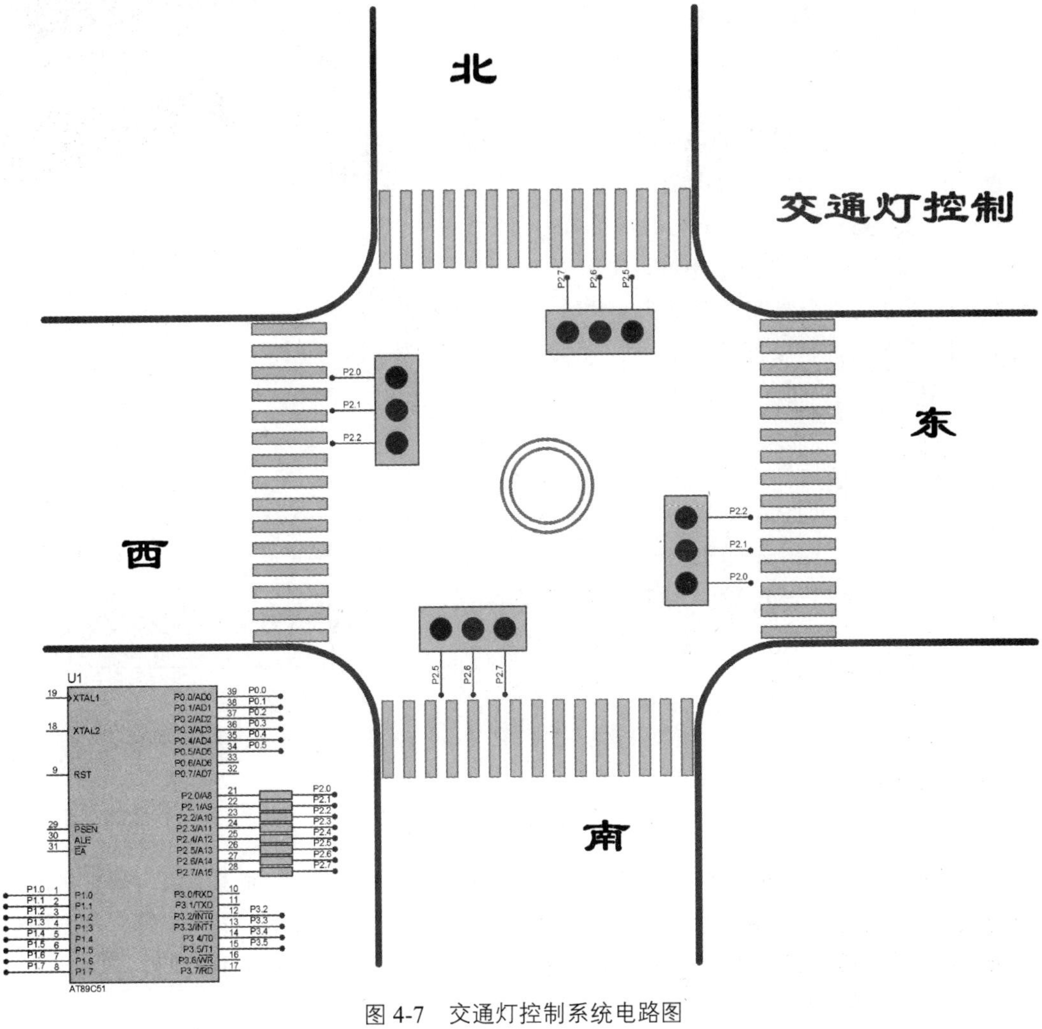

图 4-7　交通灯控制系统电路图

4.1.2 数码管及其应用

一般单片机系统设计都需要有人机交互接口（人机对话）设计，比如空调的遥控面板有按键输入和数码管的显示输出，全自动洗衣机的控制面板有按键的输入、发光二极管指示灯和数码管的显示输出等，本任务学习单片机控制数码管的简单显示与应用。

一、任务目的

（1）了解数码管的内部结构与分类。

（2）理解动态数码管的动态扫描原理。

（3）掌握动态数码管驱动电路的设计与应用。

（4）熟悉进行数字编码在数码管上显示及掌握 8 字形发光数码管的发光原理。

（5）掌握动态数码管动态扫描显示及查表子程序的调用。

二、任务内容

1. 任务预备知识

（1）LED 数码管实际上是由 7 个发光二极管组成的 8 字形，加上小数点就是 8 个。这些段分别由字母 a, b, c, d, e, f, g, dp（h）来表示。当数码管特定的段加上电压后，这些特定的段就会发亮，以形成眼睛看到的字样了。如：显示一个“2”字，那么应当是 a 亮 b 亮 g 亮 e 亮 d 亮 f 不亮 c 不亮 dp 不亮。LED 数码管有一般亮和超亮等不同，也有 0.5 寸、1 寸等不同的尺寸。数码管实物图如图 4-8 所示，左边两个为单位数码管，又称静态数码管；右边两个为四位数码管，又称动态数码管。数码管引脚图如图 4-9 所示。

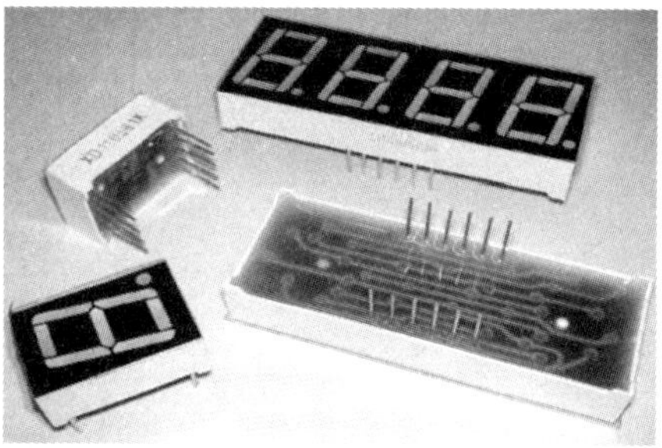

图 4-8　数码管实物图

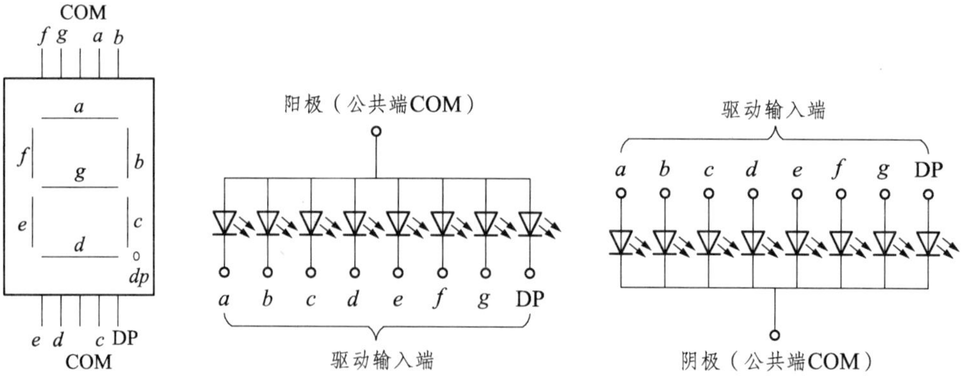

（a）引脚图　（b）共阳极　（c）共阴极

图 4-9　数码管引脚与结构图

一般情况下，单个发光二极管的管压降为 1.8 V 左右，电流不超过 30 mA。发光二极管的阳极连接到一起连接到电源正极的称为共阳数码管，发光二极管的阴极连接到一起连接到电源负极的称为共阴数码管。常用 LED 数码管显示的数字和字符是 0、1、2、3、4、5、6、7、8、9、A、b、C、d、E、F。

（2）四位动态数码管是将 4 个七段八位式数码管集成到一起，分别将 4 个 a，4 个 b……4 个 dp，对应接到一起，引出八段引脚（a，b，…，dp）和 4 个公共端。

（3）共阳极数码管显示编码。

共阳极数码管显示编码如表 4-1 所示。

表 4-1　共阳极数码管编码表

符号	显示编码	符号	显示编码
0	0xc0	8	0x80
1	0xf9	9	0x90
2	0xa4	A	0x88
3	0xb0	b	0x83
4	0x99	C	0xc6
5	0x92	d	0xa1
6	0x82	E	0x86
7	0xf8	F	0x7e

2. 元器件清单

静态数码管应用电路：AT89C51、7SEG-COM-ANODE、MINRES100R 和电源。

动态数码管应用电路：AT89C51、7SEG-MPX4-CA。

3. 静态数码管应用电路

静态数码管应用电路，如图 4-10 所示。仿真结果图，如图 4-11 所示。

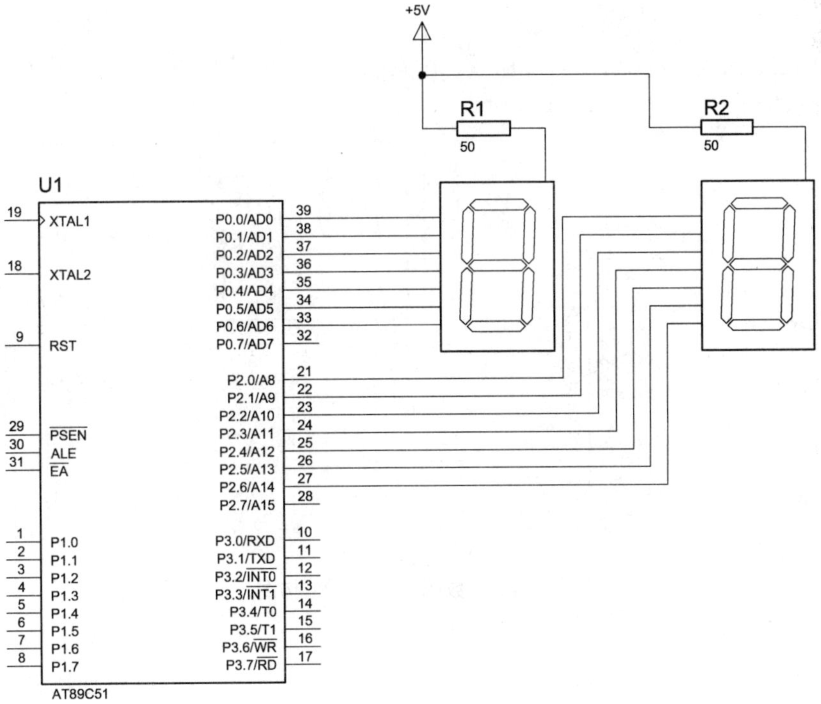

图 4-10　数码管与单片机接线原理图

注：如果做实物则限流电阻一般选择 560 Ω。

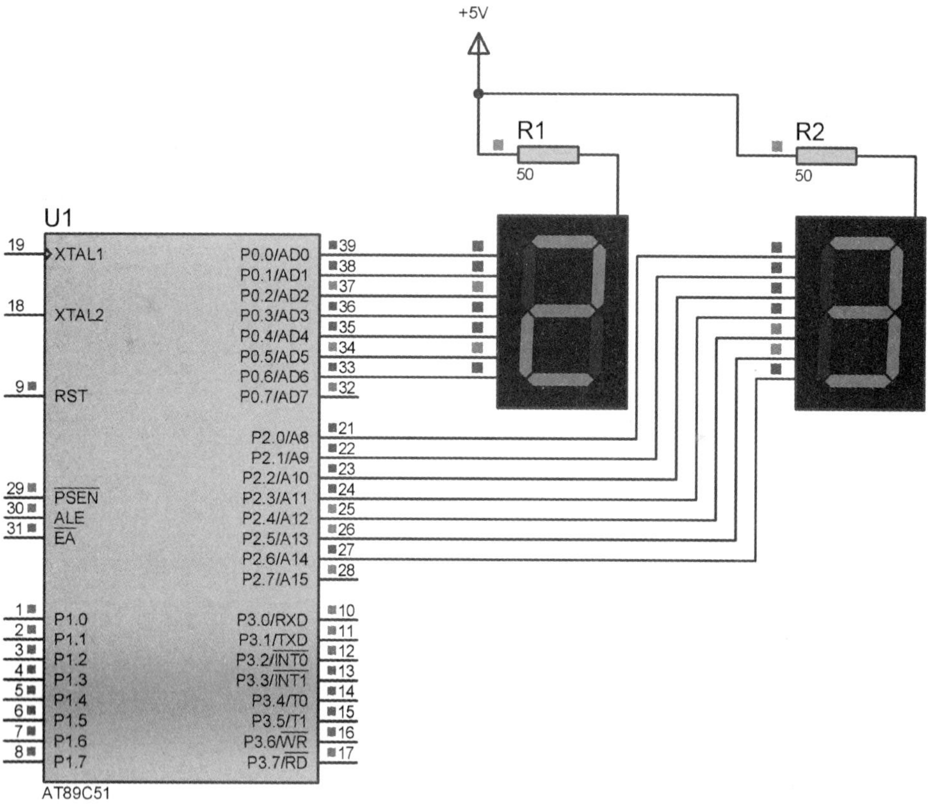

图 4-11　静态数码管仿真结果图

4. 动态数码管应用电路

动态数码管应用电路，如图 4-12 所示。仿真结果图，如图 4-13 所示。实际应用中电路图，如图 4-14 所示。

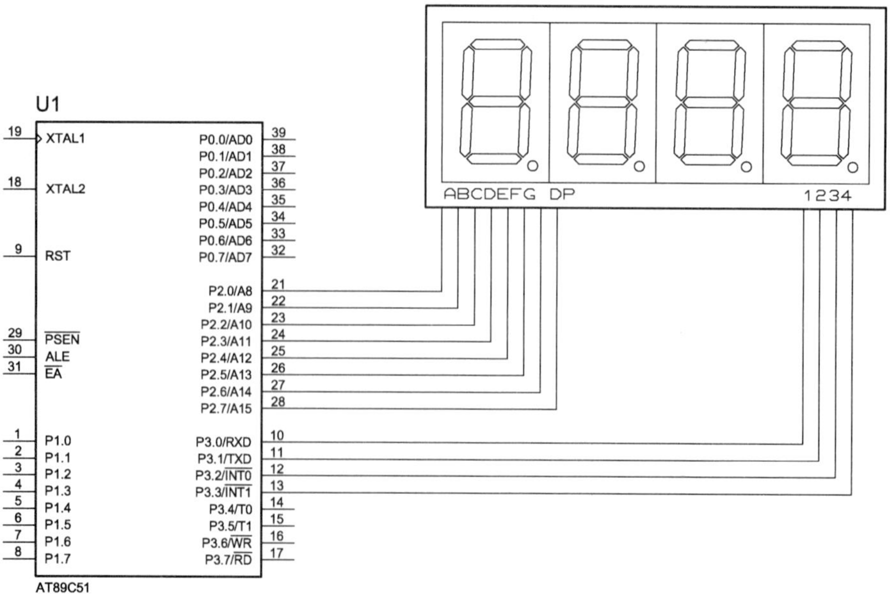

图 4-12　动态数码管与单片机接线仿真原理图

图 4-13　动态数码管仿真结果图

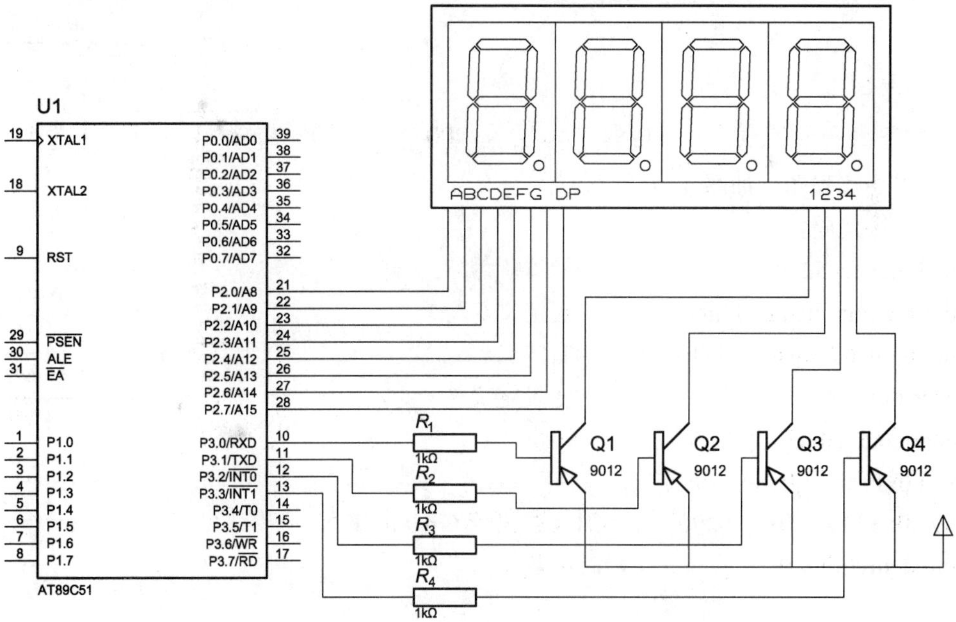

图 4-14　实际应用中电路图（三极管驱动电路）

三、程序

1. 静态数码管显示“23”

（1）程序流程图，如图 4-15 所示。

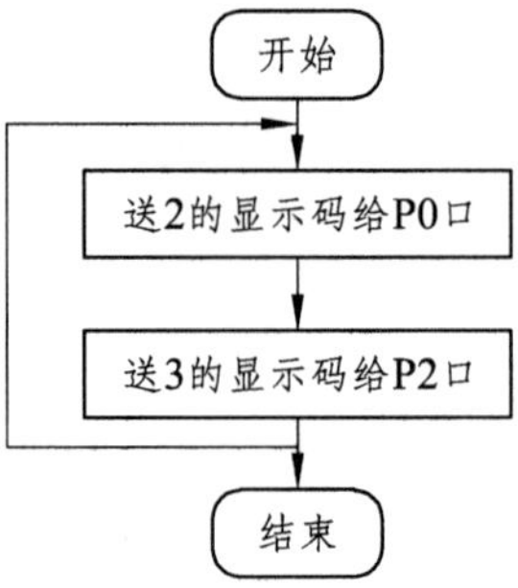

图 4-15　程序流程图

（2）程序代码：

```
#include<reg52.h>    //主函数
void main()
{
      while(1)
      {
      P0=0XA4;//送 2 的显示码给 P0 口
      P2=0XB0;//给 3 的显示码给 P2 口
      }
}
```

2. 静态数码管间隔 1 s 递增的方式显示“00”～“59”

（1）程序流程图，如图 4-16 所示。

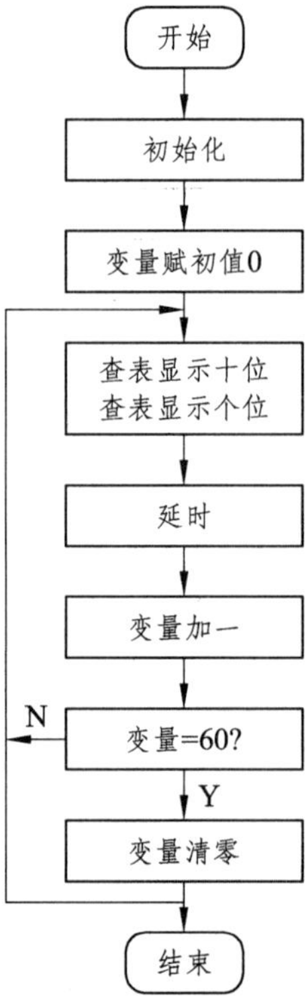

图 4-16　程序流程图

（2）程序代码：

```
#include<reg52.h>                    //52 单片机头文件
#define uint unsigned int            //宏定义
#define uchar unsigned char          //宏定义
uchar num=0;                         //变量定义
uchar code table[]={
0xc0,0xf9,0xa4,0xb0,0x99,
0x92,0x82,0xf8,0x80,0x90}; //共阳极数码管 0～9 的编码
void delay(uint z)              //延时函数
{
      uint x,y;
      for(x=200;x>0;x--)
            for(y=z;y>0;y--);
}
void main()          //主函数
{
      while(1)       //大循环
      {
```

```
    P0=table[num/10];//通过计算得到十位值，再查表赋给 P0 口
    P2=table[num%10];//通过计算得到个位值，再查表赋给 P2 口
    delay(455);          //延时
    num++;               //变量自加
    if(num==60) //判断变量值是否加到 60. 是，重新赋 0；否则，继续循环
        num=0;
    }
}
```

3. 动态数码管显示整屏“2012”

（1）程序流程图，如图 4-17 所示。

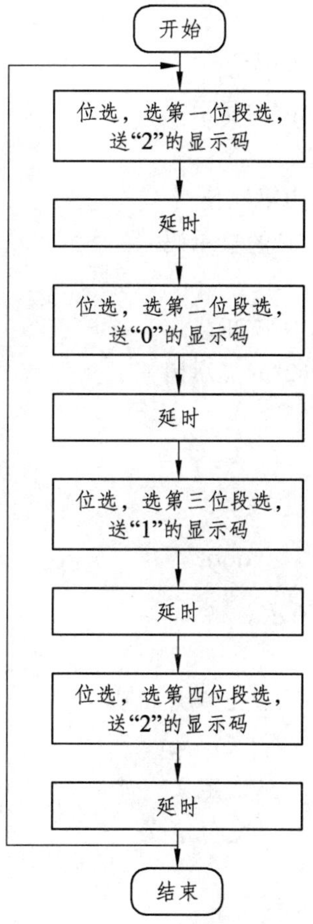

图 4-17　程序流程图

（2）程序代码：

```
#include <reg52.h>   //52 单片机头文件
#define uint unsigned int         //宏定义
#define uchar unsigned char      //宏定义
void delay(uint z)        //延时函数，短延时
```

```
{
      uint x,y;
      for(x=50;x>0;x--)
            for(y=z;y>0;y--);
}
void main()           //主函数
{
      while(1)        //大循环
      {
      P3=0x01;        //位选，选中第一位
      P2=0Xa4;        //段选，送"2"的显示码
      delay(1);       //短延时
      P3=0x02;        //位选，选中第二位
      P2=0Xc0;        //段选，送"0"的显示码
      delay(1);       //短延时
      P3=0x04;        //位选，选中第三位
      P2=0Xf9;        //段选，送"1"的显示码
      delay(1);       //短延时
      P3=0x08;        //位选，选中第四位
      P2=0Xa4;        //段选，送"2"的显示码
      delay(1);       //短延时
      }
}
```

4. 动态数码管显示“000” ~ “999”

（1）程序流程图，如图 4-18 所示。

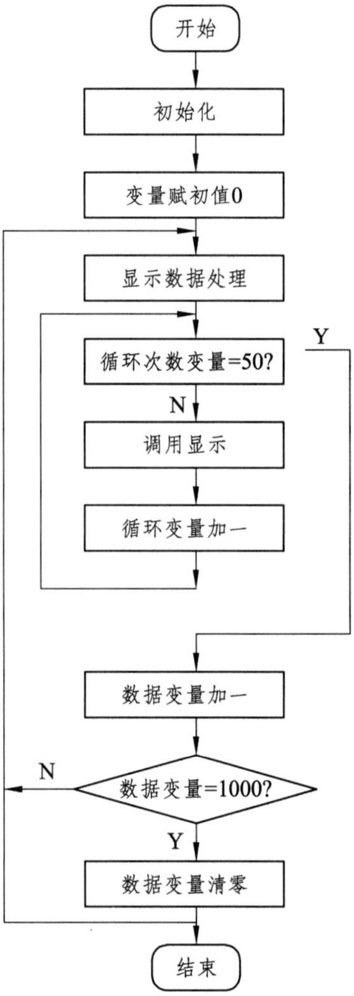

图 4-18 程序流程图

（2）程序代码：

```
#include<reg52.h>                    //52 单片机头文件
#define uint unsigned int            //宏定义
#define uchar unsigned char          //宏定义
uchar num,bai,shi,ge,i;              //变量定义
uchar code table[]={
0xc0,0xf9,0xa4,0xb0,0x99,
0x92,0x82,0xf8,0x80,0x90};//共阳极数码管 0 ~ 9 的编码
void delay(uint z)              //延时函数
{
      uint x,y;
      for(x=100;x>0;x--)
            for(y=z;y>0;y--);
```

```
}
void display(uint bai,uint shi,uint ge)
{
      P3=0x02;              //选中第一位数码管
      P2=table[bai];        //段选，送百位数据给 P2 口
      delay(2);             //短延时
      P3=0x04;              //选中第二位数码管
      P2=table[shi];        //段选，送十位数据给 P2 口
      delay(2);             //短延时
      P3=0x08;              //选中第二位数码管
      P2=table[ge];         //段选，送个位数据给 P2 口
      delay(2);             //短延时
}
void main()               //主函数
{
      num=0;                //变量赋初值
      while(1)              //大循环
      {
      bai=num/100;
      shi=num%100/10;
      ge=num%100%10;
      for(i=0;i<50;i++)        //for 循环，实现每屏的刷新 50 次
      {
      display(bai,shi,ge);
      }
      num++;                   //变量自加
      if(num==1000)    //判断变量值是否加到 1000.是，重新赋 0；否，继续循环
            num=0;
      }
}
```

四、巩固与提高

1. 填空题

（1）数码管按内部电极连线方式分为____________和____________两种；按显示方式分为____________和____________两种。

（2）共阴极数码管上显示 0 ~ 9 的编码是______________________________。

2. 编程题

（1）修改三-3 程序，使得数码管显示“06.58”。

（2）修改三-4 程序，使 8 位数码管从 1 号 ~ 4 号依次递增循环显示“1” ~ “4”。

3. 问答题

（1）数码管显示数字时，如何进行编码？

（2）数码管动态显示原理是什么？

（3）要使数码管不闪烁地显示四位数字，位选间延时时间应该多长？（范围值）

（4）要使数码管动态不闪烁地显示 59 ~ 00 的倒计时（间隔约 1 s），使用直接延时时间的方法可行吗？应该怎么做？

4. 应用编程

设计简易电子时钟，如图 4-19 所示。

四位动态数码管：前两位显示时（00 ~ 23），初始值为 12；后两位显示分（00 ~ 59），初始为 0；图中小数点表示秒，闪烁间隔为 1 s，60 次后，分加 1。

元件清单：AT89C51、7SEG-MPX4-CA。

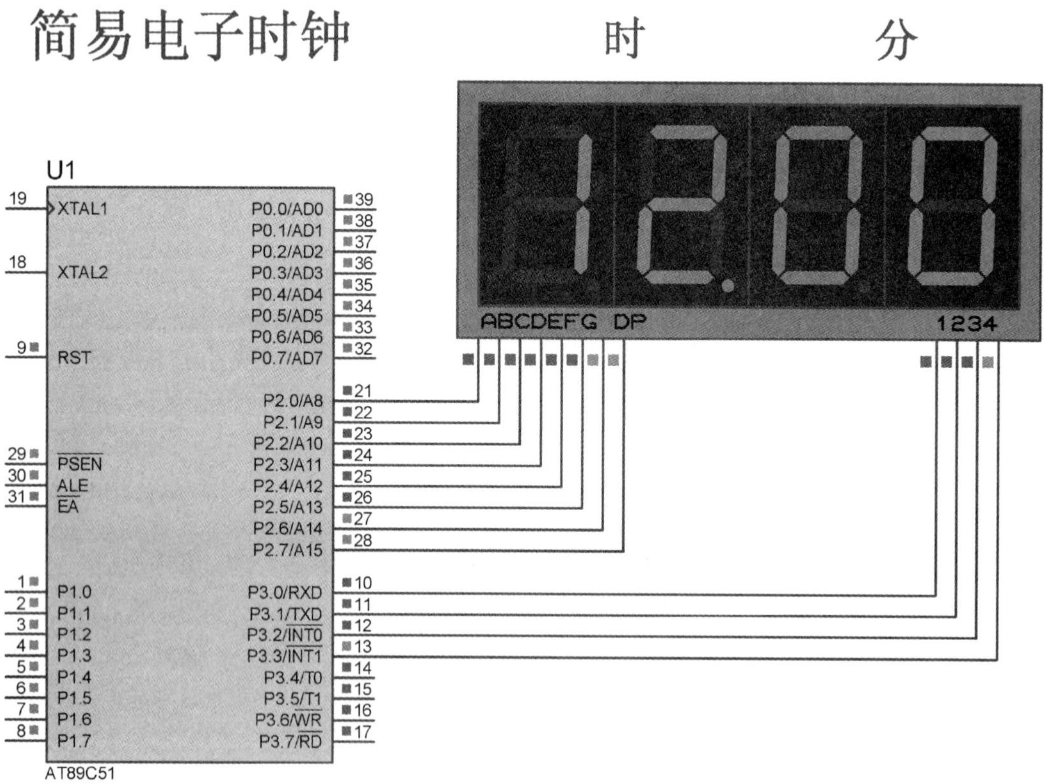

图 4-19　简易电子时钟

4.1.3　点阵屏及应用

二十世纪八十年代以来出现了组合型 LED 点阵显示器，以发光二极管为像素，它用高亮度发光二极管芯阵列组合后，由环氧树脂和塑模封装而成。其具有高亮度、功耗低、引脚少、视角大、寿命长、耐湿、耐冷热、耐腐蚀等特点。点阵显示器有单色和双色两类，可显示红、黄、绿、橙等色。LED 点阵有 4×4、4×8、5×7、5×8、8×8、16×16、24×24、40×40 等多种规格。

一、任务目的

（1）了解点阵屏的内部结构与分类。

（2）了解点阵屏的动态扫描原理。

（3）了解点阵屏驱动电路的设计。

（4）熟悉进行数字编码在点阵屏上显示及掌握点阵屏的显示原理。

（5）熟悉点阵屏的动态扫描程序编写。

二、任务内容

1. 任务预备知识

1）点阵屏介绍

LED 点阵显示器单块使用时，既可代替数码管显示数字，也可显示各种中西文字及符号，点阵屏发光点实质为发光二极管。如 5×7 点阵显示器用于显示西文字母。5×8 点阵显示器用于显示中西文，8×8 点阵用于显示中文文字，也可用于图形显示。用多块点阵显示器组合则可构成大屏幕显示器，但这类实用装置常通过微机或单片机控制驱动，如图 4-20 所示。

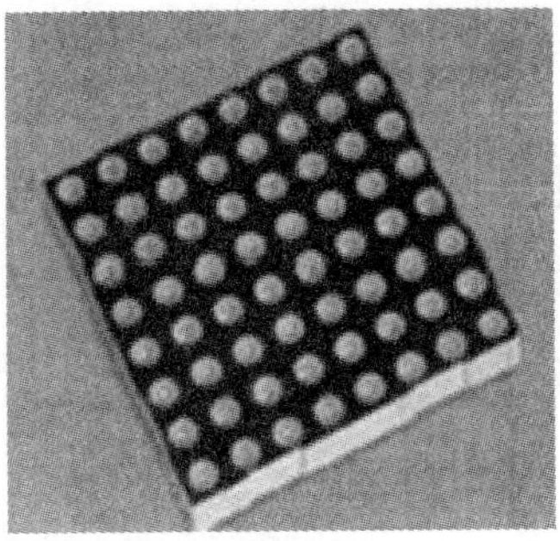

（a）点阵屏实物图

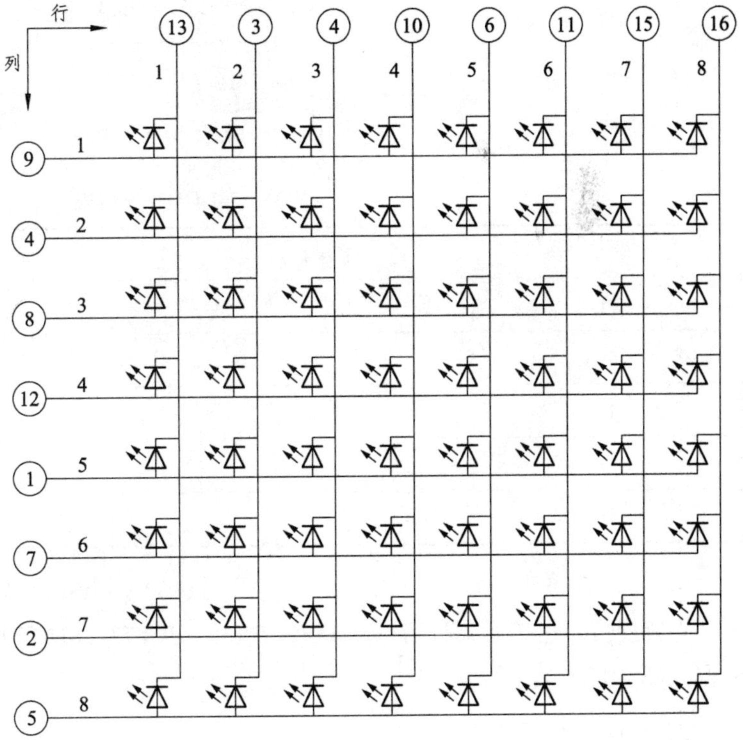

（b）点阵屏内部结构图

图 4-20　8×8 点阵屏

2）点阵屏的驱动器件介绍

74HC573 八进制 3 态非反转透明锁存器，如图 4-21 所示，其真值表如表 4-2 所示。

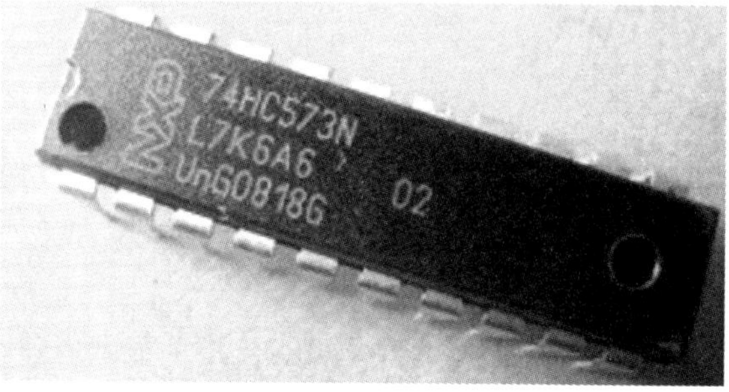

（a）74HC573 实物图

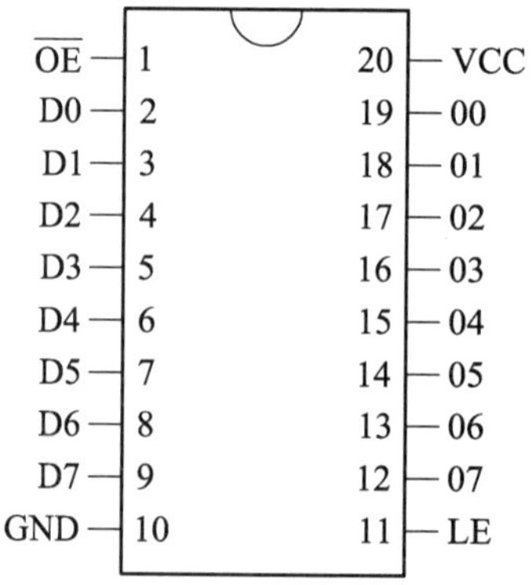

（b）74HC573 引脚图

图 4-21　74HC573 实物图

表 4-2　74HC573 真值表

输入			输出
OE	LE	D	Q
L	H	H	H
L	H	L	L
L	L	×	NO
H	×	×	Z

2. 元器件清单

点阵屏应用电路元器件清单：AT89C51、74HC573、MATRIX-8×8-RED、RESPACK-8 和电源、地。

3. 点阵屏应用电路

点阵屏应用原理图如图 4-22 所示，仿真结果如图 4-23 所示。

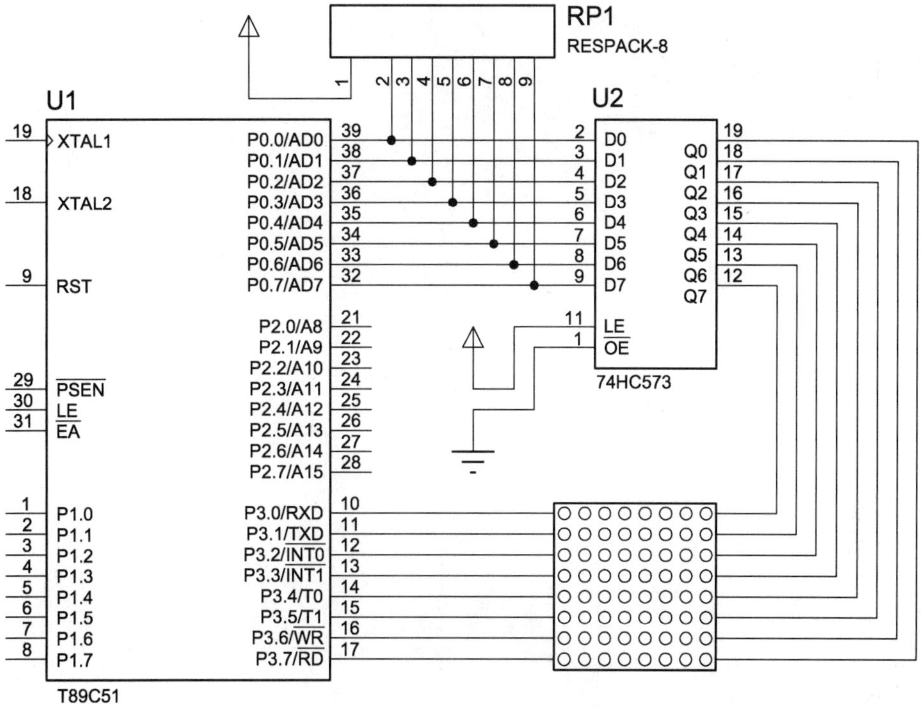

图 4-22　点阵屏应用原理图

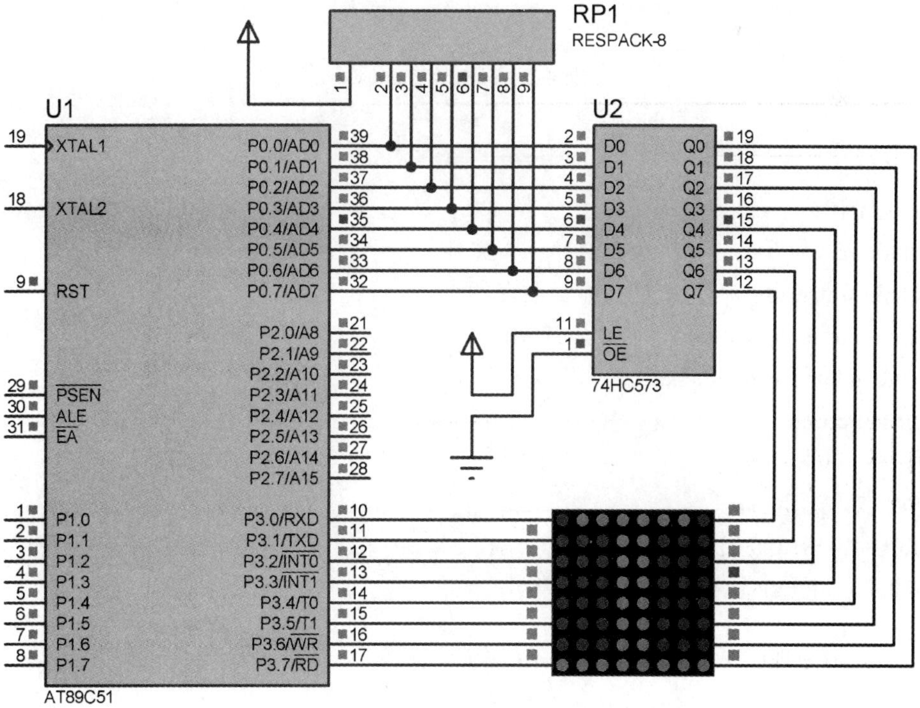

图 4-23　点阵屏应用仿真结果图

三、程序

1. 点阵屏静态显示“工”

（1）程序流程图，如图 4-24 所示。

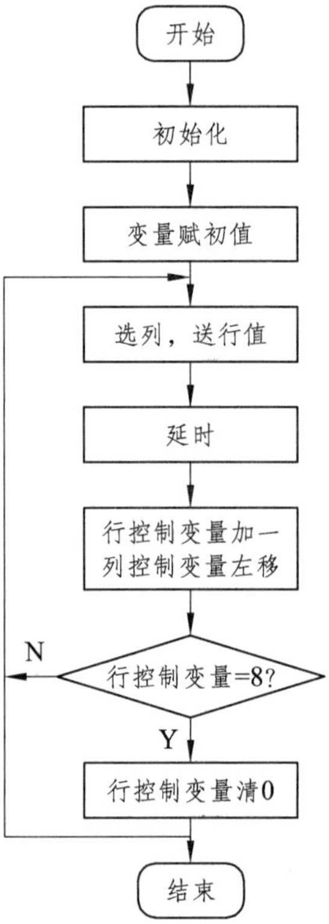

图 4-24　程序流程图

（2）程序代码：

```
#include<reg52.h>              //52 单片机头文件
#include<intrins.h>            //左右移函数文件
#define uint unsigned int          //宏定义
#define uchar unsigned char    //宏定义
uchar temp,num;            //变量定义
uchar code table[]={
0x80,0x81,0x81,0xff,
0xff,0x81,0x81,0x80};    //"工"字的显示码
void delay(uint z);          //延时函数声明
void main()                //主函数
{
      num=0;                 //初始变量
      temp=0xfe;             //初始变量
      while(1)               //大循环
```

```
		{
		P0=temp;             //选列
		P3=table[num];       //送行值
		delay(1);            //短延时
		num++;               //行值控制变量加一
		temp=_crol_(temp,1); //左循环函数
		if(num==8)           //判断行值是否送完
		num=0;
		}
}
void delay(uint z)    //延时函数
{
	uint x,y;
	for(x=20;x>0;x--)
		for(y=z;y>0;y--);
}
```

2. 点阵屏图形切换显示四个不同大小的“口”

（1）程序流程图，如图 4-25 所示。

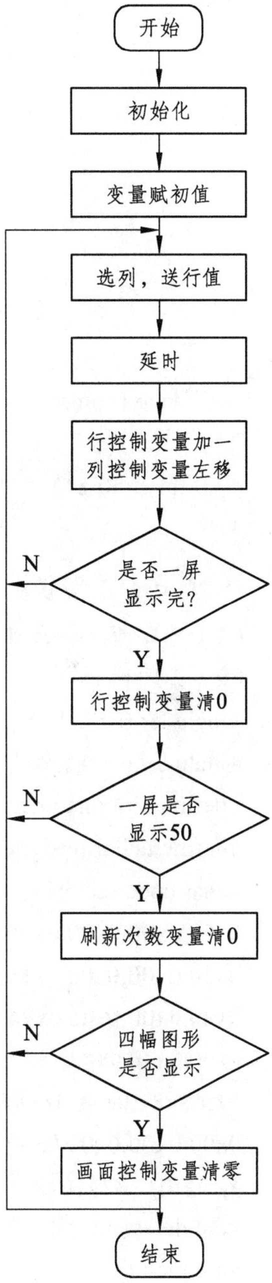

图 4-25　程序流程图

（2）程序代码：

```
#include<reg52.h>            //单片机头文件
#include<intrins.h>          //左右循环移动函数库
#define uint unsigned int        //宏定义
#define uchar unsigned char    //宏定义
uchar code table[]={
0x00,0x00,0x00,0x18,0x18,0x00,0x00,0x00,
0x00,0x00,0x3c,0x24,0x24,0x3c,0x00,0x00,
0x00,0x7e,0x42,0x42,0x42,0x42,0x7e,0x00,
0xff,0x81,0x81,0x81,0x81,0x81,0x81,0xff
};       //图形显示码
void delay(uint z);         //延时函数声明
void main()                 //主函数
{
	uchar temp,num,num1,num2,num3=0;   //初始变量
	while(1)
	{
	temp=0xfe;
	for(num2=0;num2<4;num2++)     //控制显示 4 幅图形
		{
```

```
            for(num1=0;num1<50;num1++) //控制每幅图形显示 50 次
            {
                for(num=num3+8*num2;num<num3+8*num2+8;num++) //运算取行值
                {
                P0=temp;                   //选择列
                P3=table[num];             //送行值
                delay(200);                //延时
                temp=_crol_(temp,1); //左循环函数表达式
                }
            }
        }
    }
}
void delay(uint z)       //延时函数
{
    for(;z>0;z--);
}
```

3. 点阵屏图形移动显示四个不同大小的“口”

（1）程序流程图，如图 4-26 所示。

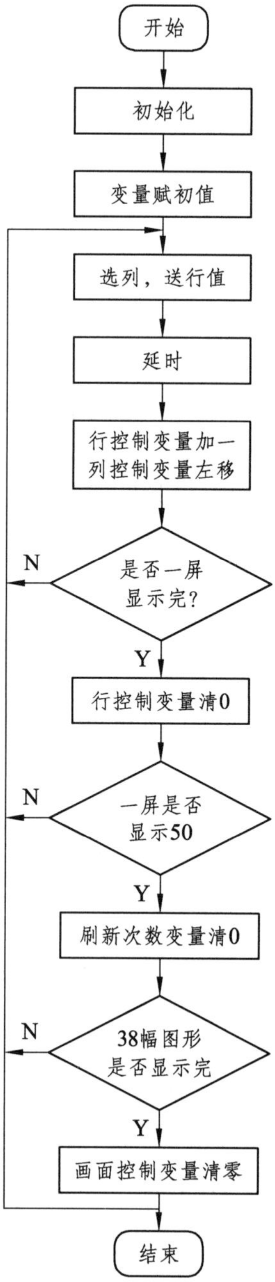

图 4-26　程序流程图

（2）程序代码：

```
#include<reg52.h>              //单片机头文件
#include<intrins.h>            //左右循环移动函数库
#define uint unsigned int          //宏定义
#define uchar unsigned char    //宏定义
uchar code table[]={
0x00,0x00,0x00,0x00,0x00,
0x00,0x00,0x00,0x18,0x18,0x00,0x00,0x00,
0x00,0x00,0x3c,0x24,0x24,0x3c,0x00,0x00,
0x00,0x7e,0x42,0x42,0x42,0x42,0x7e,0x00,
0xff,0x81,0x81,0x81,0x81,0x81,0x81,0xff,
0x00,0x00,0x00,0x00,0x00,0x00,0x00,0x00
};    //图形显示码
void delay(uint z);        //延时函数声明
void main()              //主函数
{
    uchar temp,num,num1,num2,num3=0;    //初始变量
    while(1)
    {
```

```
    temp=0xfe;
    for(num2=0;num2<38;num2++)          //控制显示38幅图形
        {
        for(num1=0;num1<50;num1++)      //控制每一幅图形显示50次
        {
            for(num=num3+1*num2;num<num3+1*num2+8;num++)   //运算取行值
            {
            P0=temp;            //选择列
            P3=table[num];   //送行值
            delay(200);         //调用延时函数
            temp=_crol_(temp,1); //左循环函数表达式
            }
        }
        }
    }
}
void delay(uint z)     //延时函数
{
    for(;z>0;z--);
}
```

四、巩固与提高

1. 填空题

（1）锁存器 74HC573 上 LE__________时，为平直通状态。74HC573 在本节电路中作用是____________________________。

（2）8×8 点阵屏静态显示“❤”的显示码是____________________________。

2. 编程题

修改程序三-3，使点阵屏向上移动显示“0”～“9”（类似于电梯上的提示数据）。

3. 问答题

（1）8×8 双色点阵屏的工作原理是什么？

（2）点阵屏的显示码是怎么取出的？

4.1.4 LCD1602 液晶屏显示

液晶显示器以其功耗低、体积小、显示内容丰富、超薄轻巧等诸多优点。在袖珍式仪器仪表和低功耗应用系统中得到了越来越广泛的应用。本节任务主要介绍 LCD1602 液晶屏作为单片机的显示器的简单显示应用。

一、任务目的

（1）了解字符型液晶显示模块 LCD1602 字符显示屏的结构。

（2）了解字符型液晶显示模块 LCD1602 的工作原理。

（3）掌握在字符型液晶显示模块 LCD1602 上显示字母的编程方法。

二、任务内容

1. 任务预备知识

字符型液晶模块是一种用 5×7 点阵图形来显示字符的液晶显示器，根据显示的容量可以分为 1 行 16 个字、2 行 16 个字、2 行 20 个字等，这里以常用的 2 行 16 个字的 1602 液晶模块来介绍它的编程方法。

（1） LCD1602 实物图，如图 4-27 所示。

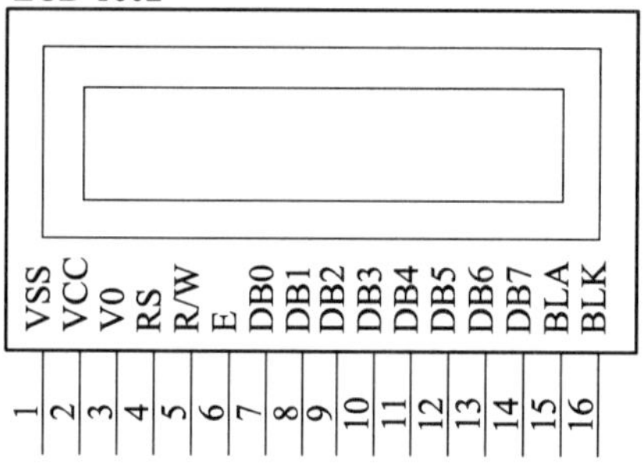

图 4-27　LCD1602 外观图

（2）引脚说明。

字符型液晶显示模块 LCD1602 通常有 14 条引脚线或 16 条引脚线[多出来的 2 条线是背光电源线 VCC（15 脚）和地线 GND（16 脚）]16 脚 LCD1602 控制原理与 14 脚的 LCD 完全一样，引脚功能如表 4-3 所示。

表 4-3　LCD1602 的引脚功能

引脚	符号	功能说明
1	VSS	一般接地
2	VCC	接电源（+5 V）
3	V0	液晶显示器对比度调整端
4	RS	RS 为寄存器选择，高电平 1 时选择数据寄存器，低电平 0 时选择指令寄存器
5	R/W	R/W 为读写信号线，高电平（1）时进行读操作，低电平（0）时进行写操作
6	E	E（或 EN）端为使能(enable)端，下降沿使能
7	DB0	低 4 位三态、双向数据总线 0 位（最低位）
8	DB1	低 4 位三态、双向数据总线 1 位
9	DB2	低 4 位三态、双向数据总线 2 位

续表

引脚	符号	功能说明
10	DB3	低 4 位三态、双向数据总线 3 位
11	DB4	低 4 位三态、双向数据总线 4 位
12	DB5	低 4 位三态、双向数据总线 5 位
13	DB6	低 4 位三态、双向数据总线 6 位
14	DB7	高 4 位三态、双向数据总线 7 位（最高位）（也是 busy flag）
15	BLA	背光电源正极
16	BLK	背光电源负极

（3）寄存器选择控制表，如表 4-4 所示。

表 4-4 寄存器选择控制

RS	R/W	操作说明
0	0	写入指令寄存器（清除屏等）
0	1	读 busy flag（DB7），以及读取位址计数器（DB0 ~ DB6）值
1	0	写入数据寄存器（显示各字型等）
1	1	从数据寄存器读取数据

注：关于 *E*=*H* 脉冲——开始时初始化 *E* 为 0，然后置 *E* 为 1，再清 0。busy flag（*DB*7）：在此位为 1 时，LCD 忙，将无法再处理其他的指令要求。

（4）控制接口时序说明（HD44780 及兼容的芯片）。

① 读操作时序如图 4-28 所示。

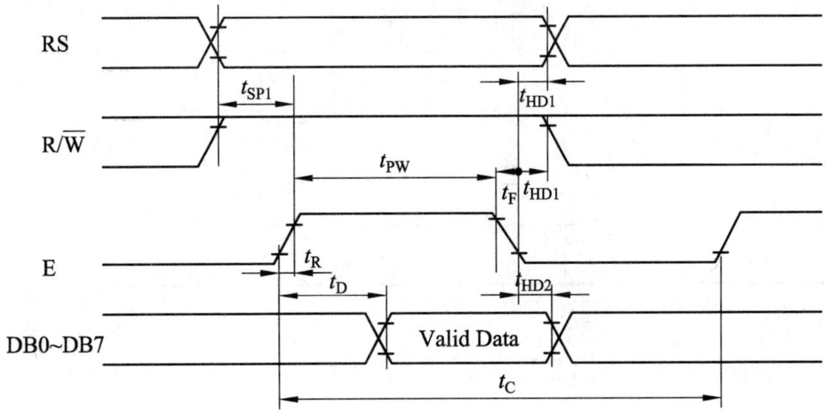

图 4-28 写操作时序

② 写操作时序如图 4-29 所示。

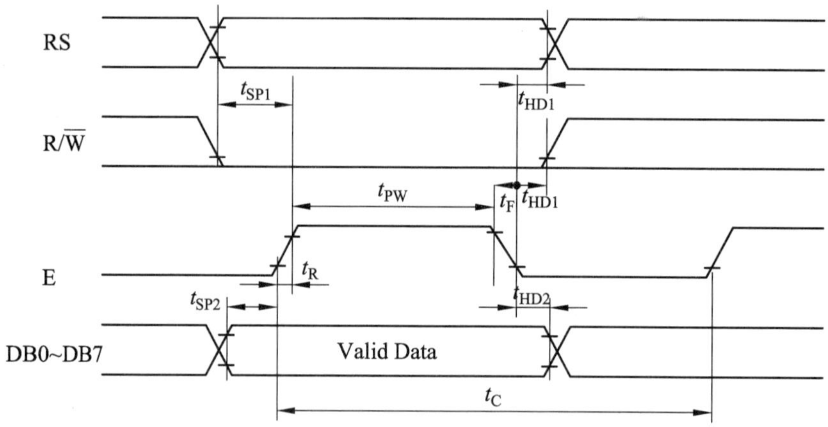

图 4-29 写操作时序

③ 时序图中时序参数说明如表 4-5 所示。

表 4-5 时序参数

时序参数	符号	极限值			单位	测试条件
		最小值	典型值	最大值		
E 信号周期	t_c	400	—	—	ns	引脚 E
E 脉冲宽度	t_{PW}	150	—	—	ns	
E 上升沿/下降沿时间	t_R，t_F	—	—	25	ns	
地址建立时间	t_{SP1}	30	—	—	ns	引脚 E、RS、R/W
地址保持时间	t_{HD1}	10	—	—	ns	
数据建立时间（读操作）	t_D	—	—	100	ns	引脚 DB0～DB7
数据保持时间（读操作）	t_{HD2}	20	—	—	ns	
数据建立时间（写操作）	t_{SP2}	40	—	—	ns	
数据保持时间（写操作）	t_{HD2}	10	—	—	ns	

2. 元件清单

液晶屏 LCD1602 的应用电路元件清单：AT89C51、LM016L、3005P-1-103 电源和地。

3. LCD1602 的应用电路

LCD1602 的应用电路图，如图 4-30 所示，仿真结果如图 4-31 所示。

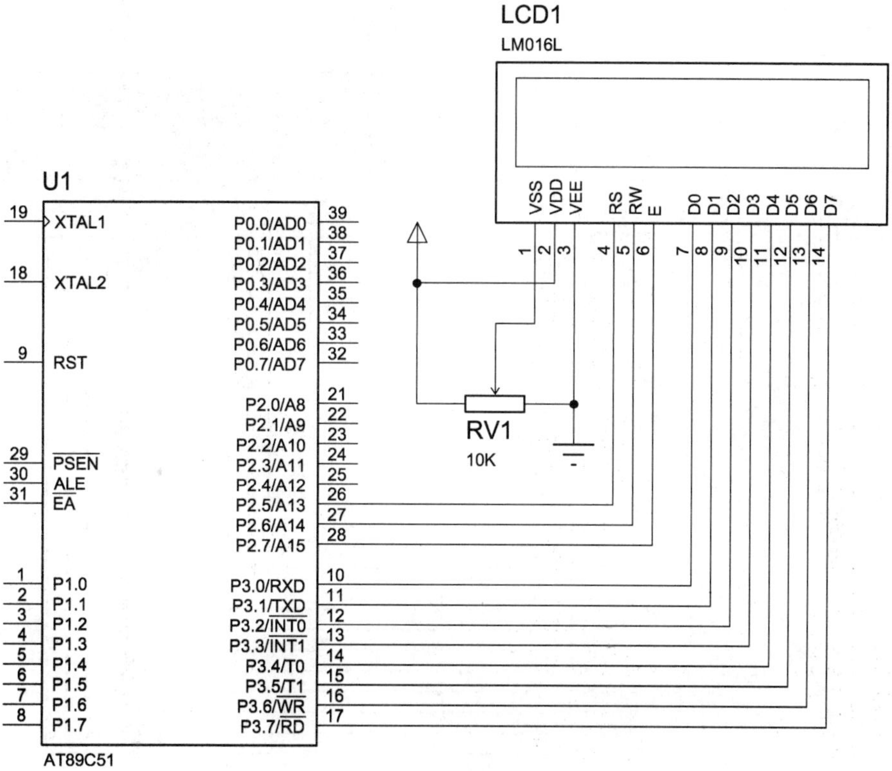

图 4-30　LCD1602 的应用电路图

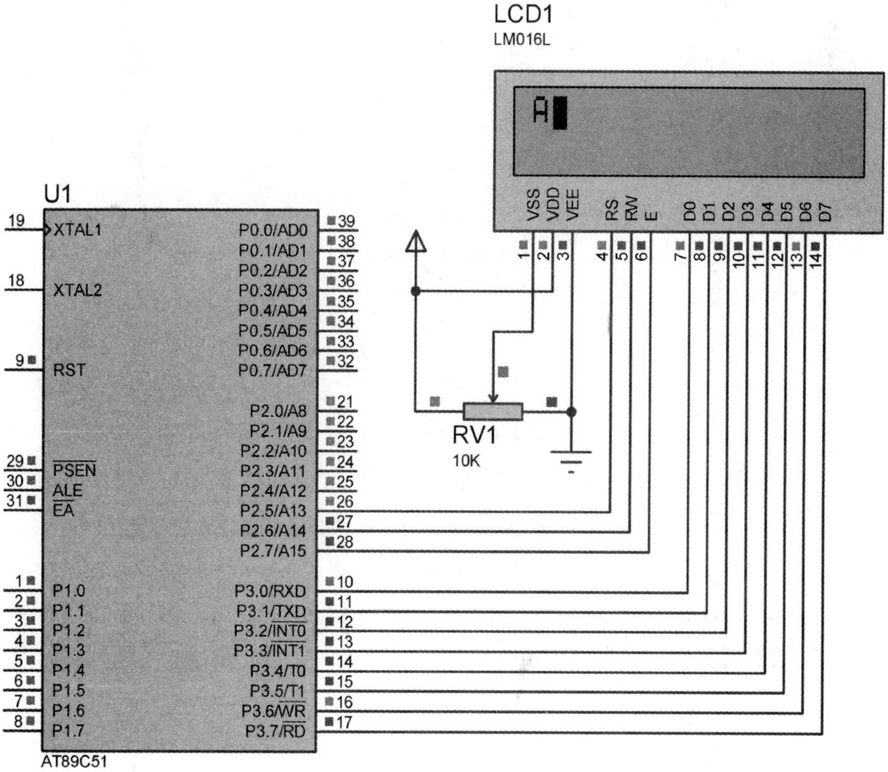

（a）LCD1602 显示仿真结果 1

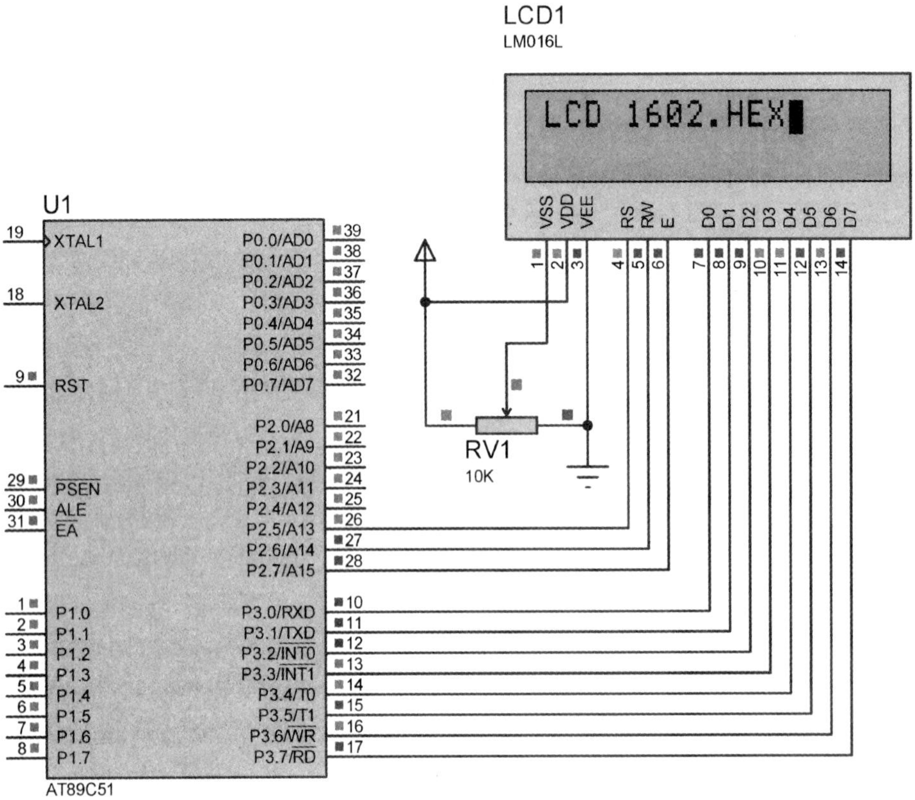

（b）LCD1602 显示仿真结果 2

图 4-31　LCD1602 显示仿真结果

三、程序

1. LCD1602 屏上显示字母“A”

（1）程序流程图，如图 4-32 所示。

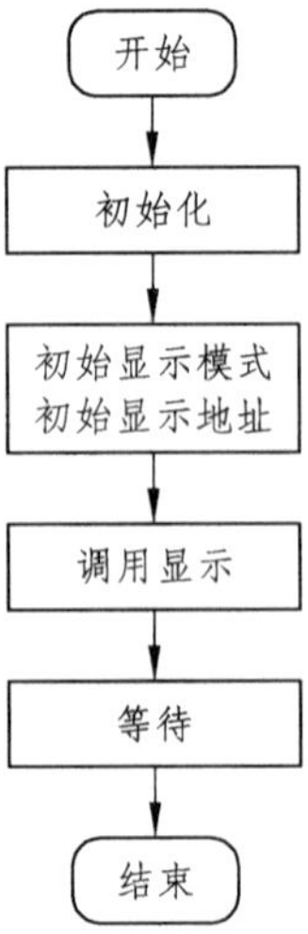

图 4-32　程序流程图

（2）程序代码：

```
#include<reg52.h>                //52 单片机头文件
#define uchar unsigned char      //宏定义
#define uint unsigned int        //宏定义
sbit lcdrs=P2^5;                 //数据/命令选择端（1/0）
sbit lcdrw=P2^6;                 //读写选择端  (1/0)
sbit lcden=P2^7;                 //LCD 使能端(1)
void delay(uint z)               //延时函数
{
    uint x,y;
    for(x=z;x>0;x--)
        for(y=100;y>0;y--);
}
void write_com(uchar com)          //写命令函数
{
    lcdrs=0;                 //命令端
    P3=com;                  //将命令写入 LCD 数据口
    delay(5);
    lcden=1;                 //使能端有效，允许写入
    delay(5);
    lcden=0;                 //写入完毕，拉低
}
void write_data(uchar date)        //写数据函数
{
    lcdrs=1;                 //数据端
    P3=date;                 //将数据写入 LED 数据口
    delay(5);
    lcden=1;                 //使能端有效，允许写入
    delay(5);
    lcden=0;                 //写入完毕，拉低
}
void init()                  //初始化
{
    lcdrw=0;
    lcden=0;
    write_com(0x38);             //显示模式设置
    write_com(0x0f);             //显示开关/光标设置
    write_com(0x06);             //显示光标设置
    write_com(0x01);             //清屏
```

```
    write_com(0x80);              //设置显示地址
}
void main()                //主函数
{
    init();                       //调用初始化函数
    write_data('A');              //调用写数据函数
    while(1);                     //等待!
}
```

2. LCD1602 屏上显示字符串“LCD 1602.HEX”

（1）程序流程图，如图 4-33 所示。

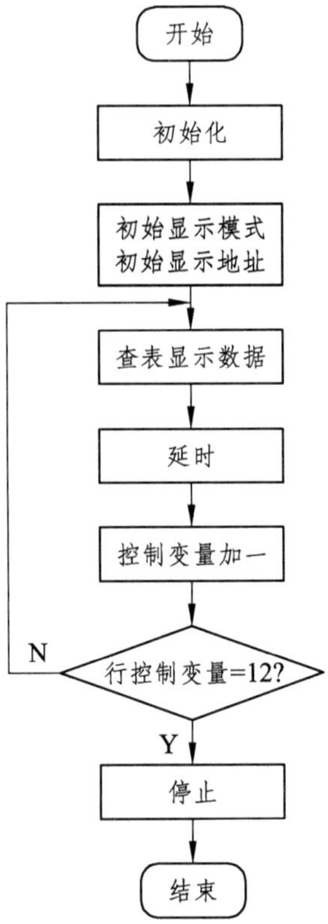

图 4-33　程序流程图

（2）程序代码：

```
#include<reg52.h>                //52 单片机头文件
#define uchar unsigned char        //宏定义
#define uint unsigned int          //宏定义
sbit lcdrs=P2^5;                   //数据/命令选择端（1/0）
sbit lcdrw=P2^6;                   //读写选择端  (1/0)
sbit lcden=P2^7;                   //LCD 使能端(1)
```

```
uchar code table[]="LCD 1602.HEX";   //显示信息
uchar num;
void delay(uint z)                    //延时函数
{
    uint x,y;
    for(x=z;x>0;x--)
        for(y=100;y>0;y--);
}
void write_com(uchar com)             //写命令函数
{
    lcdrs=0;            //命令端
    P3=com;             //将命令写入 LCD 数据口
    delay(5);
    lcden=1;            //使能端有效，允许写入
    delay(5);
    lcden=0;            //写入完毕，拉低
}
void write_data(uchar date)           //写数据函数
{
    lcdrs=1;            //数据端
    P3=date;            //将数据写入 LED 数据口
    delay(5);
    lcden=1;            //使能端有效，允许写入
    delay(5);
    lcden=0;            //写入完毕，拉低
}
void init()             //初始化
{
    lcdrw=0;
    lcden=0;
    write_com(0x38);            //显示模式设置
    write_com(0x0f);            //显示开关/光标设置
    write_com(0x06);            //显示光标设置
    write_com(0x01);            //清屏
    write_com(0x80);            //设置显示地址
}
void main()
{
    init();                             //调用初始化
```

```
    for(num=0;num<12;num++)          //控制显示信息数量
    {
        write_data(table[num]);      //运算赋值
        delay(20);                   //延时
    }
    while(1);    //显示完毕等待！
}
//end
```

四、巩固与提高

1. 填空题

（1）LCD1602 中用于传输数据的位数是_____位；其中 V0 的功能是__________。

（2）在本节任务中语句 write_com(0x80)的功能是_____________。

2. 编程题

设计简易电子时钟，模式为“00-00-00”，表示 0 时，0 分，0 秒；时为 24 进制，分、秒为 60 进制；上电电子时钟开始走。

3. 问答题

（1）LCD1602 的 16 个引脚的定义是什么？

（2）LCD1602 的常用操作命令有哪些？

（3）LCD1602 作为显示设备，有哪些特点？

4.2 键盘控制应用

在单片机应用系统中，操作人员可以通过键盘向单片机输入数据、传送命令，实现人机交互。键盘是一组按键开关的集合，键盘分为编码式键盘和非编码式键盘。

（1）编码式键盘：依靠硬件编码器，实现编码的一类键盘。如：计算机键盘。

（2）非编码式键盘：依靠软件编程，实现编码的一类键盘。非编码键盘又分为独立键盘与矩阵键盘。如：单片机键盘。

单片机系统中应用最多的是非编码式键盘，它具有结构简单、应用灵活等特点。

4.2.1 独立键盘控制应用

一、任务目的

（1）了解键盘的分类。

（2）理解独立按键电路的原理及设计。

（3）掌握独立按键编程原理及 I/O 口的输入使用，实现通过按键控制端口。

二、任务内容

1. 任务预备知识

（1）按键实物图如图 4-34 所示。

图 4-34　按键实物图

注：该按键为短柄按键，在使用时，4 个引脚中两两相通，为了方便使用，接对角线即可。

（2）独立式键盘就是各键相互独立，互不干扰，每个按键的一端单独接到单片机的一个 I/O 口上，另一端接地。如果有按键按下，则该 I/O 口为低电平；如果没有按下，则该 I/O 为高电平。

2. 元件清单

独立键盘应用电路元件清单：AT89C51、LED-RED、BUTTON、MINRES 100R、7SEG-COM-ANODE 和电源、地。

3. 独立键盘应用电路

单个独立键盘应用电路，如图 4-35 所示。多个独立键盘应用电路，如图 4-36 所示。

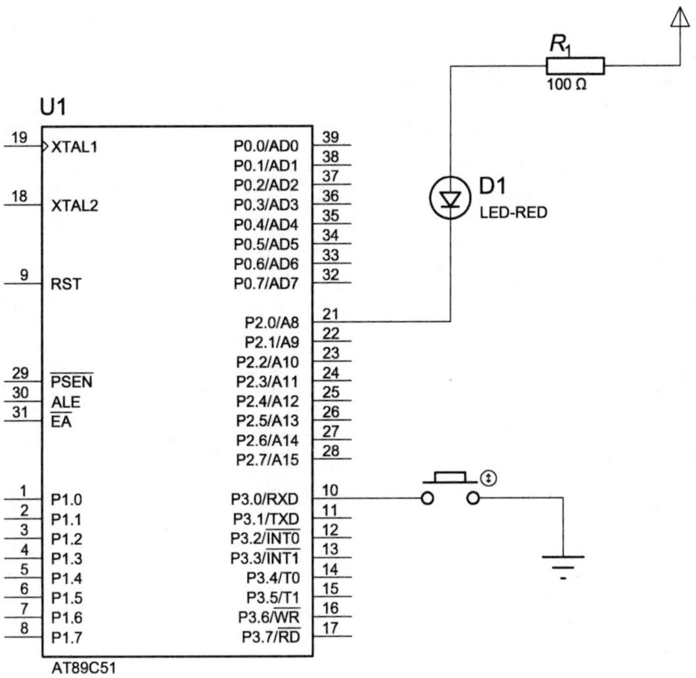

图 4-35　单个独立键盘应用电路

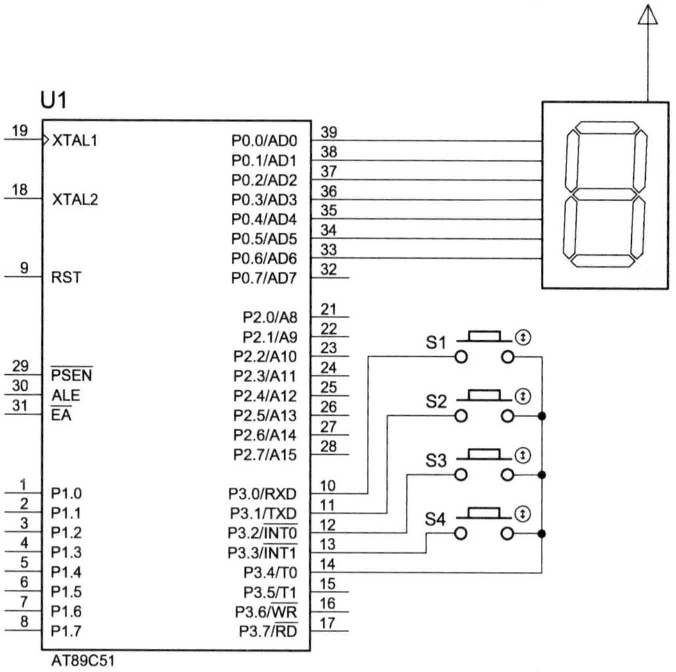

图 4-36　多个独立键盘应用电路

三、程序

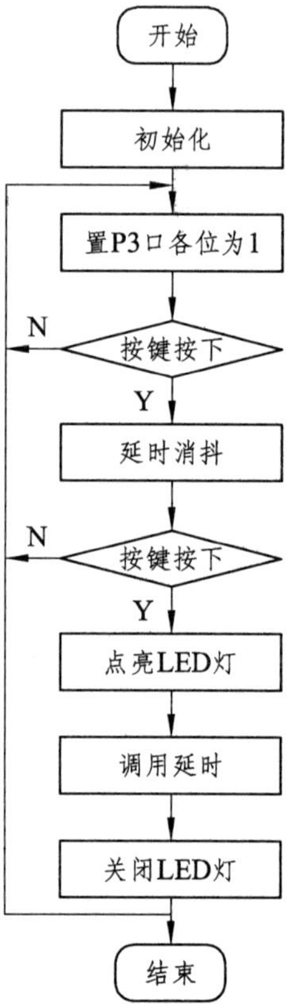

图 4-37　程序流程图

（1）按键点灯（按 S1 时，点亮 P2.0 口所接的 LED 灯）。

① 程序流程图，如图 4-37 所示。

② 程序代码：

```
#include<reg52.h>        //52 单片机头文件
#define uint unsigned int            //宏定义
#define uchar unsigned char          //宏定义
sbit LED1=P2^0;          //声明 P1 口第一位，此位为 LED1
sbit s1=P3^0;            //声明 P3 口第一位，此位为 S1
void delay(uint z)       //延时函数
{
    uint x,y;
    for(x=200;x>0;x--)
        for(y=z;y>0;y--);
}
void main()              //主函数
{
    P3=0XFF;             //初始化 P3 口，给各位写入 1
    while(1)             //大循环
    {
        if(s1==0)        //判断 P3.0 是否为 0.为 0，点亮 LED 灯；否则，继续判断
```

```
        {
            delay(10);
            if(s1==0)
            {
            LED1=0;             //打开 LED 灯
            delay(400);         //开灯延时
            LED1=1;             //关闭 LED 灯
            }
        }
    }
}
```

（2）按 S1、S2、S3、S4 时第一位数码管分别显现“1”、“2”、“3”、“4”。

① 程序流程图，如图 4-38 所示。

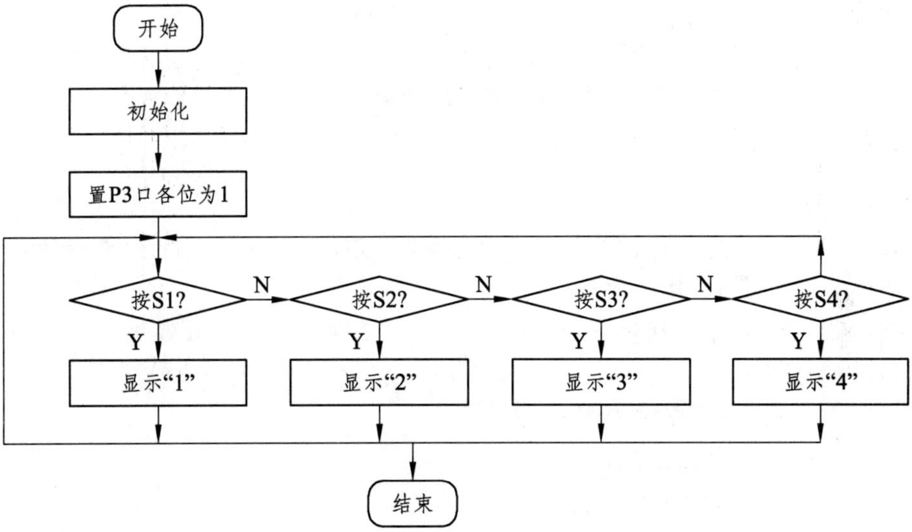

图 4-38　程序流程图

② 程序代码：

```
#include<reg52.h>         //52 单片机头文件
sbit s4=P3^3;             //声明 P3 口第四位，此位为 S4
sbit s3=P3^2;             //声明 P3 口第三位，此位为 S3
sbit s2=P3^1;             //声明 P3 口第二位，此位为 S2
sbit s1=P3^0;             //声明 P3 口第一位，此位为 S1
void main()
{
    P3=0XFF;
    while(1)              //大循环
    {
```

```
            if(s1==0)           //判断是否 S1 按下
            P0=0xf9;            //显示"1"
            else if(s2==0)      //判断是否 S2 按下
            P0=0xa4;            //显示"2"
            else if(s3==0)      //判断是否 S3 按下
            P0=0xb0;            //显示"3"
            else if(s4==0)      //判断是否 S4 按下
            P0=0x99;            //显示"4"
        }
    }
```

四、巩固与提高

1. 填空题

（1）单片机键盘分为__________和__________两种。

（2）语句“sbit LED1=P1^0;”的功能是________________________。

（3）若 while 循环中的表达式值为 1，则该语句为____________循环。

（4）按键开关的电路符号为______________。

2. 编程题

（1）修改四（1）程序，通过一个按键控制两个 LED 灯，第一次按下时，亮第一个灯，第二次按下时亮第二个灯，第三次按下时亮第三个灯。

（2）修改四（2）程序，通过按键的方法使一位数码管递增显示 0 到 9。

（3）设计抢答器。

功能要求：a. 设置 6 路抢答按键。

b. 数码管显示参赛队号。

c. 一路报警提示电路，报警时间为 0.5 s。

3. 问答题

（1）当某个独立按键被按下的一瞬间，该 I/O 口是高电平还是低电平？为什么？

（2）说说独立按键的检测原理。

4.2.2 矩阵键盘控制应用

在单片机应用系统中，如果要使用的按键比较多，那么不会采用独立式键盘，因为那样占用的 I/O 口较多。在实际中常采用矩阵式键盘，这种矩阵式键盘由行线和列线组成，按键位于行、列的交叉点上。按下按键时行线和列线就交到一起，没有按下时行线和列线是不相同的。这样，一个 P3 口就可以构成 4×4=16 个键盘，比直接将键盘接到端口的独立式键盘多了一倍按键数。

一、任务目的

（1）了解键盘的分类。

（2）理解矩阵按键电路的原理及设计。

（3）熟悉矩阵按键编程原理及 I/O 口的输入使用，实现通过按键控制端口。

（4）掌握矩阵按键识别技术及逐行扫描法。

二、任务内容

1. 任务预备知识

按键的识别：逐行扫描法是键盘识别中最常见的识别方法。

判断键盘中是否有按键按下的方法：由单片机在列上送出全 0，即把全部的列线置为低电平，然后读输入（行线）状态。如果有按键按下，则读进来的数据肯定不全为 1；如果没有按键按下，则读进来的数据肯定全为 1。

矩阵键盘的检测方法总结：送行值，取列值，求键值。

2. 元件清单

矩阵键盘应用电路元件清单：AT89C51、BUTTON、7SEG-COM-ANODE、MINRES100R。

3. 矩阵键盘应用电路

矩阵键盘应用电路，如图 4-39 所示。仿真结果，如图 4-40 所示。

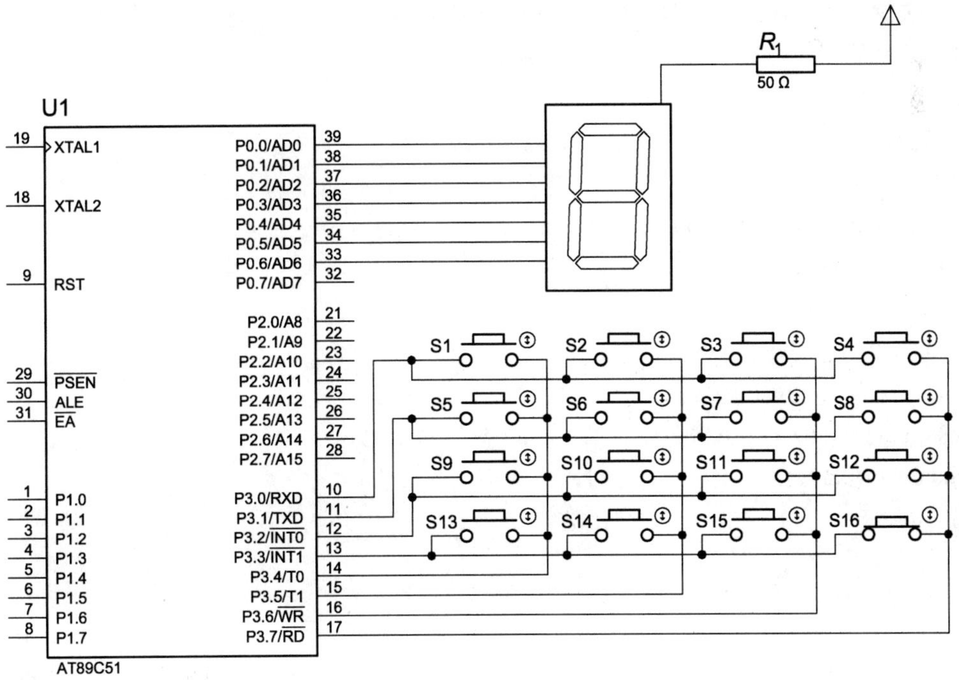

图 4-39　矩阵键盘应用电路图

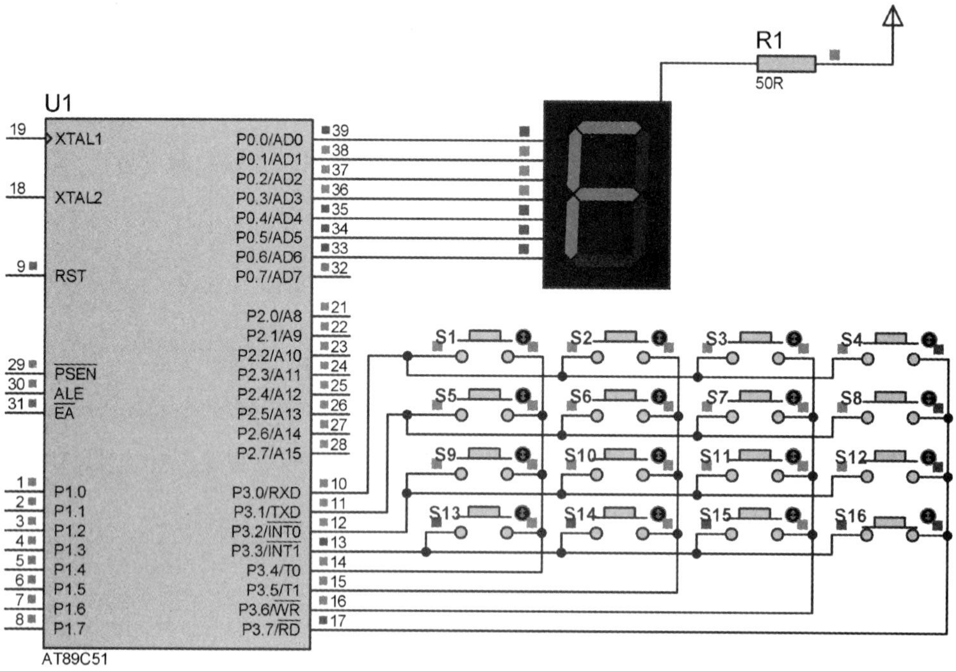

图 4-40　仿真结果

三、程序

依次按键 S1～S16，第一位数码管显示“0”～“F”。

（1）编程思路：送行值，取列值，求键值。

（2）程序代码：

```
#include<reg52.h>                //52 单片机头文件
#define uint unsigned int        //宏定义
#define uchar unsigned char      //宏定义
uchar num=0,temp;
uchar code table[]={
0xc0,0xf9,0xa4,0xb0,0x99,
0x92,0x82,0xf8,0x80,0x90,
0x88,0x83,0xc6,0xa1,0x86,0x8e,0};    // 0～F 的显示码
void delay(uint z);              //延时函数声明
void main()                      //主函数
{
    num=17;                      //变量赋值，为了上电清屏
    while(1)                     //大循环
    {
    P3=0xfe;                     //初始化 P3 口，选中第一行
    temp=P3;                     //读回 P3 口的值
    temp=temp&0xfe;              //与送入值相与以确保有按键按下时，是该行的按键
```

```
if(temp!=0xfe)            //判断是否有按键按下
    {
    delay(2);             //消除抖动
    P3=0xfe;              //重新送第一行行值
    temp=P3;              //重新读回 P3 口的值
    temp=temp&0xfe;    //重新与送入值相与以确保有按键按下时，是该行的按键
    if(temp!=0xfe)            //判断是否有按键按下
        {
        temp=P3;              //读 P3 口的值
        switch(temp)              //将读回的值与已知键值比较
            {
            case 0xee:num=1;
            break;
            case 0xde:num=2;
            break;
            case 0xbe:num=3;
            break;
            case 0x7e:num=4;
            break;
            }
        P0=table[num-1];       //由比较的键值得到 num 值，查表显示
        }
    }
 P3=0xfd;                         //同上
 temp=P3;
 temp=temp&0xfd;
 if(temp!=0xfd)
    {
    delay(2);
    P3=0xfd;
    temp=P3;
    temp=temp&0xfd;
    if(temp!=0xfd)
        {
        temp=P3;
        switch(temp)
            {
            case 0xed:num=5;
            break;
```

```
                    case 0xdd:num=6;
                    break;
                    case 0xbd:num=7;
                    break;
                    case 0x7d:num=8;
                    break;
                    }
                P0=table[num-1];
                }
            }
P3=0xfb;
    temp=P3;
    temp=temp&0xfb;
    if(temp!=0xfb)
        {
        delay(2);
        P3=0xfb;
        temp=P3;
        temp=temp&0xfb;
        if(temp!=0xfb)
            {
            temp=P3;
            switch(temp)
                {
                case 0xeb:num=9;
                break;
                case 0xdb:num=10;
                break;
                case 0xbb:num=11;
                break;
                case 0x7b:num=12;
                break;
                }
P0=table[num-1];
            }
        }
P3=0xf7;
    temp=P3;
    temp=temp&0xf7;
```

```
	if(temp!=0xf7)
		{
		delay(2);
		P3=0xf7;
		temp=P3;
		temp=temp&0xf7;
		if(temp!=0xf7)
			{
			temp=P3;
			switch(temp)
				{
				case 0xe7:num=13;
				break;
				case 0xd7:num=14;
				break;
				case 0xb7:num=15;
				break;
				case 0x77:num=16;
				break;
				}
			P0=table[num-1];
			}
		}
	}
}
void delay(uint z)       //延时函数
{
	uint x,y;
	for(x=200;x>0;x--)
		for(y=z;y>0;y--);
}
```

四、巩固与提高

1. 填空题

（1）矩阵键盘的检测方法：___________、___________、___________。

（2）要使得共阳极数码管上什么都不显示，应用送值为________。

2. 问答题

（1）矩阵按键行扫描的方法是什么？

（2）与独立按键相比较，矩阵按键的优点是什么？

4.3 外部中断应用

中断是在执行或做某件事的过程中，被随机出现的某一情况打断了的现象。生活中的中断情况如下：

一个人在家看书；
突然有人敲门；
在书中间夹好标签，再放下书；
起身去开门，并在门口与人交流；
结束交谈后，关好门，回到书桌继续从书签处阅读。

上例为生活中的一则中断实例，本章将学习单片机的中断系统及应用。

一、任务目的

（1）了解中断的简单应用。
（2）理解中断的概念。
（3）掌握中断的编程及控制寄存器的设置。

二、任务内容

1. 任务预备知识

1）中断技术概况

单片机具有实时处理能力，能对外界发生的事故进行及时处理，这是依靠它们的中断系统来实现的。

CPU 在处理某一事件 A 时，发生了另一事件 B 请求 CPU 迅速处理（中断发声）；CPU 暂时中断当前的工作，转去处理事件 B（中断响应和中断服务）；待 CPU 将事件 B 处理完毕后，再回到原来 A 事件被中断的地方继续处理事件 A（中断返回）。这一过程被称为中断。

中断的具体执行过程如图 4-41 所示。

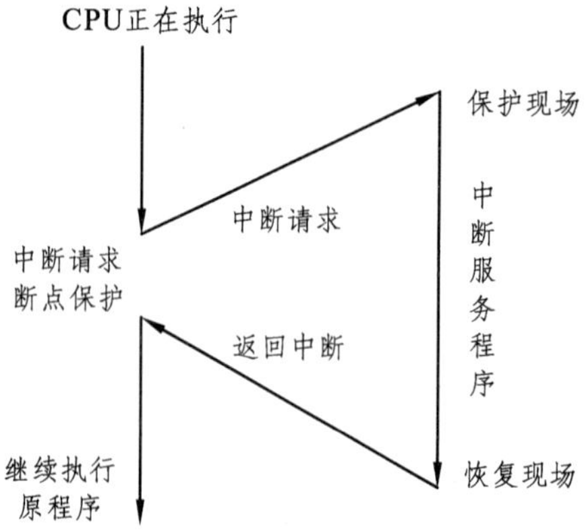

图 4-41　中断执行过程

引起 CPU 中断的根源，称为中断源。51 单片机的中断源如表 4-6 所示。

表 4-6　51 单片机的中断源

中断源	中断标志	中断向量	自然优先级	C51 标志
/INT0	IE0	0003H	高	0
T0	TF0	000BH	↓	1
/INT1	IE1	0013H	↓	2
T1	TF1	001BH	↓	3
串行口	RI/TI	0023H	低	4

2）C51 单片机中断控制寄存器

（1）中断允许寄存器（IE 寄存器）。

CPU 对中断系统所有中断以及某个中断源的开放和屏蔽是由中断允许寄存器（IE 寄存器）控制的。IE 的状态可以通过程序由软件设定。某位设定为 1，相应的中断源中断允许；某位设定为 0，相应的中断源中断关闭。CPU 复位时，IE 各位清 0，关闭所有中断。IE 寄存器（字节地址为 A8H）各位的定义如表 4-7 所示。

表 4-7　中断允许寄存器（IE）

EA	/	/	ES	ET1	EX1	ET0	EX0

EA：CPU 中断允许（总允许）位。

EA=1，中断总允许打开；

EA=0，中断总允许关闭。

ES：串行口中断允许位。

ES=1，允许串行中断；

ES=0，关闭串行中断。

EX0：外部中断 0 的中断允许位。

EX0=1，允许外部中断 0 的中断请求；

EX0=0，关闭外部中断 0 的中断请求。

EX1：外部中断 1 的中断允许位。

EX1=1，允许外部中断 1 的中断请求；

EX1=0，关闭外部中断 1 的中断请求。

ET0：定时器/计数器 T0 中断允许位。

ET0=1，允许定时器/计数器 T0 的中断请求；

ET0=0，关闭定时器/计数器 T0 的中断请求。

ET1：定时器/计数器 T1 中断允许位。

ET1=1，允许定时器/计数器 T1 的中断请求；

ET1=0，关闭定时器/计数器 T1 的中断请求。

（2）中断标志寄存器（TCON）。

在中断系统中，应用哪种中断，采用哪种触发方式，都由中断标志寄存器 TCON 进行规定，TCON 寄存器（字节地址为 88H）与中断有关的各位定义如表 4-8 所示。

表 4-8　中断标志寄存器（TCON）

/	/	/	/	IE1	IT1	IE0	IT0

IE0：外部中断 0 中断请求标志位。IE0=1，表示外部中断 0 有中断请求。

IE1：外部中断 1 中断请求标志位。IE1=1，表示外部中断 1 有中断请求。

IT0：外部中断 0 的触发方式。

IT0=0，低电平触发中断方式；

IT0=1，下降沿触发中断方式。

IT1：外部中断 1 的触发方式。

IT1=0，低电平触发中断方式；

IT1=1，下降沿触发中断方式。

2. 元件清单

中断应用系统元件清单：AT89C51、7SEG-COM-ANODE、BUTTON、MINRES100R、LED-RED、LED-GREEN、LED-YELLOW、RESPACK-8 和电源。

3. 中断系统应用电路

说明：图 4-42 中 S1 接在 P3.2 端口，可作为外部中断 0 的低电平输入使用，通过按键给对应的引脚输入低电平信号达到中断的目的。

中断系统应用电路，如图 4-42 所示。仿真结果如图 4-43 所示。

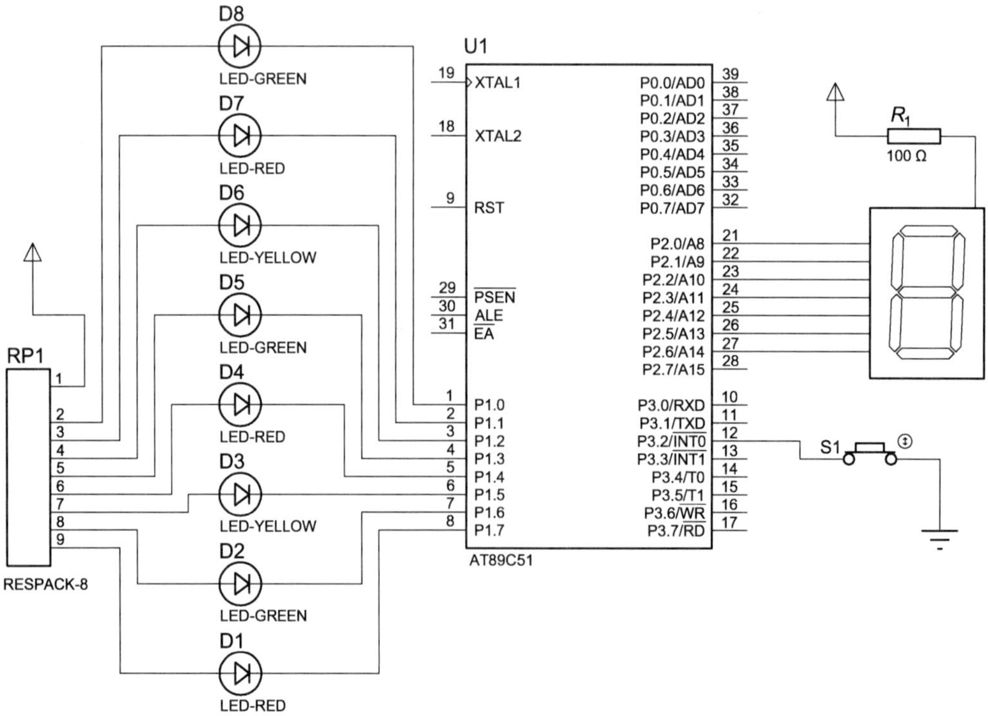

图 4-42　中断系统应用电路

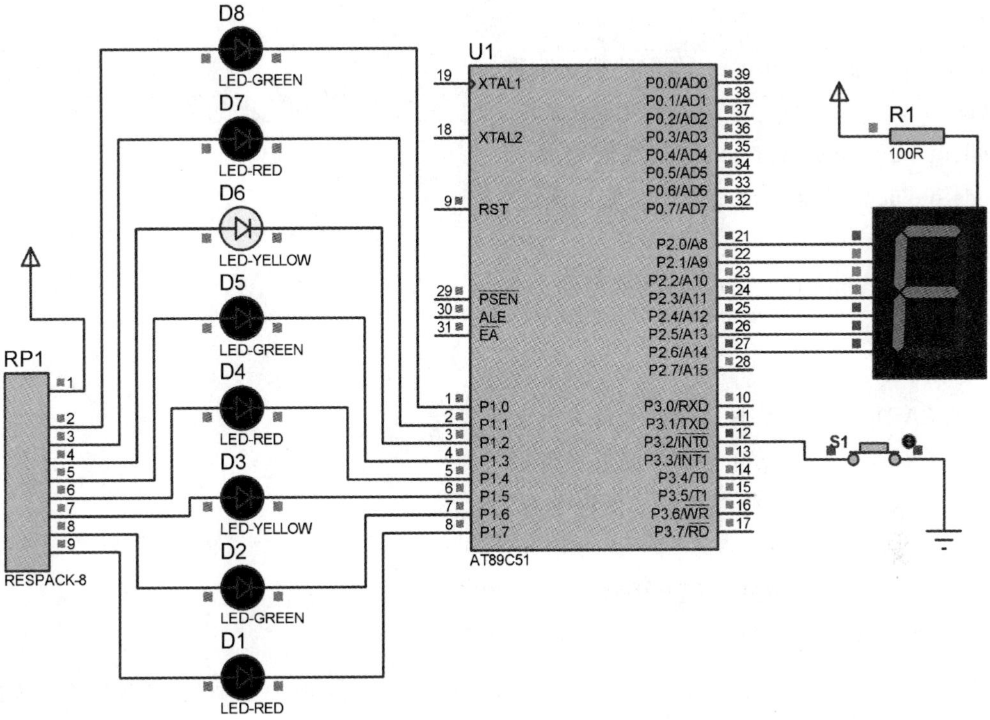

图 4-43　仿真结果

三、程序

（1）流水灯在流动过程中遇到中断数码管显示一次“F”表示一次出错。

① 程序流程图，如图 4-44 所示。

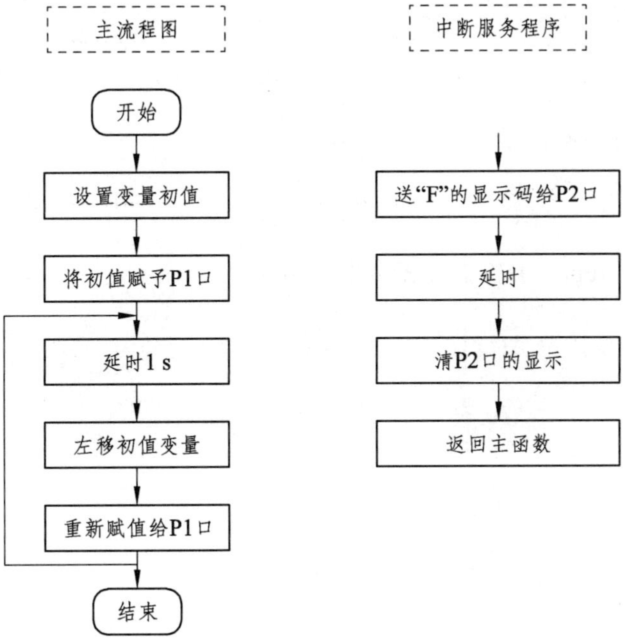

图 4-44　程序流程图

② 程序代码：

```
#include<reg52.h>          //52 单片机头文件
#include<intrins.h>        //特殊功能头文件，包含了左/右移功能语句
#define uint unsigned int          //宏定义
#define uchar unsigned char      //宏定义
uint temp;
void delay(uint z);        //延时函数声明
void main()
{
    EA=1;           //开总中断允许
    EX0=1;          //开外部中断 0 允许位
    IT0=0;          //外部中断 0 低电平触发
    temp=0xfe;
    P1=0xfe;       //P1 口赋初值
    while(1)
    {
        delay(200);     //调用延时
        temp=_crol_(temp,1);   //按位左移  /*_crol_改为_cror_*/
        P1=temp;
    }
}
void delay(uint z)         //延时函数
{
    uint x,y;
    for(x=200;x>0;x--)
        for(y=z;y>0;y--);
}
void exter0() interrupt 0    //外部中断 0 服务函数
{
    P2=0X8e;
    delay(200);
    P2=0;
}
```

（2）流水灯的暂停/流动。

① 程序流程图，如图 4-45 所示。

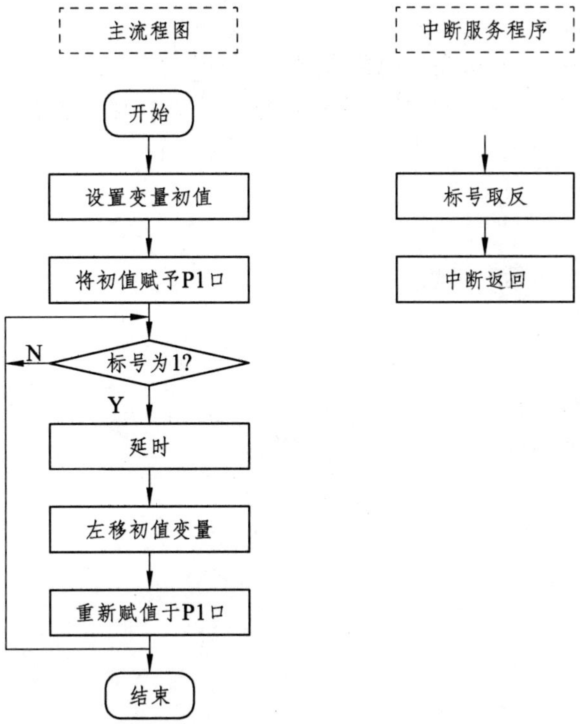

图 4-45　程序流程图

② 程序代码：

```
#include<reg52.h>                  //52 单片机头文件
#include<intrins.h>                //特殊功能头文件，包含了左/右移功能语句
#define uint unsigned int          //宏定义
#define uchar unsigned char        //宏定义
uint temp;
uchar BH;                //定义标号
void delay(uint z);      //延时函数声明
void main()              //主函数
{
    EA=1;          //开总中断允许
    EX0=1;         //开外部中断 0 允许位
    IT0=1;         //外部中断 0 低电平触发
    BH=1;          //标号初始为 1
    temp=0xfe;
    P1=0xfe;
    while(1)
    {
        if(BH==1)        //判断标号是否为 1
        {
```

```
            delay(200);
            temp=_crol_(temp,1);    //按位左移/*_crol_改为_cror_*/
            P1=temp;
            }
        }
}
void delay(uint z)      //延时函数
{
    uint x,y;
    for(x=200;x>0;x--)
        for(y=z;y>0;y--);
}
void exter0() interrupt 0      //中断服务函数
{
    BH=!BH;
}
```

四、巩固与提高

1. 填空题

（1）中断允许寄存器是____________。

（2）外部中断 0 的 C51 标志是____________。

（3）中断允许寄存器中 EA 为__________位。

（4）一般子程序与中断子程序的区分标志符是___________。

2. 编程题

（1）利用中断的方法控制一个 LED 灯，要求：中断一次，LED 灯亮 5 s，随后关闭 LED 灯。

（2）通过中断的方法实现门迎计数器，即中断一次，数码管上的数字加一，只显示“00”～“99”。

3. 问答题

（1）外部中断 0/1 的入口地址和对应单片机的引脚分别是多少?

（2）外部中断 0/1 的控制寄存器有哪些?

（3）列举生活当中的单片机中断系统应用实例。（至少 5 项）

4. 应用编程

利用中断的方法实现门迎计数器即中断一次，数码管上的数字加一，只显示“00”～“99”，并驱动继电器控制 12 V 电机运转 5 s，如图 4-46 所示。

注：使用按键代替传感器。

元件清单：AT89C51、7 SEG-COM-ANODE、BUTTON、G2R-14-DC5、MINRES1K、MOTOR、PNP、电源和地。

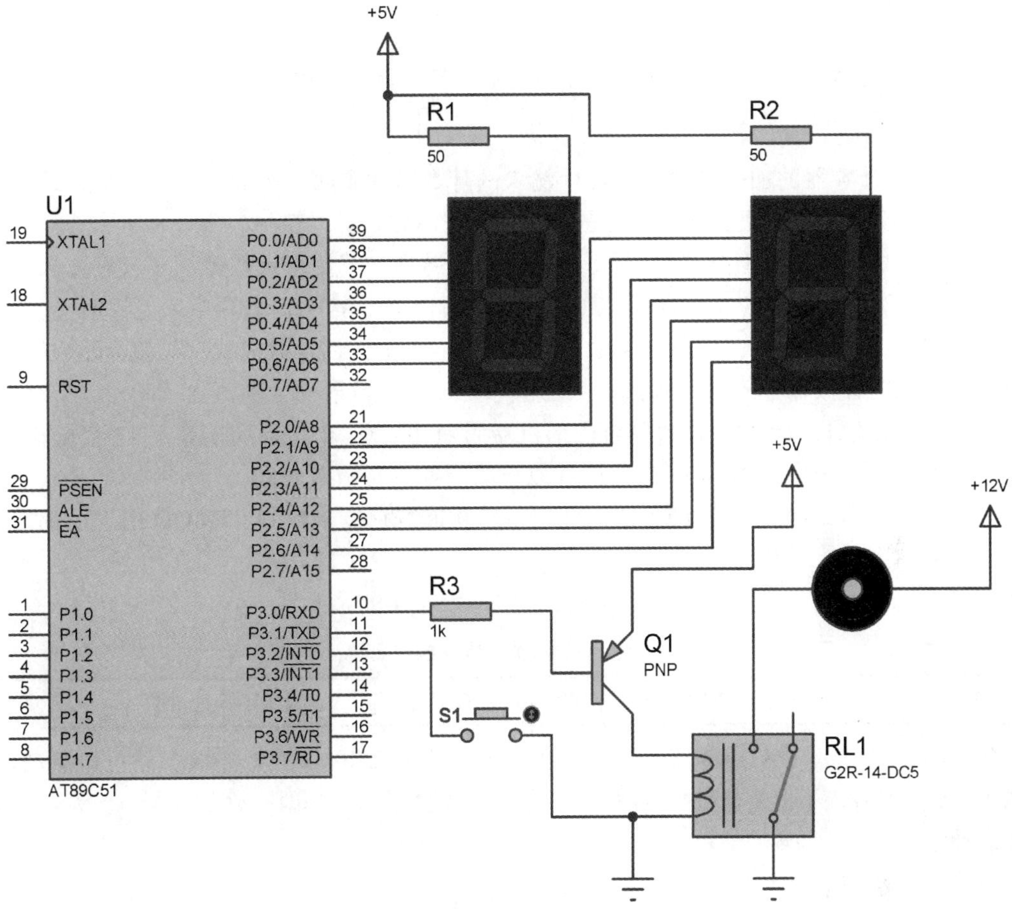

图 4-46　门迎计数器

4.4　定时/计数器应用

在单片机应用系统中，常常会有一定定时控制需求，如定时输出、定时检测、定时扫描等；也经常需要对外部事件进行计数。51 单片机内部集成了两个可编程的定时/计数器：T0 和 T1。

常用的定时方法有以下三种：

① 软件定时：如延时函数延时的方法。

② 采用时基电路定时：如采用 555 定时电路，通过改变 555 定时电路外围的电阻与电容的参数在一定的范围改变定时时间。

③ 采用可编程芯片定时：这样定时时间及定时范围很容易用软件来确定和修改。此种芯片定时功能强，使用灵活。

一、任务目的

① 了解定时/计数器的简单应用。

② 理解定时/计数器的概念。

③ 掌握定时器的编程及控制寄存器的设置。

二、任务内容

1. 任务预备知识

（1）定时/计数器的工作原理：

作为定时/计数器的加一计数器，其中输入的计数脉冲有两个来源，一个是由系统的时钟振荡输出脉冲经 12 分频后送来，一个是 T0 或 T1 引脚输入的外部脉冲源。每来一个脉冲，计数器加 1，当加到计数器为全“1”时，再输入一个脉冲，就使得计数器清零，且计数器的溢出使得 TCON 中 TF0 或 TF1 置 1，向 CPU 发出中断请求（定时/计数器中断允许时）。如果定时/计数器工作在定时模式，则表示定时时间已到；如果工作在计数模式，则表示计数值已满。可见，由溢出时计数器达到的值减去计数初值才是加 1 计数器的计数值。

设置定时器模式时，加 1 计数器对内部机器周期计数（1 个机器周期等于 12 个振荡周期，即计数频率为晶振频率的 1/12）。计数值乘以机器周期就是定时时间。

（2）51 单片机定时/计数器的工作由两个特殊功能寄存器来控制。TMOD 用于设置其工作方式，TCON 用于控制其启动和中断申请。

① 工作方式寄存器 TMOD 结构及各位名称，如表 4-9 所示。

表 4-9　TMOD 结构及各位名称

GATE	$C/\overline{T}$	M1	M0	GATE	$C/\overline{T}$	M1	M0

GATE：门控位。GATE=0，只要软件使 TCON 中的 TR0/TR1 为 1 时，就可以启动定时/计数器。GATE=1，不但要软件使 TCON 中的 TR0/TR1 为 1，同时，外部中断 0/1 为高电平，才能启动定时/计数器。

$C/\overline{T}$：定时/计数模式选择。

$C/\overline{T}$=0，工作于定时模式；$C/\overline{T}$=1，工作于计数模式，如表 4-10 所示。

表 4-10　定时/计数器工作方式

M1M0	工作方式	说明
00	方式 0	13 位定时/计数器
01	方式 1	16 位定时/计数器
10	方式 2	8 位自动重装定时/计数器
11	方式 3	T0 分成两个独立 8 位定时/计数器，T1 停止计数

② 控制寄存器 TCON 结构及各位名称，如表 4-11 所示。

表 4-11　TCON 结构及各位名称

TF1	TR1	TF0	TR0	/	/	/	/

TF0：定时/计数 T0 溢出中断标志位。

TF0=1，关闭定时/计数器 T0 中断标志位。

TF0=0，允许定时/计数器 T0 中断标志位。

TF1：定时/计数 T0 溢出中断标志位。

TF1=1，关闭定时/计数器 T1 中断标志位。

TF1=0，允许定时/计数器 T1 中断标志位。

TR0：定时/计数器 T0 运行控制位。

TR0=1，启动定时/计数器 T0；

TR0=0，关闭定时/计数器 T0。

TR1：定时/计数器 T1 运行控制位。

TR1=1，启动定时/计数器 T1；

TR1=0，关闭定时/计数器 T1。

2. 定时时间的计算

定时时间 T=（满值-初值）×机器周期

如定时器 T0 工作在方式 1，当晶振为 12 MHz 时（此时机器周期为 1 μs），需要定时时间为 50 ms，则初值为：

TH0=(65536-50000)/256;

TL0=(65536-50000)%256;

3. 元件清单

定时器应用系统 1 元件清单：AT89C51、LED-RED 和仪表 OSCILLOSCOPE 和电源、地。

定时器应用系统 2 元件清单：AT89C51、MINRES50、7SEG-COM-ANODE 和电源、地。

4. 定时计数器应用电路 1

定时计数器应用电路图，如图 4-47 所示。仿真结果如图 4-48 所示。

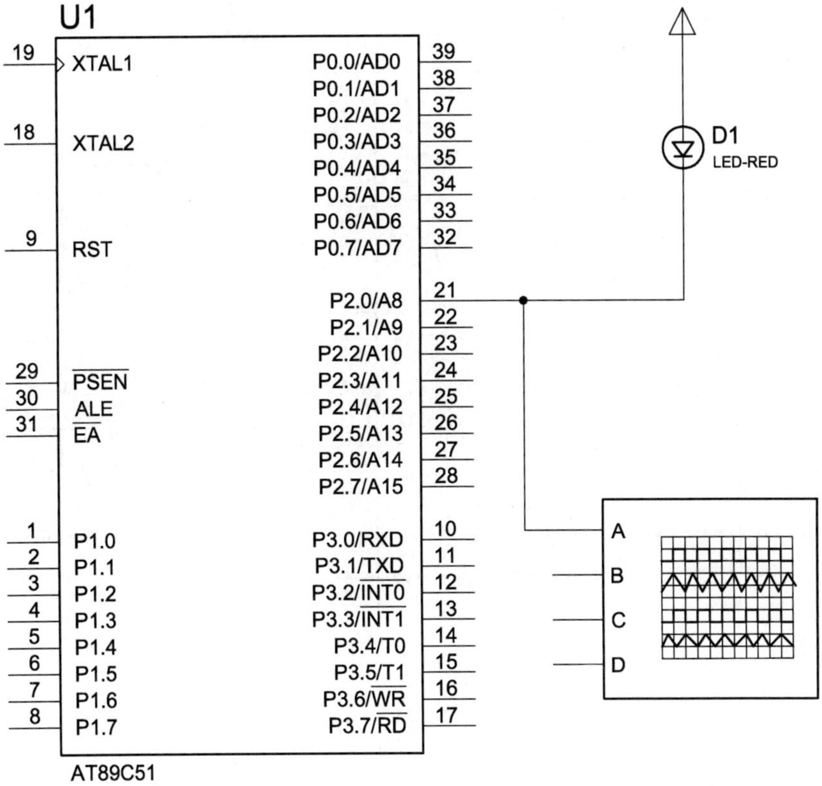

图 4-47　定时计数器应用电路

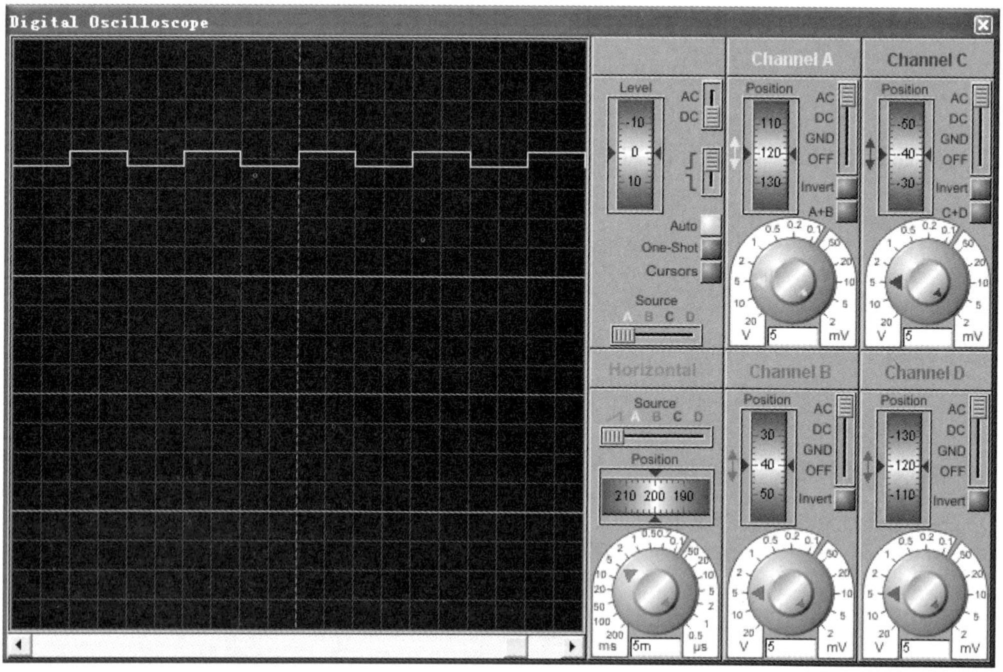

图 4-48　仿真结果图

5. 定时计数器应用电路 2

定时计数器应用电路图，如图 4-49 所示。仿真结果如图 4-50 所示。

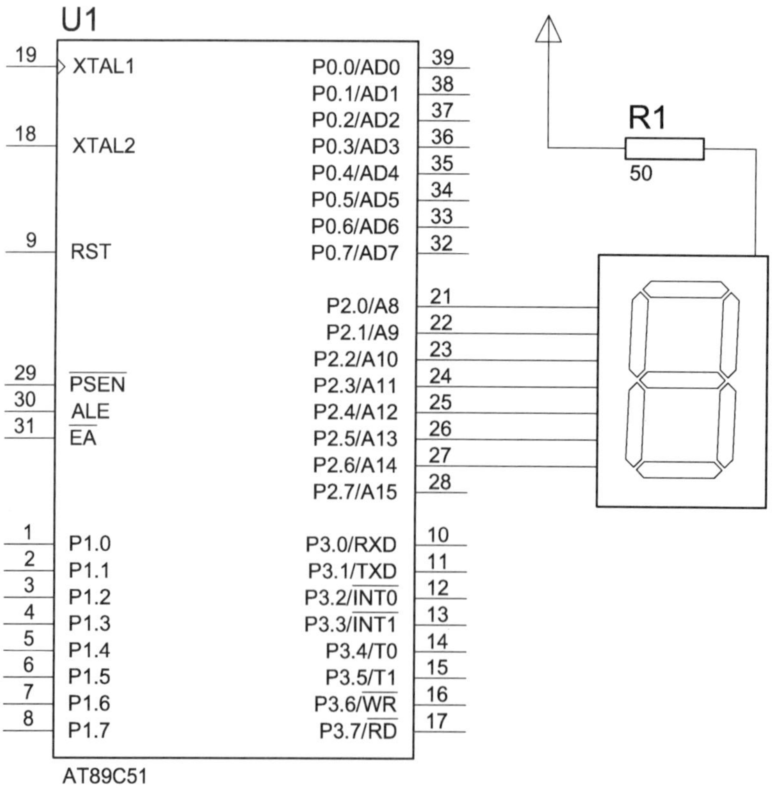

图 4-49　定时计数器应用电路

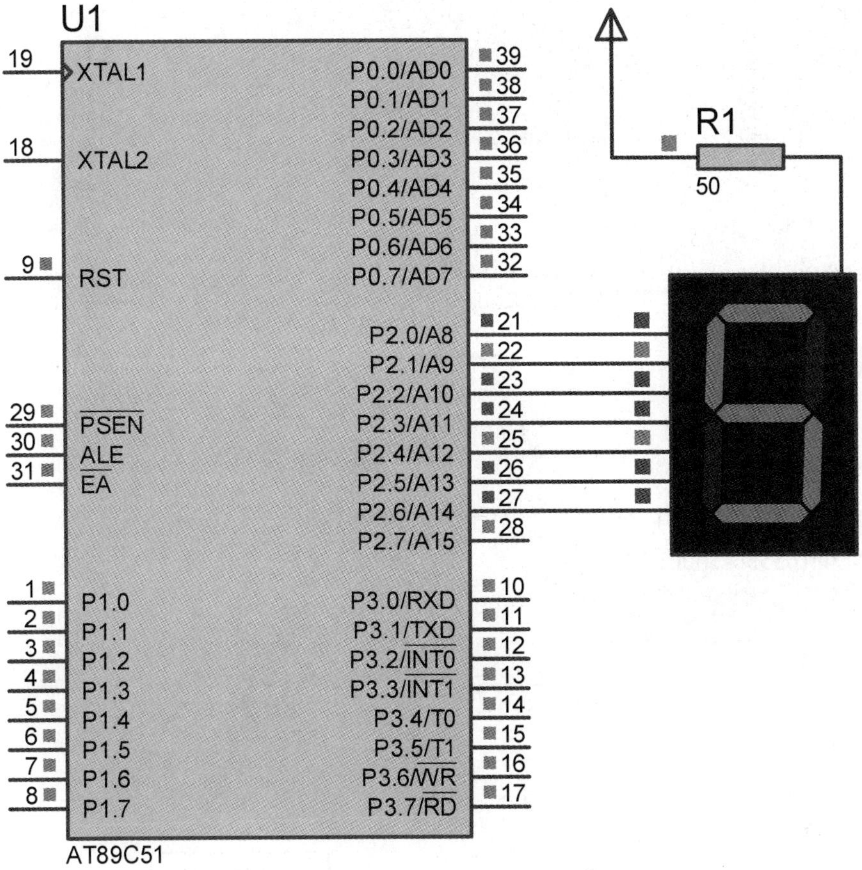

图 4-50　仿真结果图

三、程序

（1）采用定时器 T0，在 P2.0 引脚输出 100 Hz 的方波。

① 程序流程图，如图 4-51 所示。

② 程序代码：

```
#include<reg52.h>               //52 单片机头文件
#define uint signed int         //宏定义
uint t=0;
sbit d=P2^0;          //声明 P2 口第一位
void main()           //主函数
{
    TMOD=0x01;                  //寄存器赋值，T0 工作在工作方式 1
    TH0=(65536-5000)/256;       //设定 T0 的初值
    TL0=(65536-5000)%256;
    EA=1;                       //开总中断允许
    ET0=1;                      //开外部 T0 允许位
```

```
    TR0=1;                          //启动定时器
    while(1)
    {
        if(t==2)    //使 5 ms 循环两次
        {
        t=0;
        d=!d;       //对端口进行周期取反
        }
    }
}
void exter1() interrupt 1               //T0 中断服务
{
    TH0=(65536-5000)/256;
    TL0=(65536-5000)%256;
    t++;
}
```

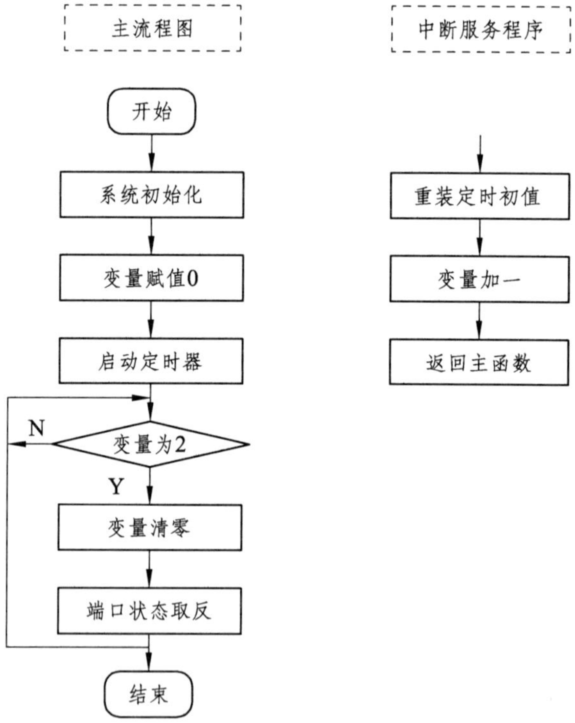

图 4-51　程序流程图

（2）以间隔为 1 s 实现 0 ~ 9 的自加。

① 程序流程图，如图 4-52 所示。

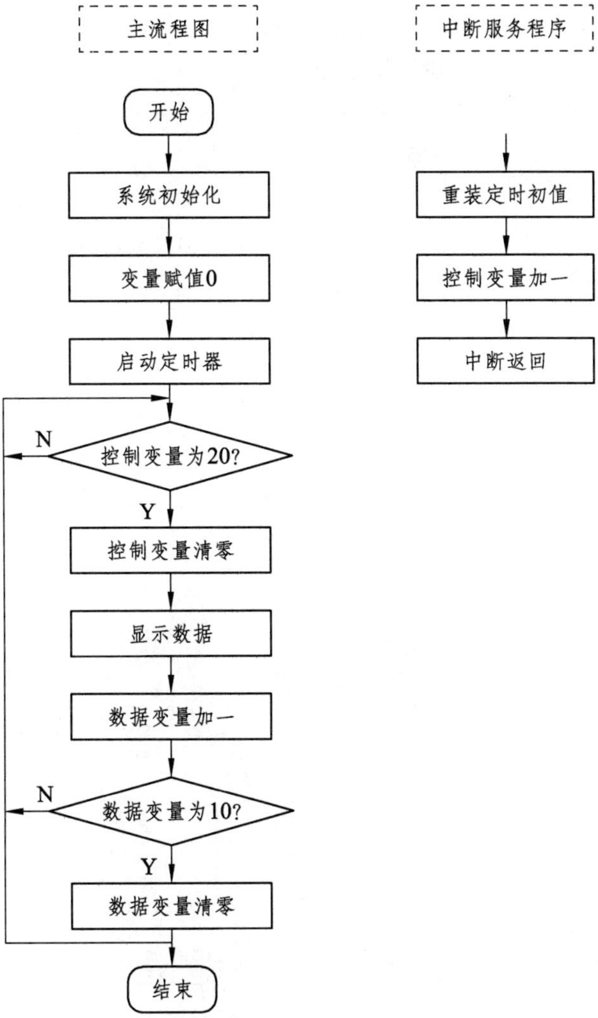

图 4-52　程序流程图

② 程序代码：

```
#include<reg52.h>                //52 单片机头文件
#define uint unsigned int        //宏定义
#define uchar unsigned char      //宏定义
uint num=0,t=0;
uchar code table[]={
0xc0,0xf9,0xa4,0xb0,0x99,
0x92,0x82,0xf8,0x80,0x90};   //共阳极数码管 0～9 的编码
void main()                  //主函数
{
    TMOD=0x01;                  //寄存器赋值，T0 工作在工作方式 1
    TH0=(65536-50000)/256;         //设定 T0 的初值
    TL0=(65536-50000)%256;
```

```
    EA=1;                  //开总中断允许
    ET0=1;                 //开外部 T0 允许位
    TR0=1;                 //开中断
    while(1)               //大循环
    {
    if(t==20)              //判断 t 是否加到 20，20×50ms=1s;
    {
        t=0;
        P2=table[num];         //送段值
        num++;
        if(num==10)
        num=0;
        }
    }
}
void exter1() interrupt 1          //T0 服务程序
{
    TH0=(65536-50000)/256;
    TL0=(65536-50000)%256;
    t++;
}
```

四、巩固与提高

1. 填空题

（1）单片机的定时/计数器的控制寄存器有__________和__________。

（2）在 TMOD 寄存器中用于设置定时/计数器工作方式的是_______和______。

2. 编程题

利用按键、中断、定时器设计一个简易秒表，具体要求：

（1）秒表初始样式“00-00”。

（2）设定两个按键。S1：秒表的停/走；S2：在秒表不走时，清零。

3. 问答题

（1）定时/计数器 0/1 的入口地址和对应单片机的引脚分别是多少？

（2）定时/计数器 0/1 的控制寄存器有哪些？

（3）列举生活当中的单片机定时计数系统应用实例？（至少 5 项）

4.5 串行通信应用

基于单片机的电子系统或一般以单片机为核心，配合其他设备完成相应信息的采集及各种控制工作。因此，单片机与其他器件的通信显得格外重要。单片机与外部设备或者单片机与单片机的通信由串口电路来完成。本章将介绍单片机与外围芯片、单片机与单片机之间进行通信的接口电路设计及相互通信的编程实现。

一、任务目的

（1）了解串行通信的简单应用。

（2）理解串行中断的概念。

（3）掌握串行中断的编程及控制寄存器的设置。

二、任务内容

1. 任务预备知识

1）计算机通信

计算机通信是指计算机与外部设备或计算机与计算机之间的信息交换。通信有并行通信和串行通信两种方式。在多微机系统以及现代测控系统中信息的交换多采用串行通信方式。

（1）并行通信。

并行通信通常是将数据字节的各位用多条数据线同时进行传送，如图 4-53 所示。

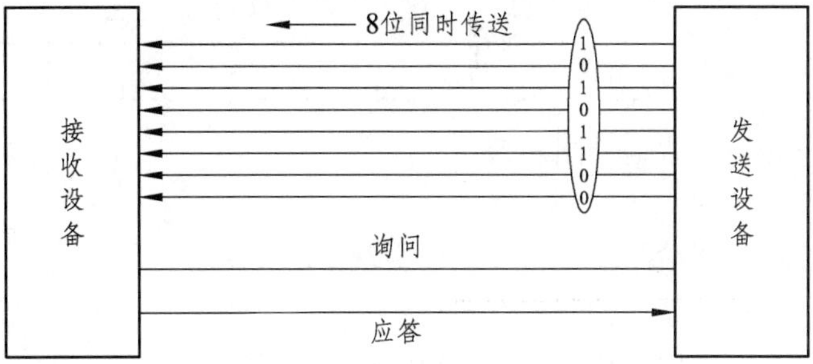

图 4-53　并行传输数据图

并行通信控制简单、传输速度快；由于传输线较多，长距离传送时成本高且接收方的各位同时接收存在困难。

（2）串行通信。

串行通信是将数据字节分成一位一位的形式在一条传输线上逐个地传送，如图 4-54 所示。

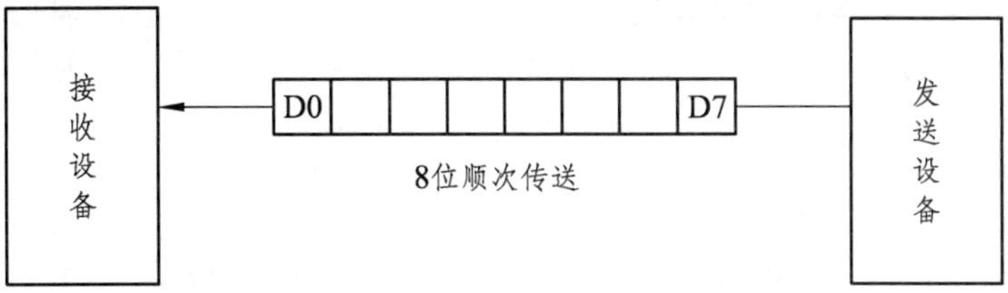

图 4-54　串行传输数据图

串行通信的特点：传输线少，长距离传送时成本低，且可以利用电话网等现成的设备，但数据的传送控制比并行通信复杂。

串行通信有两种工作方式：异步通信与同步通信。

① 异步通信。

异步通信是指通信的发送与接收设备使用各自的时钟控制数据的发送和接收过程。为使双方的收发协调，要求发送和接收设备的时钟尽可能一致。

异步通信是以字符（构成的帧）为单位进行传输，如图 4-55 所示。

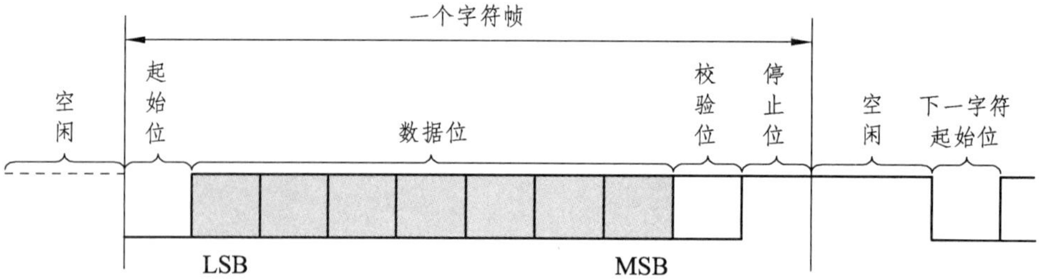

图 4-55　异步传输数据图

② 同步通信。

同步通信时要建立发送方时钟对接收方时钟的直接控制，使双方达到完全同步（即采用同一的时钟）。

面向字符的同步格式：同步通信是以数据块为单位进行传输，如表 4-12 所示。

表 4-12　同步通信字符帧格式

SYN	SYN	SOH	标题	STX	数据块	ETB/ETX	块校验

（3）串行通信的传输方式，如图 4-56 所示。

① 单工：

单工是指数据传输仅能沿一个方向，不能实现反向传输。

② 半双工：

半双工是指数据传输可以沿两个方向，但需要分时进行。

③ 全双工：

全双工是指数据可以同时进行双向传输。

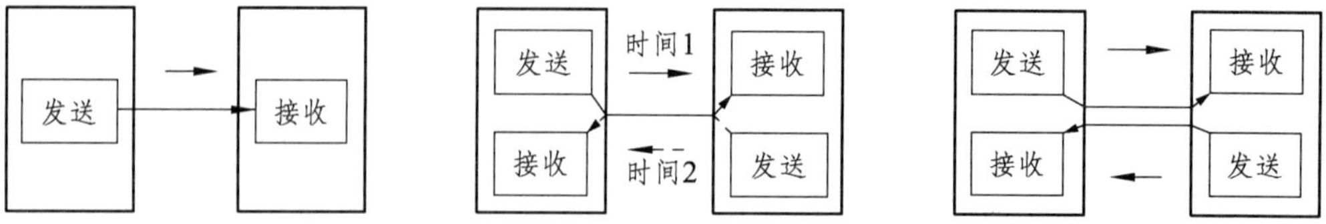

（a）单工方式　（b）半双工方式　（c）全双工方式

图 4-56　串行通信数据传输方式

（4）传输速率。

比特率是每秒钟传输二进制代码的位数，单位是：位/秒（bit/s）。如每秒钟传送 240 个字符，而每个字符格式包含 10 位（1 个起始位、1 个停止位、8 个数据位），这时的比特率为：

10×240 = 2400 bit/s。

2）80C51 的串行口

（1）51 单片机有一个可编程的全双工异步串行通信接口。

① 串行数据接收引脚 RXD（P3.0）。

② 串行数据发送引脚 TXD（P3.1）。

有两个物理上独立的接收、发送缓冲器 SBUF，它们占用同一地址 99H；接收器是双缓冲结构；发送缓冲器，因为发送时 CPU 是主动的，不会产生重叠错误。

发送与接收的具体操作：

汇编编程	C 编程
MOV A,SBUF(读数据，读取数据)	num=SBUF;(读取数据)
MOV SBUF,A(写数据，发送数据)	SBUF=num;(发送数据)

（2）串行接口的控制寄存器 SCON。

① 80C51 串行口的控制寄存器，如表 4-13 所示。

表 4-13　串行口的控制寄存器

位	7	6	5	4	3	2	1	0	
字节地址：98H	SM0	SM1	SM2	REN	TB8	RB8	TI	RI	SCON

SM2：多机通信控制位，主要用于方式 2 和方式 3。

REN：允许串行接收位。由软件置 REN=1，则启动串行口接收数据；若软件置 REN=0，则禁止接收。

TB8：在方式 2 或方式 3 中，是发送数据的第九位，可以用软件规定其作用。可以用作数据的奇偶校验位，或在多机通信中，作为地址帧/数据帧的标志位。在方式 0 和方式 1 中，该位未用。

RB8：在方式 2 或方式 3 中，是接收到数据的第九位，作为奇偶校验位或地址帧/数据帧的标志位。

TI：发送中断标志位。（硬件置 1，软件清 0）。

RI：接收中断标志位。（硬件置 1，软件清 0）。

SM0 和 SM1 为工作方式选择位，可选择四种工作方式，如表 4-14 所示。

表 4-14　串行口的工作方式

SM0	SM1	方式	说明	波特率
0	0	0	移位寄存器	fosc/12
0	1	1	10 异步收发器（8 位数据）	可变
1	0	2	11 异步收发器（8 位数据）	fosc/64 或 fosc/32
1	1	3	11 异步收发器（8 位数据）	可变

② 电源控制寄存器 PCON（其中只有一位 SMOD 与串行口工作有关），如表 4-15 所示。

表 4-15　电源控制寄存器（PCON）

位	7	6	5	4	3	2	1	0	
字节地址：97H	SMOD	/	/	/	/	/	/	/	PCON

SMOD（PCON.7）　波特率倍增位。在串行口为方式 1、方式 2、方式 3 时，波特率与 SMOD 有关，当 SMOD=1 时，波特率提高一倍。复位时，SMOD=0。

3）波特率的计算

在串行通信中，收发双方对发送或接收数据的速率要有约定。通过软件可对单片机串行口编程为四种工作方式，其中方式 0 和方式 2 的波特率是固定的，而方式 1 和方式 3 的波特率是可变的（由定时器 T1 的溢出率来决定）。

串行口的四种工作方式对应三种波特率。由于输入的移位时钟的来源不同，所以，各种方式的波特率计算公式也不相同。

方式 0 的波特率 = fosc/12

方式 2 的波特率 =（$2^{SMOD}/64$）· fosc

方式 1 的波特率 =（$2^{SMOD}/32$）·（T1 溢出率）

方式 3 的波特率 =（$2^{SMOD}/32$）·（T1 溢出率）

当 T1 作为波特率发生器时，最典型的用法是使 T1 工作在 8 位自动重装载方式（即方式 2，且 TCON 的 TR1=1，以启动定时器）。这时溢出率取决于 TH1 中的计数值。

T1 溢出率 = fosc /{12×[256-(TH1)]}

在单片机的应用中，常用的晶振频率为：12 MHz 和 11.0592 MHz。所以，选用的波特率也相对固定。常用的串行口波特率以及各参数的关系如表 4-16 所示。

表 4-16　常用波特率与定时器 1 的参数关系

串口工作方式及波特率/（b/s）		fosc/MHz	SMOD	定时器 T1		
				C/$\overline{T}$	工作方式	初值
方式 1.3	62.5×10^3	12	1	0	2	FFH
	19.2×10^3	11.0592	1	0	2	FDH
	9.6×10^3	11.0592	0	0	2	FDH
	4.8×10^3	11.0592	0	0	2	FAH
	2.4×10^3	11.0592	0	0	2	F4H
	1.2×10^3	11.0592	0	0	2	E8H

串行口程序初始化步骤：

① 确定 T1 的工作方式（编程 TMOD 寄存器，一般 TMOD=0X20）；

② 计算 T1 的初值，装载 TH1、TL1；

③ 对 PCON 中的 SMOD 赋值；

④ 启动 T1（编程 TCON 中的 TR1 位及 TR1=1）；

⑤ 确定串行口控制（编程 SCON 寄存器）；

⑥ 串行口在中断方式工作时，要进行中断设置（编程 IE、IP 寄存器）。

4）单片机与 PC 机通信

（1）通信电路。

PC 机与单片机都有串口，二者之间可以通信，但需要进行电平转换，通常使用 MAX232 进行电平转化（C_3、C_4、C_5、C_7、C_9 均采用 1 μF 电解电容），具体如图 4-57 所示。

MAX232 产品是德州仪器（TI）推出的一款兼容 RS232 标准的芯片。该器件包含 2 个驱动器、2 个接收器和一个电压发生提供 TIA/EIA-232-F 电平。

该器件符合 TIA/EIA-232-F 标准，每一个接收器将 TIA/EIA-232-F 电平转换成 5-V TTL/CMOS 电平。每一个发送器将 TTL/CMOS 电平转换成 TIA/EIA-232-F 电平。

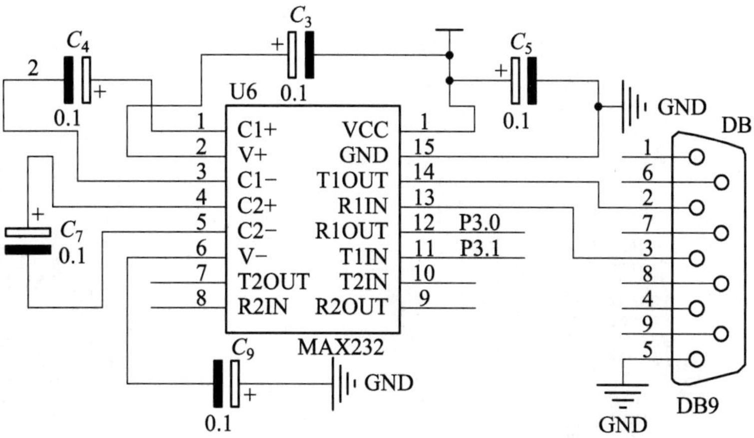

图 4-57　单片机与 PC 机通信电路

（2）上位机软件设置。

① 打开如下图的串口调试软件，设置该软件。

② 在发送区输入要发送的数据。勾选“十六进制显示”，然后点击手动发送。具体操作如 4-58 所示。

图 4-58　数据发送窗口

2. 元件清单

（1）串行通信应用电路-移位寄存器应用元件清单：AT89C51、74HC164、IEC、LED- BARGAPH-RED 和电源、地。

（2）串行通信应用电路-双机通信应用元件清单：AT89C51、7SEG-COM-ANODE、MINRES10R 和电源、地。

3. 移位寄存器应用电路

移位寄存器应用电路如图 4-59 所示。仿真结果如图 4-60 所示。

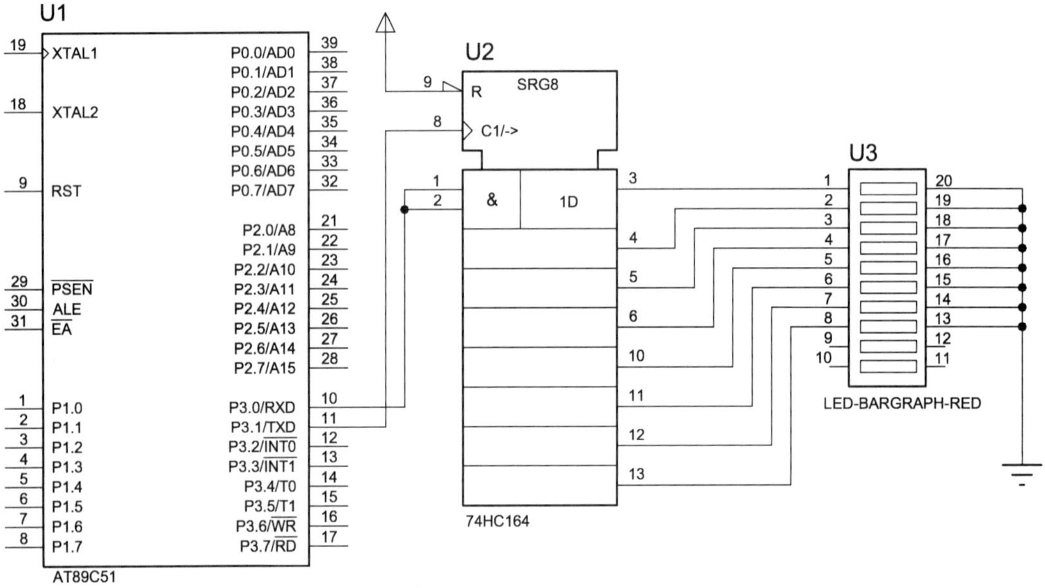

图 4-59 移位寄存器应用电路

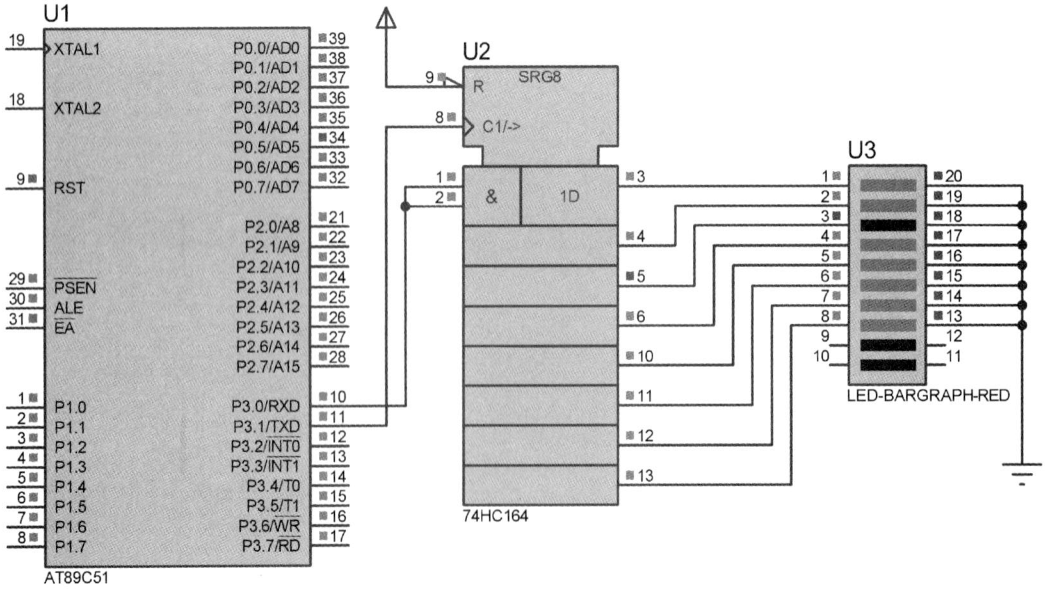

图 4-60 仿真结果图

4. 双机通信应用电路

双机通信应用电路如图 4-61 所示。仿真结果如图 4-62 所示。

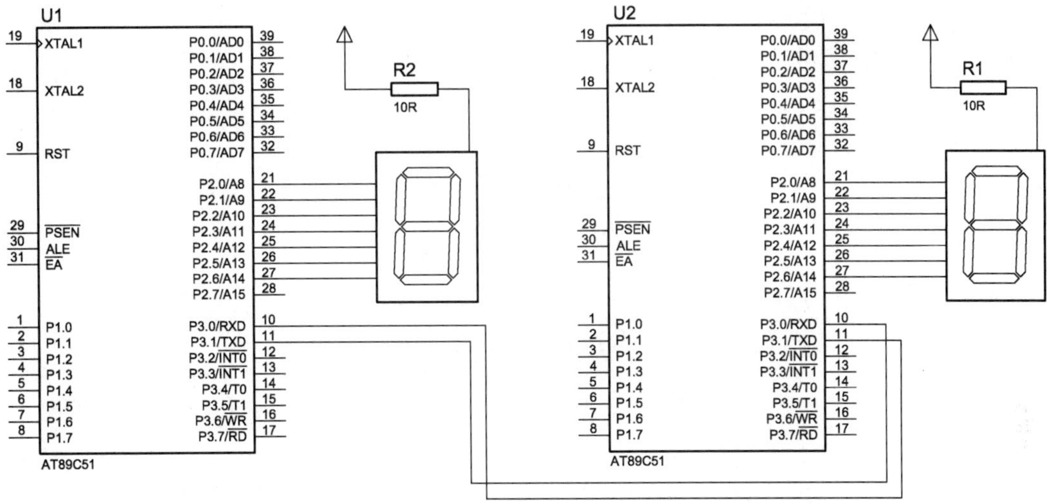

图 4-61　双机通信应用电路

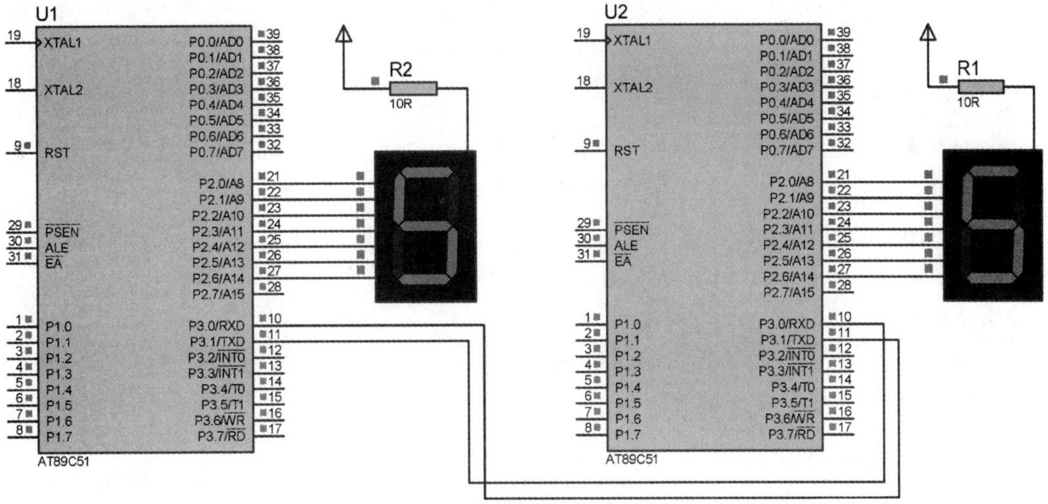

图 4-62　仿真结果图

三、程序

（1）74HC164 是串入并出的移位芯片，74HC164 输出接发光二极管，编程实现二极管自左向右的循环点亮。

① 程序流程图，如图 4-63 所示。

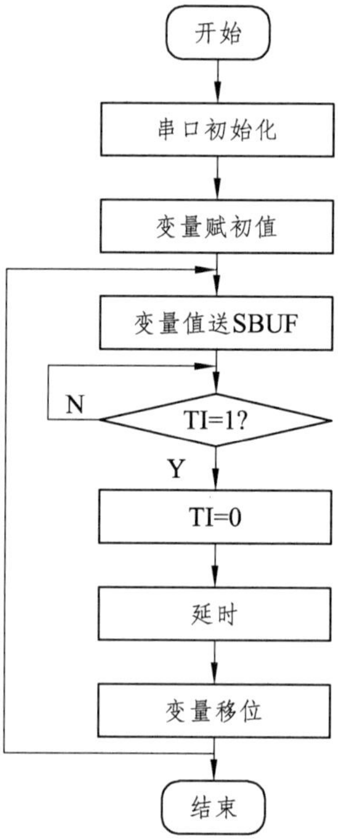

图 4-63　程序流程图

② 程序代码：

```
#include<reg52.h>              //51 单片机头文件
#include<intrins.h>            //左右循环移动文件函数库
#define uint unsigned int           //宏定义
#define uchar unsigned char      //宏定义
uchar num;                    //变量定义
void delay(int z);              //延时函数声明
void main()                //主函数
{
      SCON=0X00;             //初始控制寄存器
      num=0xfe;              //初始移位变量
      while(1)
      {
      SBUF=num;        //将输出的内容送到串口缓冲寄存器
      while(!TI)          //等待输出完毕
      TI=0;             //中断标志端清零
      delay(200);       //调用延时
      num=_crol_(num,1);    //移位
      }
}
```

```
void delay(int z)       //延时函数
{
    int x,y;
    for(x=200;x>0;x--)
        for(y=z;y>0;y--);
}
```

（2）单片机工作在方式 1，实现双机通信。

① 程序流程图，如图 4-64 所示。

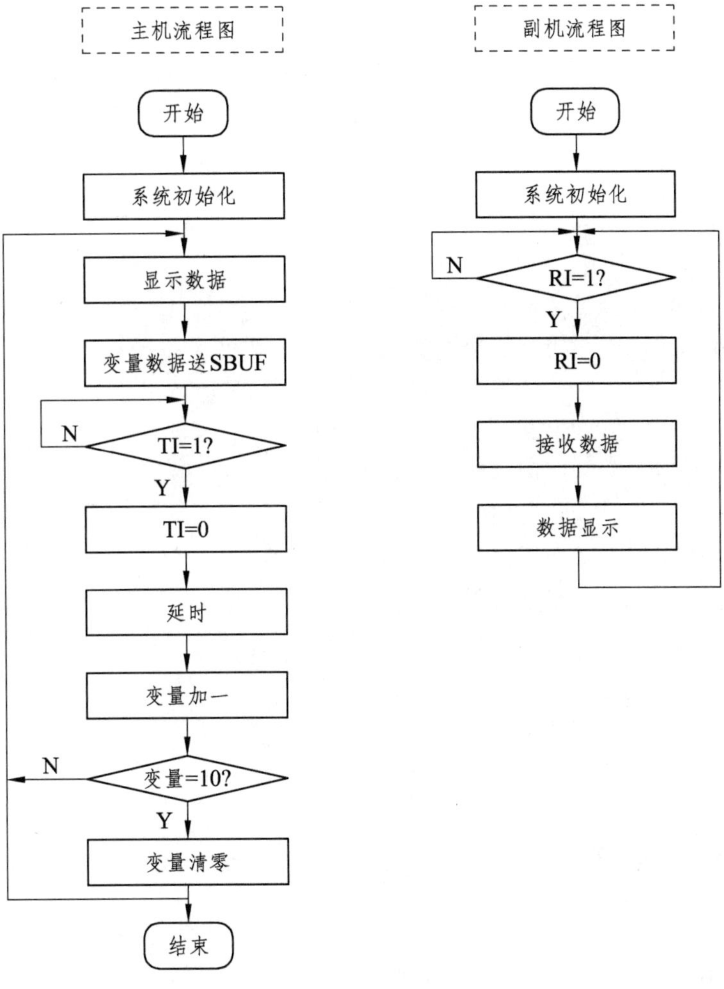

图 4-64　程序流程图

② 程序代码：

a. 主机程序代码。

```
#include<reg52.h>                   //单片机头文件
#define uint unsigned int           //宏定义
#define uchar unsigned char         //宏定义
uchar code table[]={
```

```
0xC0,0xF9,0xA4,0xB0,0x99,
0x92,0x82,0xF8,0x80,0x90}; //共阳极 0 ~ 9 显示码
uchar num;                        //定义变量
void delay(int z);                //延时函数声明
void main()        //主函数
{
    TMOD=0X20;    //设置定时 1 为工作方式 2
    TH1=0Xfd;     //波特率为 9600
    TL1=0Xfd;
    TR1=1;
    SCON=0X40;
    PCON=0X00;
    num=0;
    while(1)
    {
    P2=table[num];      //主机显示数据
    SBUF=table[num]; //将主机显示的数据发送给副机
    while(!TI)          //等待发送完毕
    TI=0;               //中断标志清零
    delay(200);         //调用延时
    num++;              //变量加一
    if(num==10)         //变量是否等于 10
    num=0;              //变量清零
    }
}
void delay(int z)     //延时函数
{
    int x,y;
    for(x=200;x>0;x--)
        for(y=z;y>0;y--);
}
```

b. 副机程序代码。

```
#include<reg52.h>    //单片机头文件
int num;                //定义变量
void main()             //主函数
{
    TMOD=0X20;    //定时器初始
    TH1=0XFD;     //波特率为 9600
    TL1=0XFD;
```

```
    PCON=0;
    SCON=0X50;    //串口为工作方式 1，为接收方式。
    TR1=1;
    while(1)
    {
    if(RI==1)    //判断是否接收到数据
        {
        RI=0;            //清除接收标志
        num=SBUF;   //接收数据
        P2=num;       //显示数据
        }
    }
}
```

四、巩固与提高

1. 填空题

（1）通信有____________和____________两种方式；串行通信的传输方式有_________、__________和__________。

（2）在计算机与单片机通信时，使用 MAX232 的作用是_______________。

（3）在串行通信中，需要读数据时变量 temp= _________。

（4）假如每秒钟传送 480 个字符，而每个字符格式包含 10 位(1 个起始位、1 个停止位、8 个数据位)，此时的比特率为__________ bit/s。

2. 问答题

（1）串行口中断 0/1 的入口地址和对应单片机的引脚分别是多少？

（2）串行口中断 0/1 的控制寄存器有哪些？

（3）列举生活当中的单片机串行口中断系统应用实例。

4.6 继电器控制应用

现代自动控制设备中都存在一个电子与电气电路的互相联结问题，使电子电路的控制信号能够控制电气电路，提供良好的电隔离，以保护电子电路和人员的安全。继电器便能完成这一桥梁作用。本章采用 DC 5 V 控制 AC 220 V 的继电器。

一、任务目的

（1）了解常用继电器的分类驱动电路的设计。

（2）理解继电器的控制原理。

（3）掌握使用继电器的基本方法和编程及三极管驱动芯片的使用。

二、任务内容

1. 任务预备知识

（1）继电器实物与原理图，如图 4-65 所示。

（a）继电器实物　　　　（b）继电器原理图

图 4-65　继电器实物与原理图

说明：图 4-65（b）中 1、2 为弱电输入控制端；3 为常开端；4 为常闭端；5 为公共端。

（2）实际应用中三极管驱动继电器的电路，如图 4-66 所示。

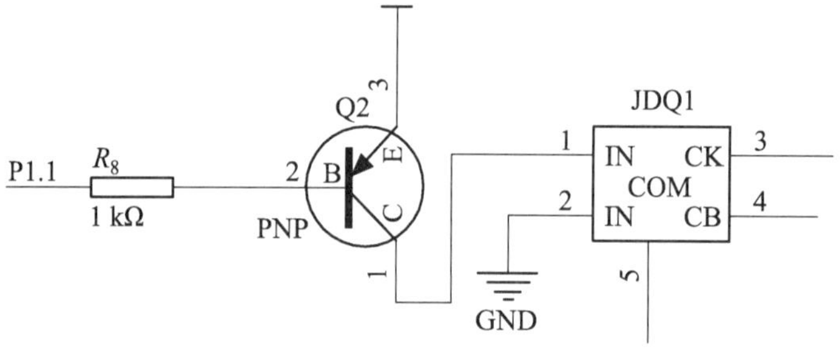

图 4-66　三极管驱动继电器电路图

注：该驱动三极管为 PNP 三极管，只需要给 B 极低电平即可使继电器工作。在用单片机控制使用时，需要使该端口为低电平，继电器才可吸合。（如 P1.1 为低电平）

2. 元件清单

继电器应用电路元件清单：AT89C51、LED-GREEN、LED-RED、PNP、MINRES1K、G2R-14-DC5 和电源、地。

3. 继电器应用电路

继电器应用电路如图 4-67 所示。仿真结果如图 4-68 所示。

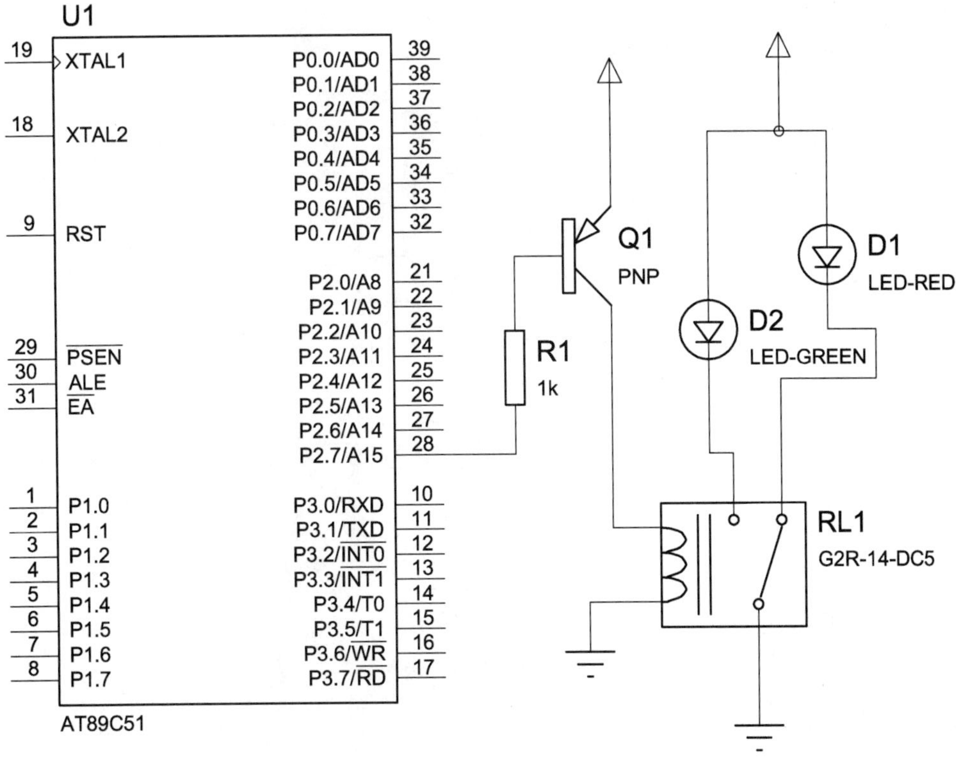

图 4-67　继电器应用电路

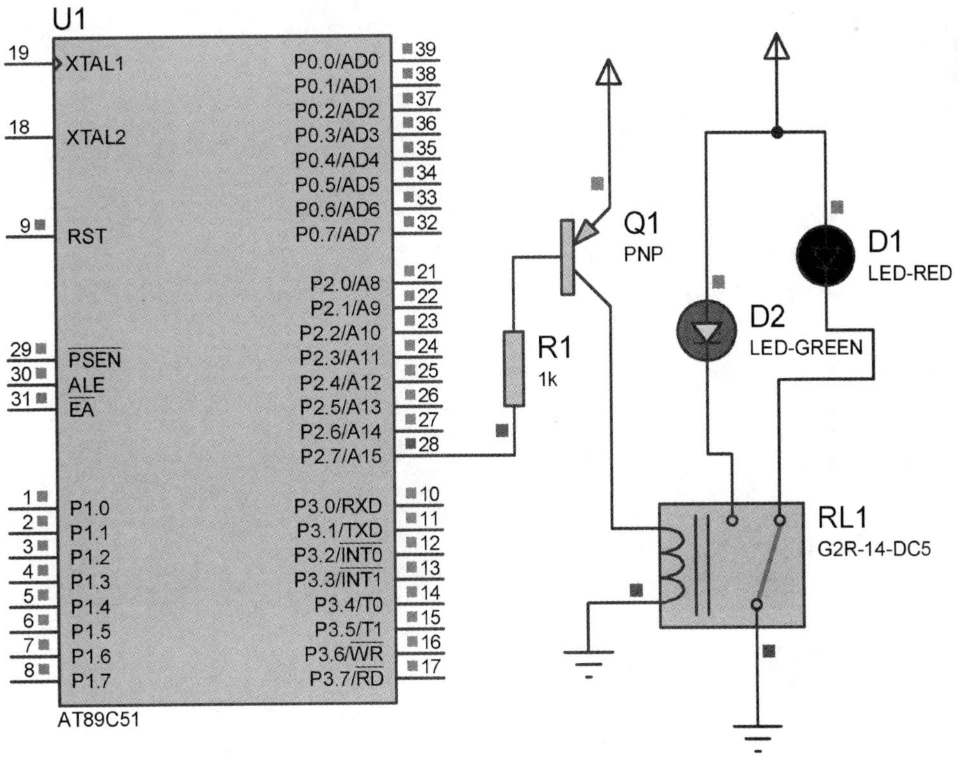

图 4-68　仿真结果

三、程序

1. 继电器简单的通断任务

（1）程序流程图，如图 4-69 所示。

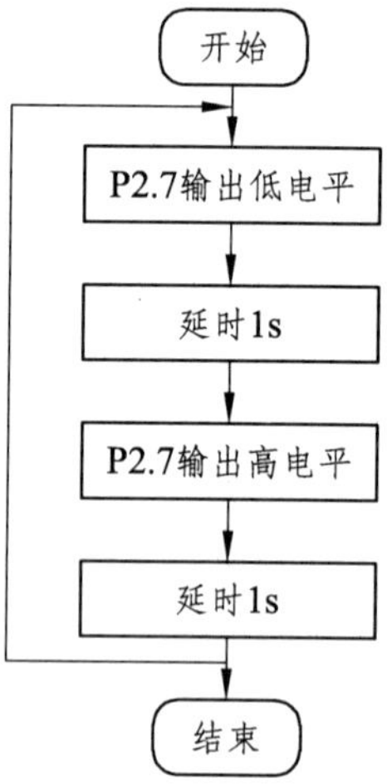

图 4-69 程序流程图

（2）程序代码：

```
#include<reg52.h>      //52 单片机头文件
#define uint unsigned int        //宏定义
#define uchar unsigned char      //宏定义
sbit jdq=P2^7;   //定义 P2.7 端口来控制继电器
void delay(uint z)   // 延时函数
{
      uint x,y;
      for(x=500;x>0;x--)
            for(y=z;y>0;y--);
}
void main()      //主函数
{
      while(1)
      {
            jdq=1;               //继电器吸合
            delay(100);          //延时
            jdq=0;               //继电器断开
            delay(100);          //延时
      }
}
```

四、巩固与提高

1. 填空题

（1）继电器是一种________控制________器件，其种类分为______和_______两种。

（2）三极管在数字电路中使用时，工作在 _________和_________状态。

（3）PNP 和 NPN 在数字电路中应用时，分别是_______、______电平有效。

2. 编程题

（1）通过按键来控制继电器的工作，设计一个按键，当按键按下时，继电器闭合。

（2）利用中断技术，实现电子门迎系统；具体要求如下：

① 采用四位数码管显示初始样式“00-00”（前两个 00 表示进口进去的人数，后两个 00 表示出口出去的人数）；进入时，前两位数码管上的数字加一；出入时，后两位数码管的数字减一。

② 外部中断 0 设为进口传感器 1 中断入口（传感器 1 可以用按键代替）。外部中断 1 设为出口传感器 2 中断入口（传感器 2 可以用按键代替）。

③ 在中断时，单片机控制继电器闭合，指示灯亮（亦是打开门）。

3. 问答题

（1）继电器在电路应用中的作用是什么？

（2）怎么利用三极管驱动继电器工作？请画出驱动电路并说明工作原理。

4.7　蜂鸣器报警应用

蜂鸣器是一种一体化结构的电子讯响器，采用直流电压供电，广泛应用于计算机、打印机、复印机、报警器、电子玩具、汽车电子设备、电话机、定时器等电子产品中作发声器件。蜂鸣器主要分为压电式蜂鸣器和电磁式蜂鸣器两种类型。蜂鸣器在电路中用字母“H”或“HA”（旧标准用“FM”、“LB”、“JD”等）表示。

一、任务目的

（1）了解常用蜂鸣器的分类及驱动电路的设计。

（2）理解蜂鸣器的发生报警原理。

（3）掌握蜂鸣器发声的编程方法和三极管驱动芯片的使用。

二、任务内容

1. 任务预备知识

（1）蜂鸣器实物如图 4-70 所示。

图 4-70　蜂鸣器实物图

说明：蜂鸣器两个引脚中，长腿为“+”。

（2）实际应用中三极管驱动蜂鸣器的电路如图 4-71 所示。

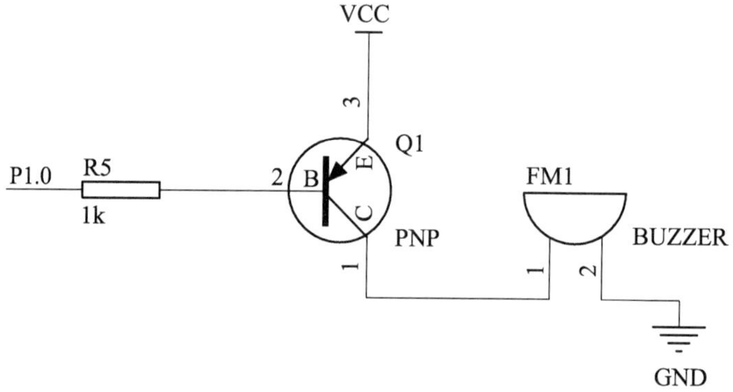

图 4-71　三极管驱动蜂鸣器电路

2. 元件清单

蜂鸣器应用电路元件清单：AT89C51、MINRES1K、PNP、SPEAKER 和电源、地。

3. 蜂鸣器应用电路

蜂鸣器应用电路如图 4-72 所示。仿真结果如图 4-73 所示。

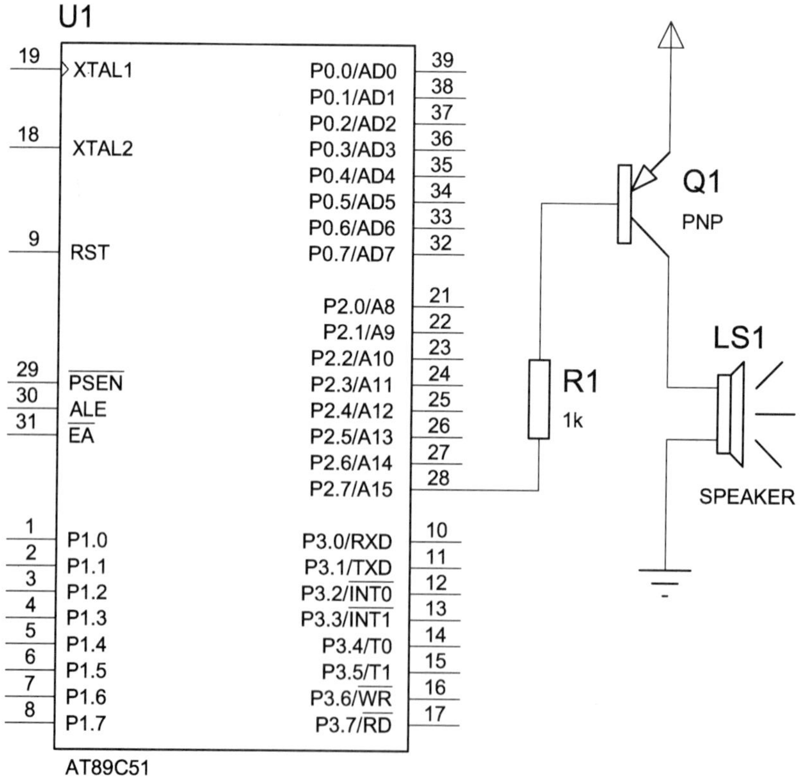

图 4-72　蜂鸣器应用电路

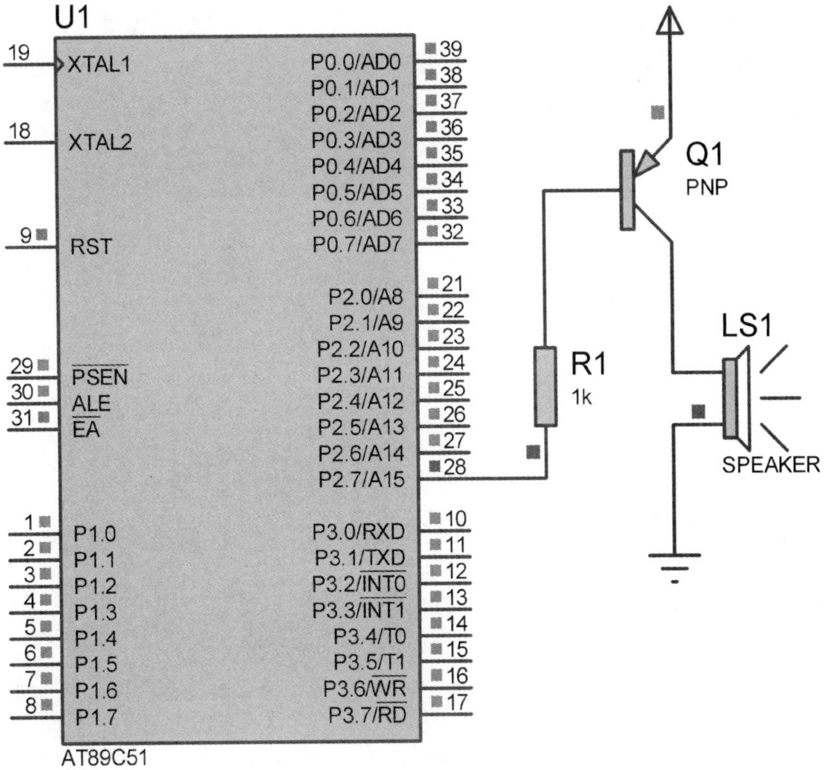

图 4-73　仿真结果

三、程序

1. 蜂鸣器简单的发声任务

（1）程序流程图，如图 4-74 所示。

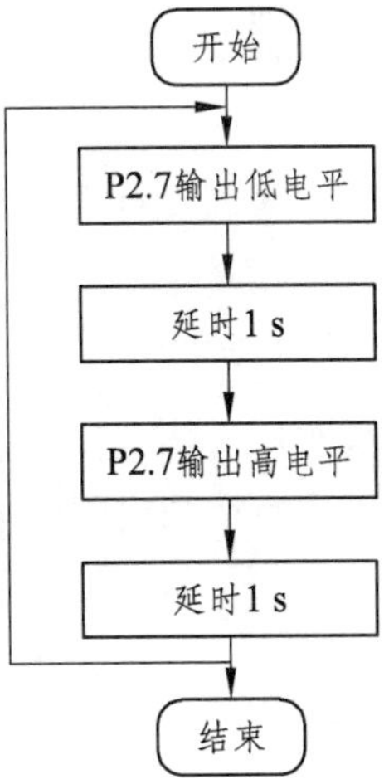

图 4-74　程序流程图

（2）程序代码：

```
#include<reg52.h>              //单片机头文件
#define uint unsigned int       //宏定义
```

```
#define uchar unsigned char
sbit fmq=P2^7;   //定义 P2.7 这一位来控蜂鸣器
void delay(uint z)   //  延时函数
{
      uint x,y;
      for(x=500;x>0;x--)
            for(y=z;y>0;y--);
}
void main()
{
      while(1)
      {
      fmq=1;       //开蜂鸣器
      delay(100);      //延时
      fmq=0;         //关蜂鸣器
      delay(100);     //延时
      }
}
```

四、巩固与提高

1. 填空题

（1）按蜂鸣器按结构分为_____与____两种；按有无振荡源分为_____与_____两种。

（2）蜂鸣器的电路符号是___________。

（3）蜂鸣器的两个引脚中，其中短腿为_________极。

2. 编程题

利用中断技术，进行“00” ~ “99”递加。遇到中断时，蜂鸣器报警提示 2 次，再中断返回。

3. 问答题

（1）蜂鸣器分为哪两类？它们各具有什么特点？

（2）如何使用三极管驱动蜂鸣器工作？请画出驱动电路。

4.8 电机控制应用

4.8.1 直流电机控制应用

电动机简称电机，是电能与机械能相互转换的机械，直流电机可以把直流能量转换成机械能。直流电机的应用非常广，一般分为普通直流电机、减速直流电机、无刷直流电机、伺服直流电机、永磁直流电机。直流电动机是依靠直流工作电压运行的电动机，广泛应用于收音机、录像机、影碟机、电动剃须刀、电吹风、电子表、玩具等。

一、任务目的

（1）了解直流电机的内部结构。

（2）理解直流电机控制的基本控制原理。

（3）掌握直流电机的基本控制编程方法和三极管驱动芯片的使用。

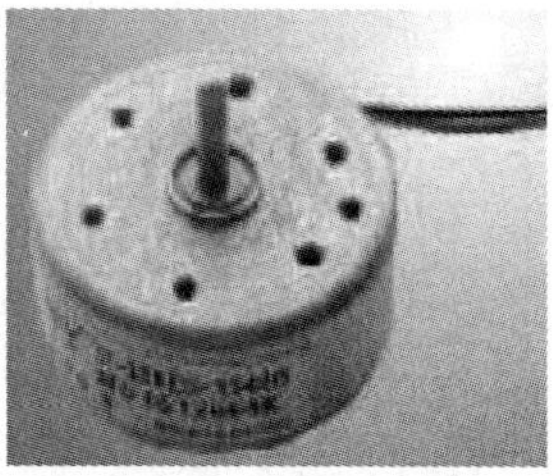

图 4-75　小型直流电机

二、任务内容

1. 任务预备知识

小型直流电机实物，如图 4-75 所示。

PWM（脉冲宽度调制）是按一定的规律改变脉冲序列的脉冲宽度，以调节输出量和波形的一种调制方式，最常用的是矩形波 PWM 信号，在控制时需要调节 PWM 的占空比。占空比越大，速度越快，如果输出全为高电平，占空比为 100%，速度达到最快。

2. 元件清单

小型直流电机应用电路元件清单：AT89C51、BUTTON、MINRES100R、MOTOR、PNP 和电源、地。

3. 小型直流电机应用电路

小型直流电机应用电路如图 4-76 所示。仿真结果如图 4-77 所示。

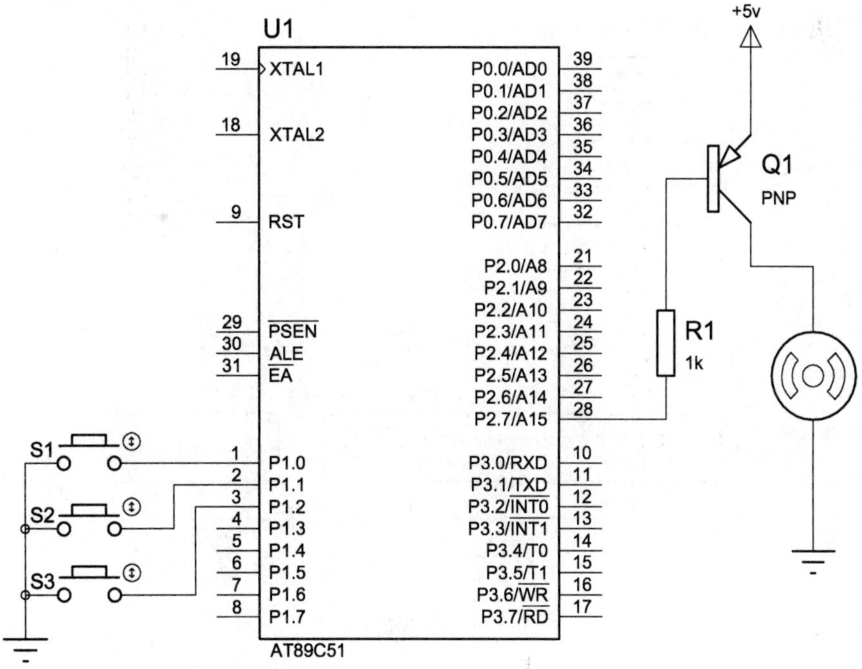

图 4-76　直流电机驱动电路

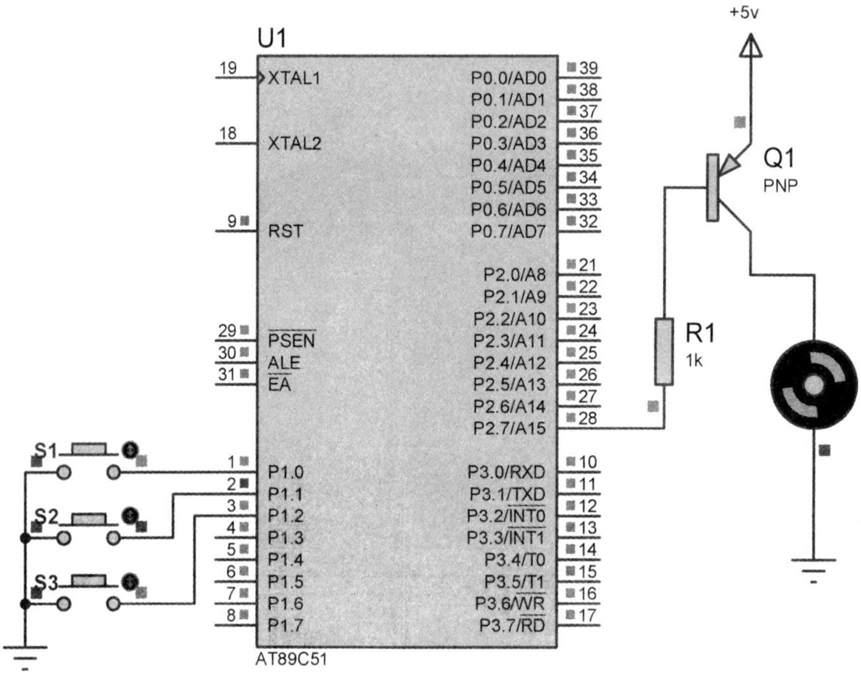

图 4-77　仿真结果

三、程序

1. 三个按键控制小型直流电机：S1——以占空比为 80%的信号驱动电机；S2——以占空比为 20%的信号驱动电机；S3——暂停。

（1）程序流程图，如图 4-78 所示。

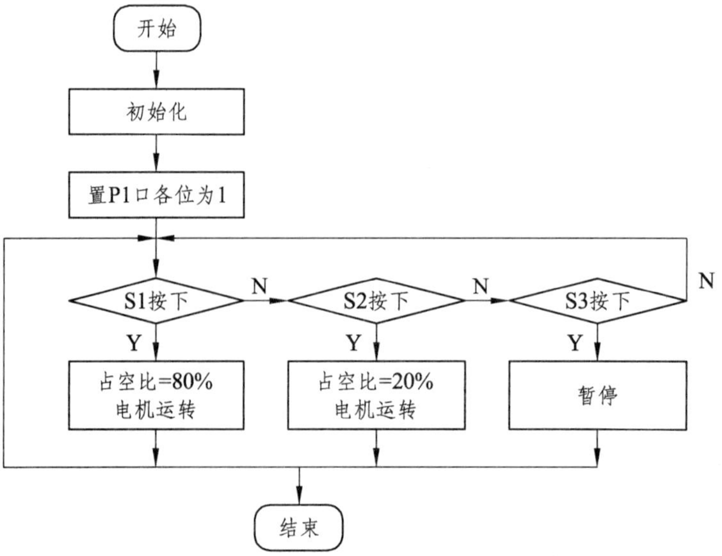

图 4-78　程序流程图

（2）程序代码：

```
#include<reg52.h>       //52 单片机头文件
#define uint unsigned int          //宏定义
```

```
#define uchar unsigned char     //宏定义
sbit s1=P1^0;         //占空比为 80%。
sbit s2=P1^1;         //占空比为 20%。
sbit s3=P1^2;         //暂停
sbit dj=P2^7;           //声明 P2.7 控制直流电机
void delay(uint z)     //延时函数
{
    uint x,y;
    for(x=0;x<10;x++)
        for(y=0;y<z;y++);
}
void main()             //主函数
{
    while(1)            //大循环
    {
        if(s1==0)
        {
        dj=1;                //高电平
        delay(2);            //延时
        dj=0;                //低电平
        delay(8);            //延时
        }
        else if(s2==0)
        {
        dj=1;                //高电平
        delay(8);            //延时
        dj=0;                //低电平
        delay(2);            //延时
        }
        else if(s3==0)
        {
        dj=1;              //高电平
        }
    }
}
```

四、巩固与提高

1. 填空题

（1）电机是将______能转换为_______能的机械。

（2）直流电机的应用非常广，一般分为______、______、______、______、______。

2. 编程题

利用按键扫描技术和 PWM 技术实现三个按键控制小型直流电机按照不同的速度运转，具体要求：

① 上电后电机不运转。

② 当 S1 按下时，以占空比为 60%的脉冲驱动电机运转；当 S2 按下时，以占空比为 40%的脉冲驱动电机运转；当 S3 按下时，以占空比为 20%的脉冲驱动电机运转。（利用定时器来实现）

3. 问答题

（1）直流电机分为哪几类？各具有什么特点？

（2）列举直流电机在生活中的不同应用。（至少 5 种）

4.8.2 步进电机控制应用

步进电动机已成为除直流电动机和交流电动机以外的第三类电动机。传统电动机作为机电能量转换装置，在人类的生产和生活进入电气化过程中起着关键的作用。可是在人类社会进入自动化时代的今天，传统电动机的功能已不能满足工厂自动化和办公自动化等各种运动控制系统的要求。为适应这些要求，人们发明了一系列新的具备控制功能的电动机系统，其中都有自己的特点且应用十分广泛的一类，便是步进电动机。本节任务将学习单片机控制步进电机的简单应用。

一、任务目的

（1）了解步进电机的内部结构。

（2）理解步进电机控制的基本控制原理。

（3）掌握步进电机的基本控制编程方法和 ULN2003 驱动芯片的使用。

二、任务内容

1. 任务预备知识

步进电机驱动原理是通过它每组线圈中电流的顺序切换来使电机做步进旋转，驱动电路由脉冲信号来控制，所以调节脉冲信号的频率就可以改变步进电机的转速，微电脑控制步进电机最适合。小型步进电机实物如图 4-79 所示。

图 4-79 步进电机实物图

2. 元件清单

步进电机应用电路元件清单：AT89C51、BUTTON、MINRES10K、ULN2003A、MOTOR-STEPPER 和电源、地。

3. 步进电机应用电路

步进电机应用电路如图 4-80 所示，仿真结果如图 4-81 所示。

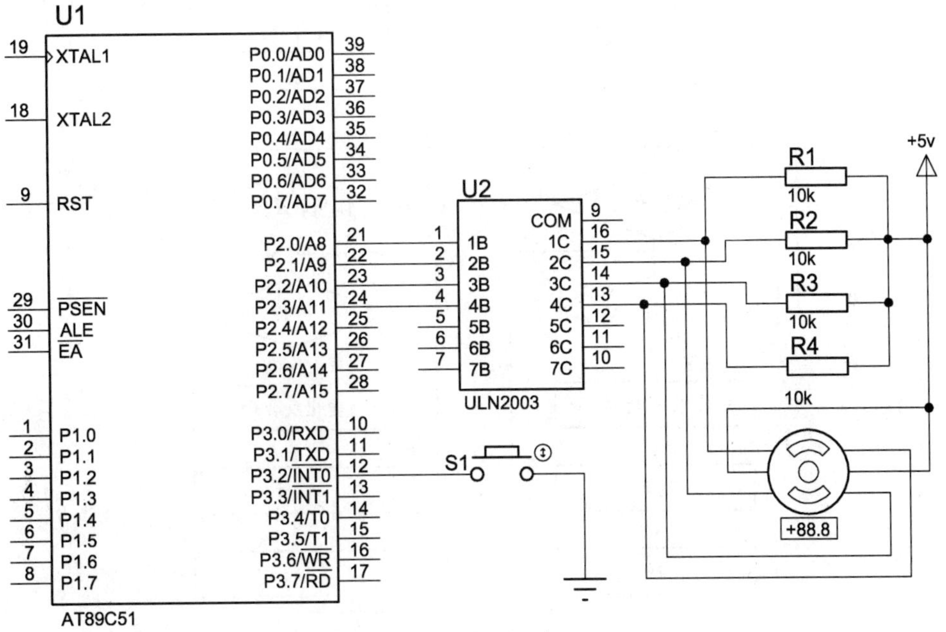

图 4-80　步进电机应用电路

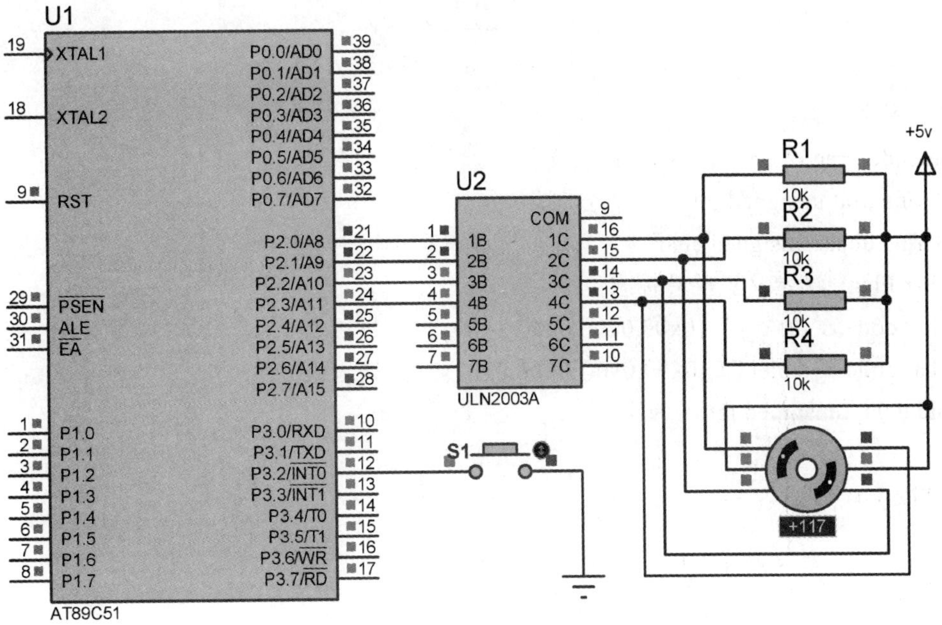

图 4-81　仿真结果

三、程序

1. 步进电机正转任务

（1）程序流程图，如图 4-82 所示。

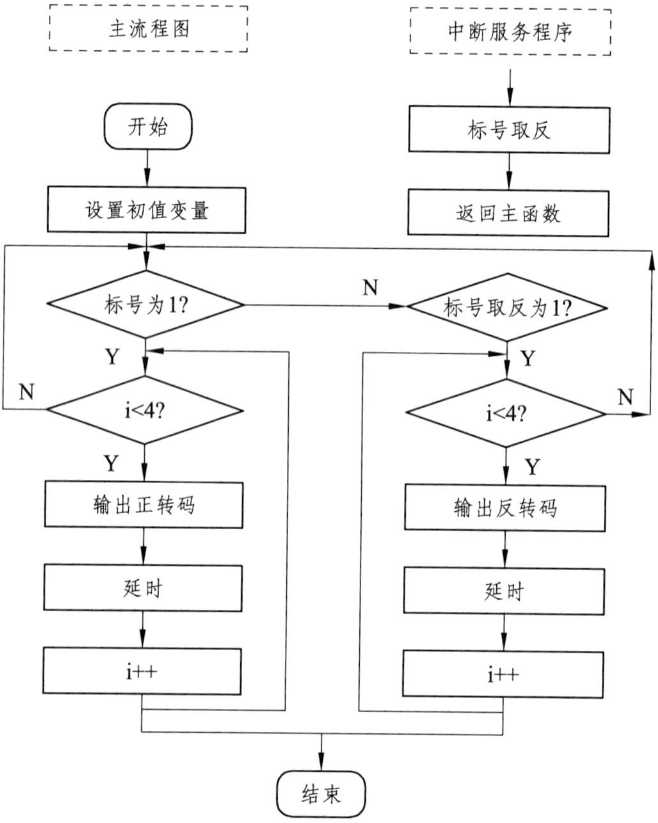

图 4-82　程序流程图

（2）程序代码：

```
#include <reg52.h>         //单片机头文件
#define uint unsigned int          //宏定义
#define uchar unsigned char       //宏定义
uchar Flag;   //定义正反转标志位
uchar code Z_table[4]={0x03,0x06,0x0C,0x09}; //正转表格
uchar code F_table[4]={0x09,0x0C,0x06,0x03}; //反转表格
void delay(unsigned int i)    //延时
{
  while(--i);
}
main()
{
     uchar i;
```

```
    EA=1;              //开总中断允许
    EX0=1;             //开外部中断 0 允许位
    IT0=1;             //外部中断 0 低电平触发
    Flag=1;            //标号初始为 1
    while(1)
    {
    while(!Flag)
    {
        for(i=0;i<4;i++)          //4 相
        {
        P2=Z_table[i];   //输出对应的相可以自行换成正转表格
        delay(500);      //改变这个参数可以调整电机转速，数字越小，转速越大
        }
    }
    while(Flag)
    {
        for(i=0;i<4;i++)    //4 相
        {
        P2=F_table[i];   //输出对应的相
        delay(500);        //改变这个参数可以调整电机转速，数字越小，转速越大
        }
    }
    }
}
void ZF(void) interrupt 0
{
    delay(300);
    Flag=!Flag;   //S1 按下触发一次，标志位取反
}
```

四、巩固与提高

1. 填空题

（1）小型步进电机的控制引线的定义分别是____、_____、____、_____、____。

（2）小型步进电机半步反正控制表 F_TAB[4]={_____、_____、_____、_____};

2. 编程题

利用三个按键来控制步进电机的正反转运行与暂停，具体要求：

① 上电后电机不运转。

② 当 S1 按下时，步进电机正向运转；当 S2 按下时，步进电机反向运转；当 S3 按下时，

电机停止。

3. 问答题

（1）步进电机的步进原理是什么？

（2）简述 2003 的内部结构及作用各是什么。

（3）说说步进电机如何半步运转。

4.9 模数与数模转换应用

在单片机测控系统中，被采集的实时信号除了开关量就是连续变化的模拟量。而普通单片机只能处理数字量，因此需要将连续变化的模拟量转换成为数字量，即 A/D 转换。同样，单片机要控制外围的设备，需要将数字量转换为模拟量，即 D/A 转换。本章将学习 D/A 转换技术和 A/D 转换技术。

4.9.1 D/A 转换 DAC0832 的应用

数/模转换器是把数字信号转换为模拟信号的器件。单片机处理的是数字信号，单片机处理后向外输出的也是数字信号，为了控制某些由单片机模拟量驱动的执行器件，就必须把代表一定大小模拟量的数字信号转换为模拟电流或电压。

D/A（数/模）转换也是单片机应用的典型接口技术。用单片机控制进行 A/D 转换的一般过程是，由单片机向 D/A 转换器输出一个数字量，而 D/A 转换器则输出与数字量相应的信号。

一、任务目的

1. 了解 D/A 转换与单片机的接口方法及 DAC0832 的内部结构。
2. 理解 D/A 转换原理。
3. 掌握 D/A 转换芯片 DAC0832 的性能及编程方法。

二、任务内容

1. 任务预备知识

1）D/A 转换器的原理

T 型电阻网络 D/A 转换器，如图 4-83 所示。

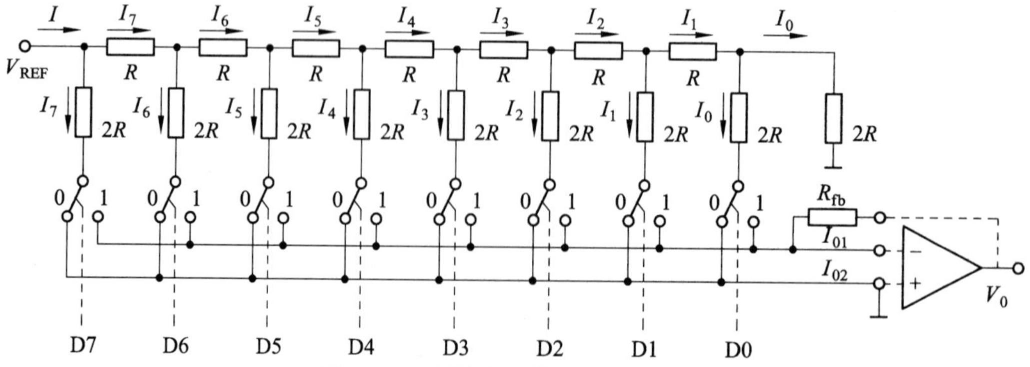

图 4-83 T 型电阻网络 D/A 转换电路

上图的分析如下：

$I=V_{REF}/R$，

$I_7=I/2^1$，$I_6=I/2^2$，$I_5=I/2^3$，$I_4=I/2^4$，$I_3=I/2^5$，$I_2=I/2^6$，$I_1=1/2^7$，$I_0=1/2^8$。

当输入数据 D7 ~ D0 为 11111111B 时，有：

$I_{01}=I_7+I_6+I_5+I_4+I_3+I_2+I_1+I_0=(I/2^8)\times(2^7+2^6+2^5+2^4+2^3+2^2+2^1+2^0)$

$I_{02}=0$

若 $R_{fb}=R$，则：

$$\begin{aligned}V_0&=-I_{01}\times R_{fb}\\&=-I_{01}\times R\\&=-((V_{REF}/R)/2^8)\times(2^7+2^6+2^5+2^4+2^3+2^2+2^1+2^0)\times R\\&=-(V_{REF}/2^8)\times(2^7+2^6+2^5+2^4+2^3+2^2+2^1+2^0)\end{aligned}$$

输出电压的大小与数字量具有对应的关系。

2）D/A 转换器的主要性能指标

（1）分辨率。

分辨率是指输入数字量的最低有效位（LSB）发生变化时，所对应的输出模拟量（电压或电流）的变化量。它反映了输出模拟量的最小变化值。

对于 5 V 的满量程，采用 8 位的 DAC 时，分辨率为 5 V/256 = 19.5 mV；当采用 12 位的 DAC 时，分辨率则为 5 V/4096 = 1.22 mV。显然，位数越多分辨率就越高。

（2）线性度。

线性度（也称非线性误差）是实际转换特性曲线与理想直线特性之间的最大偏差。常以相对于满量程的百分数表示。如± 1 %是指实际输出值与理论值之差在满刻度的± 1 %以内。

（3）绝对精度和相对精度。

绝对精度（简称精度）是指在整个刻度范围内，任一输入数码所对应的模拟量实际输出值与理论值之间的最大误差。绝对精度是由 DAC 的增益误差（当输入数码为全 1 时，实际输出值与理想输出值之差）、零点误差（数码输入为全 0 时，DAC 的非零输出值）、非线性误差和噪声等引起的。绝对精度（即最大误差）应小于 1 个 LSB。

（4）建立时间。

建立时间是指输入的数字量发生满刻度变化时，输出模拟信号达到满刻度值的±1/2 LSB 所需的时间。是描述 D/A 转换速率的一个动态指标。电流输出型 DAC 的建立时间短。电压输出型 DAC 的建立时间主要决定于运算放大器的响应时间。根据建立时间的长短，可以将 DAC 分成超高速（<1 μs）、高速（10 ~ 1 μs）、中速（100 ~ 10 μs）、低速（≥100 μs）几挡。

应当注意，精度和分辨率具有一定的联系，但概念不同。DAC 的位数多时，分辨率会提高，对应于影响精度的量化误差会减小。但其他误差（如温度、漂移、线性不良等）的影响仍会使 DAC 的精度变差。

3）DAC0832 芯片说明

DAC0832 是使用非常普遍的 8 位 D/A 转换器，由于其片内有输入：数据寄存器，故可以直接与单片机接口。DAC0832 以电流形式输出，当需要转换为电压输出时，可外接运算放大器。

属于该系列的芯片还有 DAC0830、DAC0831，它们可以相互代换。DAC0832 主要特性：

① 分辨率 8 位；

② 电流建立时间 1 μs；

③ 数据输入可采用双缓冲、单缓冲或直通方式；

④ 输出电流线性度可在满量程下调节；

⑤ 逻辑电平输入与 TTL 电平兼容；

⑥ 单一电源供电（+5 ~ +15 V）；

⑦ 低功耗，20 mW。

（1）DAC0832 内部结构及引脚，如图 4-84 所示。

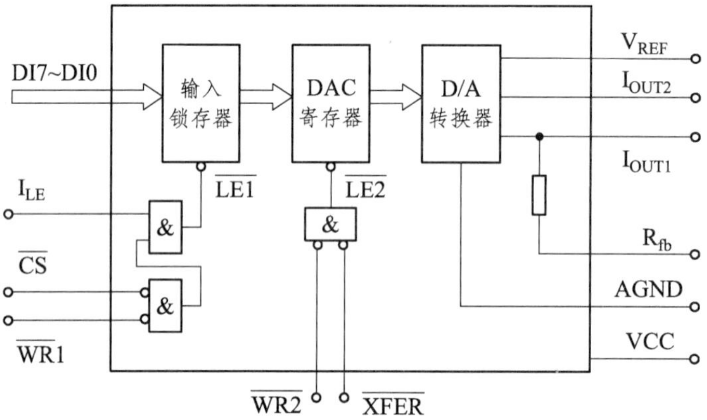

图 4-84　DAC0832 内部结构及引脚

（2）DAC0832 芯片的工作时序，如图 4-85 所示。

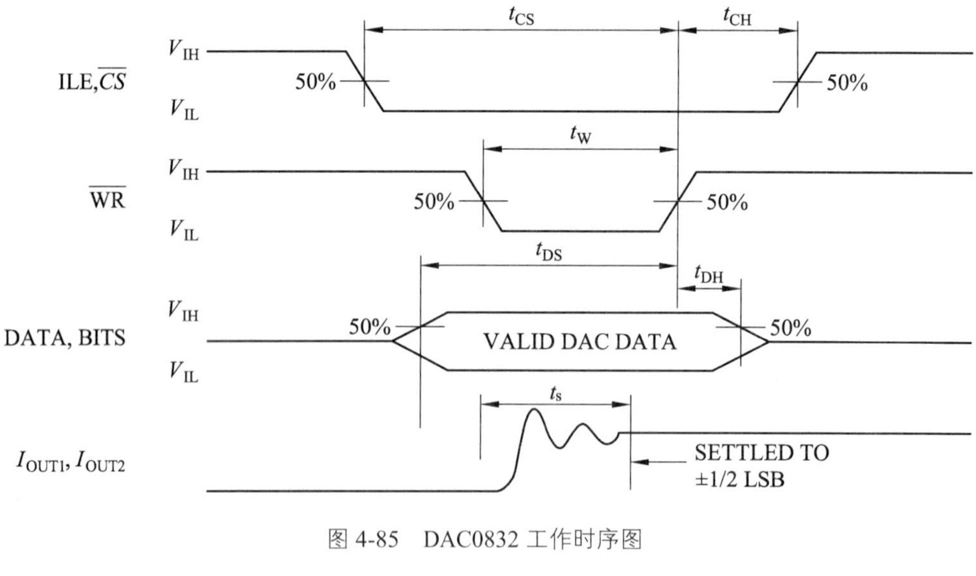

图 4-85　DAC0832 工作时序图

2. 元件清单

DAC0832 应用电路元件清单：AT89C51、DAC0832、LED-YELLOW、OPAMP、LAMP-FIL 和电源、地。

3. DAC0832 应用电路

DAC0832 应用电路原理图如图 4-86 所示。仿真结果如图 4-87 所示。

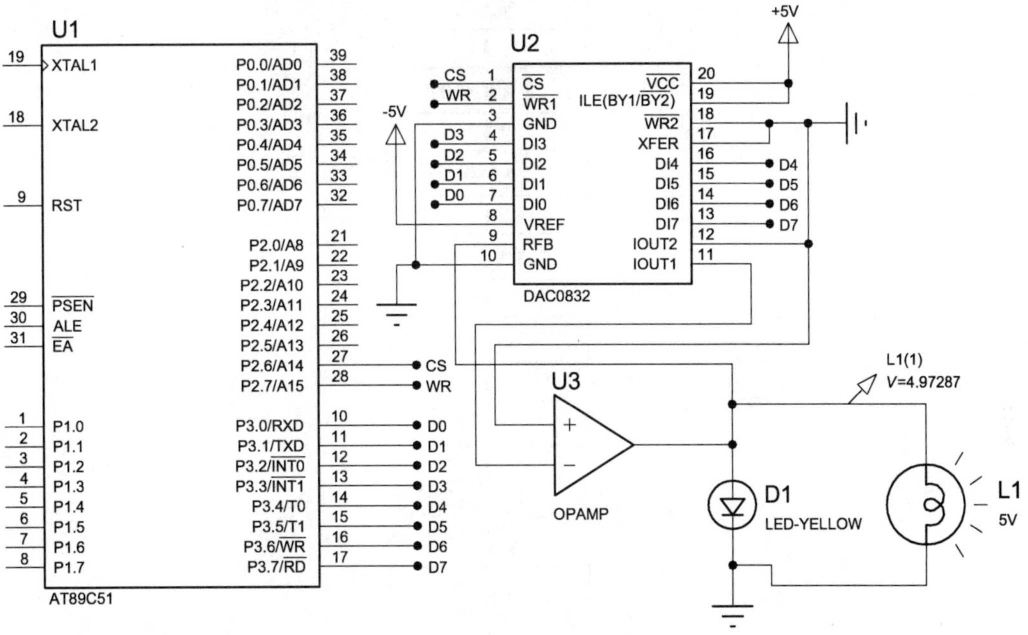

图 4-86　DAC 应用电路原理图

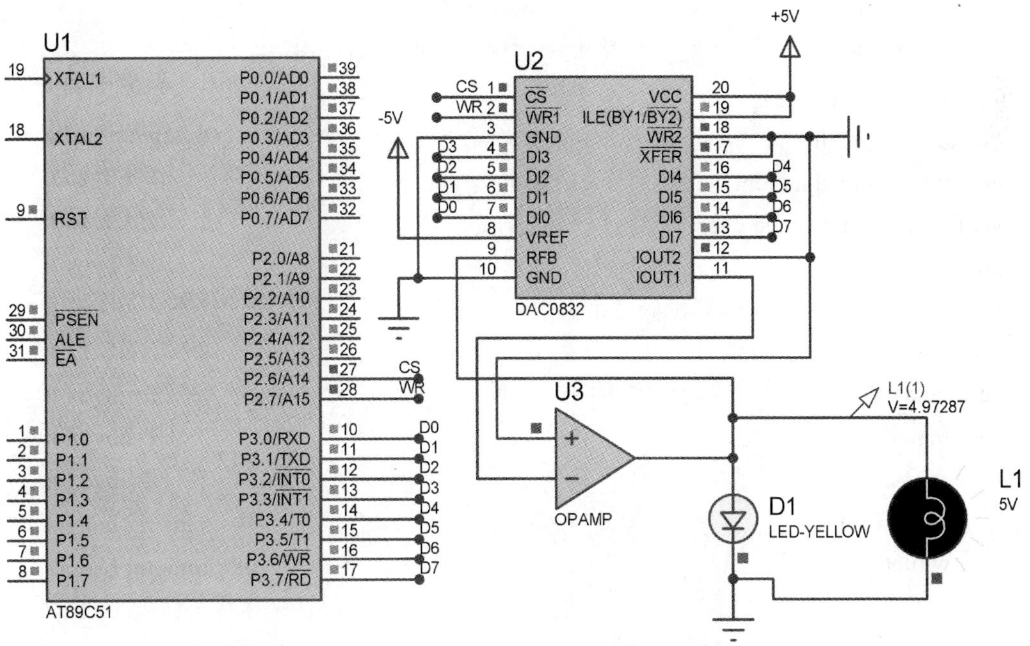

图 4-87　仿真结果

三、任务程序

通过程序使灯 L1 由明到暗逐渐变化。

（1）程序流程图，如图 4-88 所示。

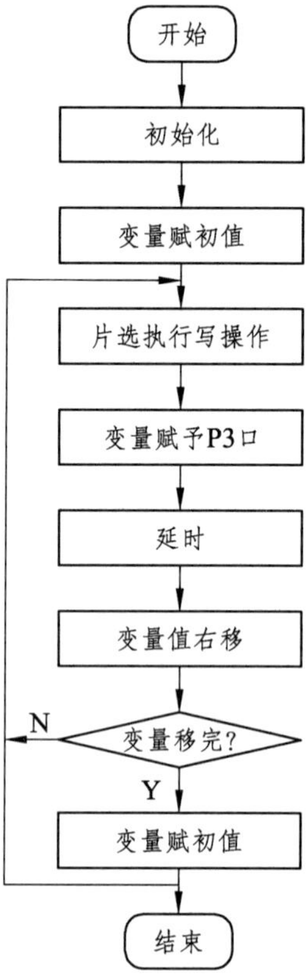

图 4-88　程序流程图

（2）程序代码：

```
#include<reg52.h>                      //52 单片机头文件
#define uint unsigned int              //宏定义
#define uchar unsigned char            //宏定义
uint temp;
sbit cs=P2^6;         //片选端，低电平有效
sbit wr=P2^7;         //写信号
void delay(uint z);       //延时函数声明
void main()
{
      temp=0xff;
      while(1)
      {
      cs=0;              //选中该片 0832
      wr=0;               //写操作
      P3=temp;
      delay(200);
      temp=temp>>1;   //数据进行移位
```

```
        if(temp==0)
            {
            temp=0xff;
            }
        }
}
void delay(uint z)          //延时函数
{
    uint x,y;
    for(x=200;x>0;x--)
        for(y=z;y>0;y--);
}
```

四、巩固与提高

1. 填空题

（1）数模转换芯片 DAC0832 的分辨率是_____位；对于 5 V 的满量程，采用 10 位的 DAC 器时，分辨率为________mV。

（2）语句“temp=temp>>1;”的功能是__________________。

2. 编程题

通过上网查阅相关资料，利用 DAC0832 设计简易的三角波信号发生器。

3. 问答题

（1）DAC0832 的内部结构是什么？

（2）DAC0832 的主要特性是什么？

（3）DAC0832 的操作时序有哪些？各是什么？

4.9.2 A/D 转换 ADC0804 的应用

A/D 转换器，即模数转换电路，是把模拟信号转换为数字信号的电路。普通的单片机处理的是数字信号，而有些单片机应用系统的输入量是模拟量，故普通的单片机不能直接进行处理，而是要用模数转换电路把输入的模拟量转换为数字信号后，再由单片机进行处理。所以模数转换电路常用在单片机应用系统的模拟量输入端，作为单片机输入的外围器件。

一、任务目的

（1）了解 A/D 转换与单片机的接口方法及 ADC0804 的内部结构。

（2）理解 A/D 转换原理。

（3）掌握 A/D 转换芯片 ADC0804 的性能及编程方法。

二、任务内容

1. 任务预备知识

ADC0804 是使用非常普遍的 8 位 A/D 转换器，由于其片内有输入：数据寄存器，故可以直接与单片机接口。

1）A/D 转换器的原理

① 逐次逼近式 ADC 的转换原理，如图 4-89 所示。

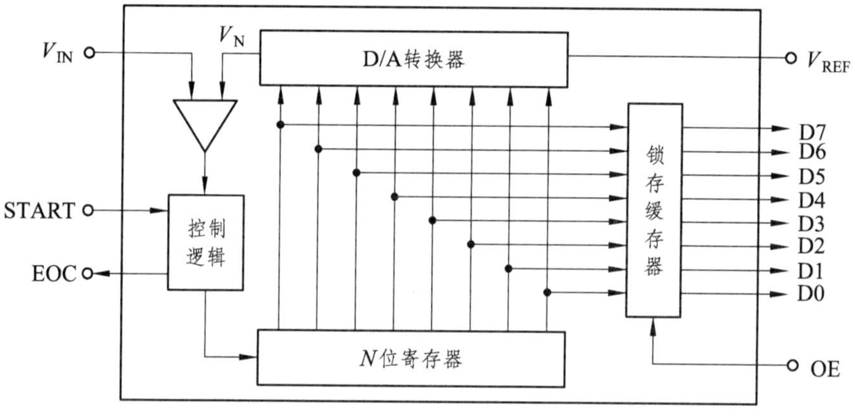

图 4-89　逐次逼近式 ADC 的转换原理图

② 双积分式 ADC 的转换原理，如图 4-90 所示。

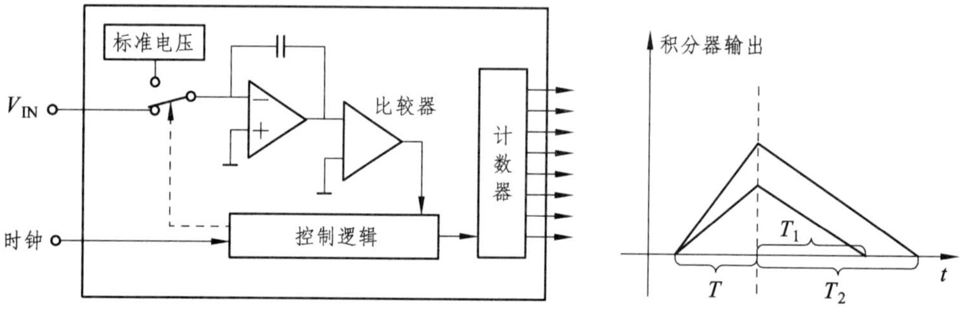

图 4-90　双积分式 ADC 的转换原理图

2）A/D 转换器的主要技术指标

（1）分辨率。

ADC 的分辨率是指使输出数字量变化一个相邻数码所需输入模拟电压的变化量。常用二进制的位数表示。例如 12 位 ADC 的分辨率就是 12 位，或者说分辨率为满刻度的 $1/2^{12}$。一个 10 V 满刻度的 12 位 ADC 能分辨输入电压变化最小值是 10 V×$1/2^{12}$=2.4 mV。

（2）量化误差。

ADC 把模拟量变为数字量，用数字量近似表示模拟量，这个过程称为量化。量化误差是 ADC 的有限位数对模拟量进行量化而引起的误差。实际上，要准确表示模拟量，ADC 的位数需很大甚至无穷大。一个分辨率有限的 ADC 的阶梯状转换特性曲线与具有无限分辨率的 ADC

转换特性曲线（直线）之间的最大偏差即是量化误差，如图 4-91 所示。

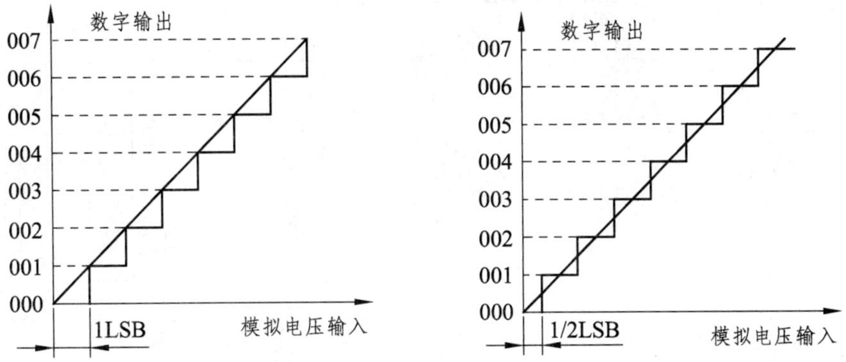

图 4-91　模数转换量化图

（3）偏移误差。

偏移误差是指输入信号为零时，输出信号不为零的值，所以有时又称为零值误差。假定 ADC 没有非线性误差，则其转换特性曲线各阶梯中点的连线必定是直线，这条直线与横轴相交点所对应的输入电压值就是偏移误差。

（4）满刻度误差。

满刻度误差又称为增益误差。ADC 的满刻度误差是指满刻度输出数码所对应的实际输入电压与理想输入电压之差。

（5）线性度。

线性度有时又称为非线性度，它是指转换器实际的转换特性与理想直线的最大偏差。

（6）绝对精度。

在一个转换器中，任何数码所对应的实际模拟量输入与理论模拟输入之差的最大值，称为绝对精度。对于 ADC 而言，可以在每一个阶梯的水平中点进行测量，它包括了所有的误差。

（7）转换速率。

ADC 的转换速率是能够重复进行数据转换的速度，即每秒转换的次数。而完成一次 A/D 转换所需的时间（包括稳定时间），则是转换速率的倒数。

2. 元件清单

ADC0804 应用电路元件清单：AT89C51、RESPACK-8、LED-RED、ADC0804、CERAMIC150P、MINRES10K、POT-HG 和电源、地。

3. ADC0804 应用电路

ADC0804 应用电路原理图如图 4-92 所示，仿真结果如图 4-93 所示。

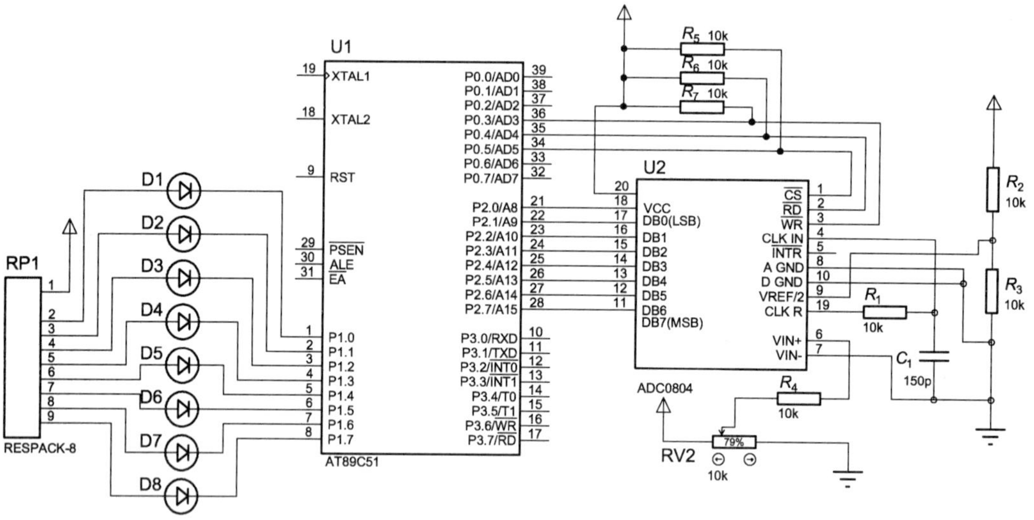

图 4-92　ADC0804 应用电路原理图

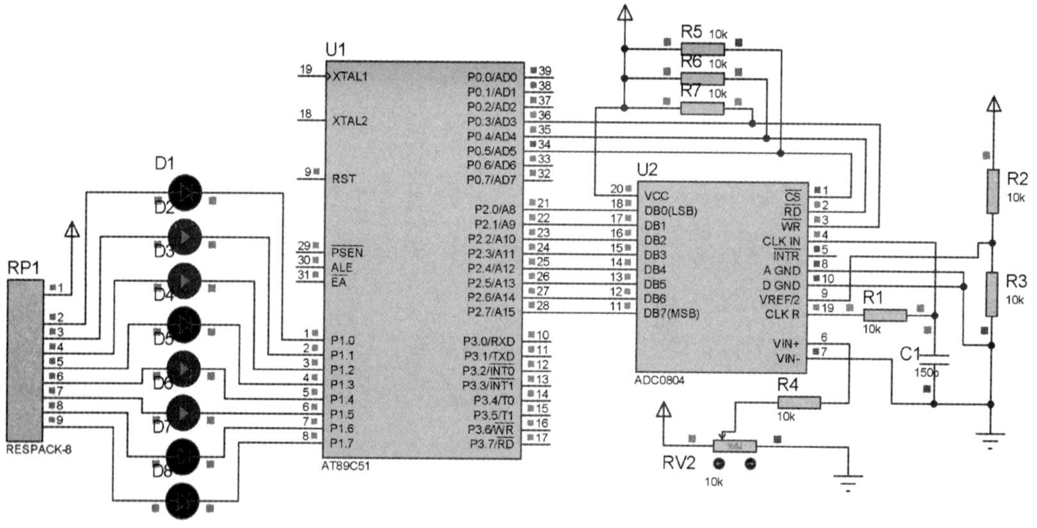

图 4-93　仿真结果

三、程序

（1）ADC0804 转换后的数值在 P1 口的 LED 上显示。

① 程序流程图，如图 4-94 所示。

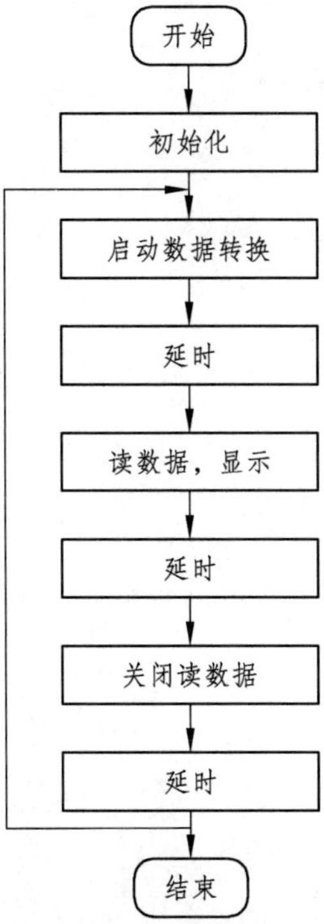

图 4-94　程序流程图

② 程序代码：

```
#include<reg52.h>          //单片机头文件
sbit cs=P0^5;               //使能端
sbit rd=P0^4;               //读端口
sbit wr=P0^3;               //写端口
unsigned int num;
void delay(int z) //显示延时程序
{
    int x,y;
    for(x=z;x>0;x--)
        for(y=20;y>0;y--);
}
void init()                 //初始使能端为低电平
{
    cs=0;
}
void start()                //启动数据转换
{
    wr=1;
    wr=0;
```

```
    wr=1;
}
void main()          //主函数
{
    init();          //初始化
    while(1)
    {
    start();         //启动数据转换
    delay(10);
    rd=0;
    num=P2;          //读转换值
    P1=num;
    delay(5);
    rd=1;
    delay(5);
    }
}
```

四、巩固与提高

1. 填空题

（1）一个 10 V 满刻度的 8 位 ADC 能分辨输入电压变化最小值是________mV。

（2）模数转换器 ADC0804 引脚中 CS、RD、WR 的功能分别是__________________。

2. 编程题

通过上网查阅相关资料，利用 ADC0804 设计一个花园自动喷水控制系统。

设计参考方案：湿度传感器→ADC0804→单片机→喷水开关。

3. 问答题

（1）ADC0804 的内部结构是什么？

（2）ADC0804 的主要特性是什么？

（2）DAC0804 的操作时序有哪些？各是什么？

第5章 单片机与传感器综合应用

5.1 传感器概述与发展

5.1.1 传感器的地位

自然界是由各种各样的物质构成，而且物质又是运动的，它们的运动形式也是多种多样的。表征物质特征或运动形式的参数很多，根据物质的电特性，有非电量和电量两大类。电量一般是指物理学中的电学量，如电压、电流、频率等，测量这些信号可以利用电工仪表或电子仪器来实现；而非电量则是指除电量之外的一些参数，例如温度、湿度、磁场、光强、烟雾、声音、质量等。

人类要认识物质及物质的特性，就需要对物质进行测量。非电量信号一般不能直接使用电工仪表和电子仪器来进行测量，所以需要将各种非电量信号先转化成为电量信号，再进行测量。实现此转化技术的器件就是传感器。

随着社会的进步、科学技术的发展，人类社会逐步进入了信息时代。现代信息技术的基础包括信息采集、信息传输与信息处理。人们在利用信息技术的过程中，首先要获取信息，而传感器是获取信息的主要手段和途径，完成信息的采集过程。

5.1.2 传感器的定义及组成

1. 传感器的定义

传感器是一种能够感受规定的被测量，并将其转化成可用输出信号的器件或者装置。可以看出，这一概念包含四个方面的内容：

（1）它是一种测量装置，可以完成信号获取任务。

（2）它的输入量是某一被测量，可能是物理量、化学量、生物量等。

（3）它的输出量是某种物理量，这种量要便于传输、转换、处理、显示等，可以是气、光、电量，但主要是电量。

（4）输出输入有对应关系，且具有一定的精确程度。

2. 传感器的组成

传感器一般是由敏感元件、转换元件和测量电路三部分组成，如图 5-1 所示。

敏感元件：它是直接感受被测量，并输出与被测量成确定关系的某一物理量的元件。

转换元件：敏感元件的输出就是它的输入，将感受到的非电量信号直接转化成电量的元件。

图 5-1　传感器组成

测量电路：将转换元件输出的电量变换成便于显示、记录、控制和处理的有用电信号的电路。

实际上，传感器有些很简单，有些较为复杂。最简单的传感器只由一个敏感元件组成，它能感受被测量时直接输出电量，如热电偶传感器。有些传感器是由敏感元件和转换元件组成，没有测量电路。有些传感器的转换元件不止一个，需要经过若干次转化。

5.1.3　传感器的分类及发展

1. 传感器的分类

（1）按工作原理来分：应变片式传感器、电容式传感器、涡流式传感器、热电式传感器、电感式传感器、压电式传感器、光电式传感器等。

（2）按输入量来分：位移传感器、速度传感器、温度传感器、压力传感器、流量传感器、物位传感器、加速度传感器、气体传感器等。

（3）按输出信号来分：模拟式、开关式和数字式。

2. 传感器的发展

目前传感器的发展方向主要有：

1）集成化

集成化是新型传感器的一个重要的发展方向。它利用微加工技术、集成加工技术将敏感元件、测量电路、放大器及温度补偿元件等集成在一个芯片上。特点是体积小、质量轻、可靠性高、响应速度快、稳定性好等，而且具有成本低、功耗小、便于批量生产和安装使用等优点。

2）数字化

随着现代化的发展，传感器的功能已突破传统的功能，其输出不再是一个单一的模拟信号，而是经过处理后的数字信号。这种输出数字信号的传感器被称为数字化传感器。这类传感器具有测量精度高、分辨率高、测量范围广、抗干扰能力强、稳定性好、自动化程度高、便于多态和多路检测、性能可靠等特点。

3）智能化

智能传感器是具有信息处理功能的传感器。智能传感器带有微处理机，具有采集、处理、交换信息的能力，是传感器集成化与微处理机相结合的产物。与一般传感器相比，智能传感器具有自补偿能力、自校准功能、自诊断功能、数值处理功能、双向处理功能、信息存储、记忆和数字量输出功能。

4）网络化

传感器网络化是传感器领域发展的一项新兴技术。传感器网络化是利用 TCP/IP 协议，使现场测控数据就近登临网络，并与网络上有通信能力的节点直接进行通信，实现数据的实时发布和分享。通过互联网，传感器与用户之间可异地交换信息，厂商能直接与异地用户交流，及时完成传感器故障诊断、指导用户维修或交换新传感器改进的数据、软件升级等工作，传感器操作过程更加简化，功能更换和扩展更加方便。

传感器技术是人们在 21 世纪高新技术领域争夺的一个制高点。21 世纪是人类全面进入信息电子化的时代，作为现代信息技术的三大支柱之一的传感器技术必将有较大的发展。今后传感器方面的研究和开发方向应是：微电子机械系统七辰传感器环保传感器工业过程控制传感器医疗卫生和食品业检测传感器新型敏感材料等。

随着微电子技术的发展，可将十分复杂的信号处理和控制电路集成到单块芯片中去。可以通过互联网，实现多个系统之间的数据交换和共享，从而构成网络化的检测系统。还可以远在千里之外，随时随地浏览现场工况，实现远程调试、远程故障诊断、远程数据采集和实时操作等。

总之，传感器检测技术的蓬勃发展正中国民经济的迫切需要，是一门充满希望和活力的新兴技术，其目前在物联网技术应用中取得的进展已十分瞩目，今后还将有更大的飞跃。

5.2 温度传感器与应用

5.2.1 传统的温度传感器及应用

温度是用来表征物体冷热程度的物理量，是生产生活中非常重要而且非常普遍的一个参数，所以温度传感器的应用非常的广泛。

温度传感器从测量方式方面可以分为两大类：接触式和非接触式。前者需要和被测介质保持热接触，通过热交换原理来实现测量目的，主要有热电阻式、热电偶、PN 结温度传感器等；后者则无需与被测介质接触，而是通过被测介质的热辐射或者对流进行温度传递完成测量过程的，常见的有红外温度传感器。

1. 热电阻式温度传感器

热电阻温度传感器是利用导体或者半导体材料的电阻值随温度的变化而变化的原理来进行测温的，主要分为金属热电阻式传感器和半导体热敏电阻式温度传感器。

热电阻是利用电阻的阻值随温度的变化而变化的特性制成，将温度的变化量变换成与之有一定对应关系的电阻值的变化，通过对电阻值的测量实现对温度测量的。目前常用的热电阻材料有铂、铜、铁以及镍等。

▲铂电阻：铂具有稳定的物理、化学性能，是目前制造金属热电阻最好的材料。按 IEC 标准，铂电阻的测温范围为−200 ~ 850 °C。是目前最好的测温材料。

▲铜热电阻：在测量精度要求不高，测量范围不太大的情况下，可以用铜电阻来代替铂热电阻，它的灵敏度比铂高，价格便宜，也能达到精度要求。在−50 ~ 150 °C 的温度范围内，铜电阻值与温度有很好的线性关系。

铂热电阻和铜热电阻的主要技术性能如表 5-1 所示。

表 5-1 铂热电阻和铜热电阻的主要技术性能

材　料	铂	铜
测量范围/°C	−200 ~ 850	−50 ~ 150
电阻率/(Ω · m)	$9.81\times10^{-8} \sim 10.6\times10^{-8}$	1.7×10^{-8}
特　性	近似于线性、性能稳定、精度高	线性较好、价格低、体积大

热电阻应用电路如图 5-2 所示。

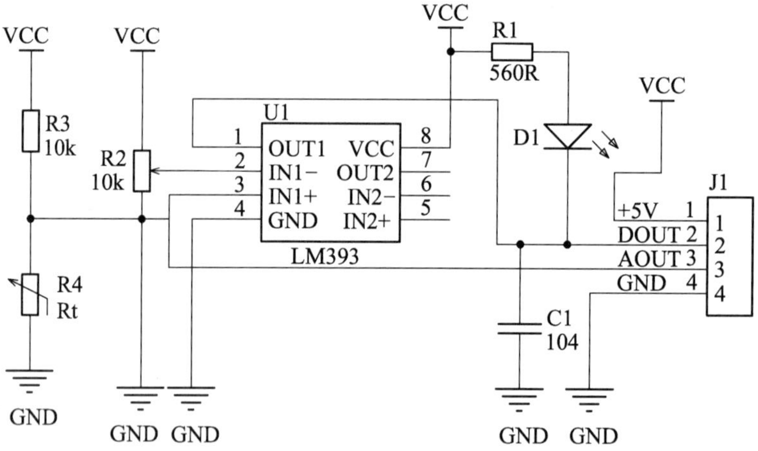

图 5-2　热电阻应用电路

2. 热电偶温度传感器

热电偶是一种自发电式传感器，是能够将温度信号直接转化成为电信号输出的热电式传感器。它是目前接触式温度传感器中应用最广的一种，在工业应用中占有极其重要的地位。

热电偶的结构组成及其常见类型：

（1）热电偶传感器的组成：主要由热电极、绝缘管、保护套管和接线盒四大部分组成。热电极是组成热电偶的两个热偶丝，是热电偶的感温元件，由两种不同材料的金属材料焊接而成，如图 5-3 所示。

（a）热电偶回路　（b）热电偶示意图　（c）热电偶电路图

1—热电偶；2—连接导线；3—显示仪表。

图 5-3　热电偶传感器原理图

（2）根据热电偶的结构形式不同，可以分为普通型热电偶、铠装热电偶、薄膜热电偶和表面热电偶。

普通型热电偶：一般做成棒状结构，主要用于测量容器或者管道内的气体、蒸汽、液体等温度。

铠装热电偶：将热电极、绝缘材料、保护套管组合在一起拉制而成，由于体积小、动态响应快、热容量小、挠度好，柔性大，可以弯成各种形状，适用于结构复杂的对象，可以做的很细很长。

薄膜热电偶：是由厚度为 0.01 ~ 0.1 mm 的两种金属薄膜连接在一起的特殊结构的热电偶。由于其热容量小，动态响应快，所以适用于动态测量、瞬时变化的温度测量。

表面热电偶：主要用来测量金属块、炉壁、橡胶筒、涡轮叶片、轧辊等固体表面的温度。

（3）热电偶测温原理。将两种不同的金属材料 A 和 B 焊接在一起组成一个闭合回路，如果将其中一端焊接点进行加热，温度为 T，另一端温度为 T_0，则在回路中有电流产生。此现象称为热电效应，产生的电动势叫作热电势。温度高的结点称为测量端（也叫工作端或热端），而温度低的结点叫作参考端（也叫作自由端或冷端）。

热电势

- 接触电动势：在不同金属中自由电子密度不同，因此两种材料在接触时，金属中自由电子密度大的就会向密度低的一方进行扩散。失电子而带正电荷，得电子而带负电荷，由于正负电荷的存在，在接触处就会产生电场
- 温差电动势：同种材料，当其两端温度不同时，两端的自由电子密度也不同。温度高的，自由电子动能也大，就会向温度低的一端进行扩散，高温一端失电子而带正电荷，温度低的一端得电子而带负电荷，产生电场

注意：因为在金属中自由电子数目很多，以致温度不能显著地改变它的自由电子浓度，所以在同一种金属内产生的温差电动势极小，因此可以将其忽略。

（4）中间导体定律。在热电偶中插入第三种材料（也称为补偿导线），只要插入的材料两端的温度相等，对热电偶的总热电势就没有影响。这一特性，不但可以允许在其回路中接入电气测量仪表，而且也允许采用任意焊接方法来焊接热电偶，如图 5-3 中图（c）所示。在使用热电偶补偿导线时应该注意：型号要匹配，极性不能接错，补偿导线与热电偶连接端的温度不能超过 100 °C。

（5）冷端温度补偿。我国将热电偶根据材料的不同分成若干个分度号，如常用的有 K（镍铬-镍硅或镍铝）、B（铂铑 30-铂铑 6）、E（镍铬-铜镍）等，并且有相应的分度号进行查阅。

热电偶的冷端温度补偿常用方法有恒零法、计算修正法、冷端温度电桥补偿法、集成冷端补偿芯片等。

① 恒零法。

就是保持冷端温度恒为 0 °C 的方法，将热电偶的冷端置于装有冰水混合物的恒温容器中，它消除了冷端温度不为零而引入的误差，此方法多用于实验室中。

② 计算修正法。

在实际应用中，冷端温度往往不为 0 °C，而是某一温度 T_1，就会引起测量误差，因此，要对冷端进行修正。例如，某一设备的实际温度为 t，其冷端温度为 t_1，这时测得的热电势为 $E(t, t_1)$。为求得实际温度，可利用下式进行修正：

$$E(t, 0)= E(t, t_1)+ E(t_1, 0)$$

由此可知，冷端温度的修正方法是把测得的热电势 $E(t, t_1)$，再加上热端为室温 t_1，冷端为 0 °C 时的热电偶的热电势 $E(t_1, 0)$，才能得到实际温度下的热电势 $E(t, 0)$。

③ 冷端温度电桥补偿法。

用电桥在温度变化时的不平衡电压（补偿电压）去消除冷端温度变化对热电偶热电势的影响，这种装置称为冷端温度补偿器。

④ 集成冷端补偿芯片。

现在采用专用的集成电路实现温度的冷端补偿，可以提高补偿精度，其使用方法也比桥式补偿方法简单方便。

5.2.2　集成数字温度传感器及应用

1. DS18B20 简介

数字化温度传感器 DS1820 是 DALLAS 半导体公司的产品，也是世界上第一片支持“一线总线”接口的温度传感器，它体积更小、适用电压更宽。DS18B20 可以程序设定 9 ~ 12 位的分辨率，精度为±0.5 °C。测量温度范围为−55 ~ +125 °C。

每一个 DS18B20 有唯一的系列号（silicon serial number），因此多个 DS18B20 可以存在于同一条单线总线上，允许在许多地方放置温度灵敏器件，如图 5-4 所示。

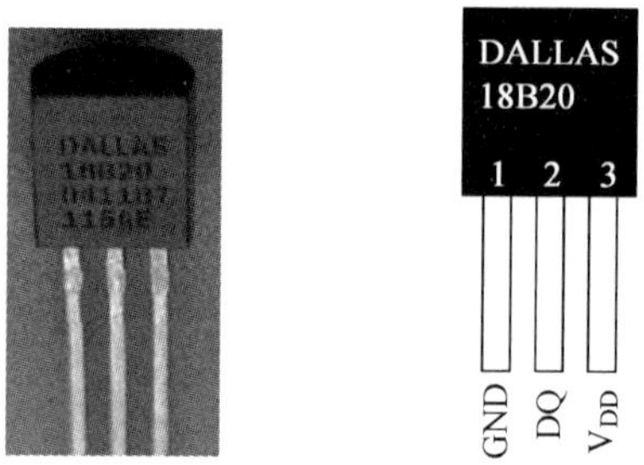

（a）实物图　　（b）引脚图

图 5-4　数字化温度传感器 DS18B20

2. 应用范围

（1）该产品适用于冷冻库、粮仓、储罐、电信机房、电力机房、电缆线槽等测温和控制领域。

（2）轴瓦、缸体、纺机、空调等狭小空间工业设备测温和控制。

（3）汽车空调、冰箱、冷柜以及中低温干燥箱等。

（4）供热/制冷管道热量计量，中央空调分户热能计量和工业领域测温与控制。

3. DS18B20 的工作过程及时序

DS18B20 工作过程中的协议如下：

初始化、ROM 操作命令、存储器操作命令、数据处理。

（1）初始化。

单总线上的所有处理均从初始化开始。

（2）ROM 操作命令。

总线主机检测 DS18B20 的存在，便可以发出 ROM 操作命令，这些命令如下：

指令	操作代码
Read ROM（读 ROM）	[0X33]
Match ROM（匹配 ROM）	[0X55]
Skip ROM（跳过 ROM）	[0XCC]

Search ROM（搜索 ROM） [0XF0]

Alarm search（告警搜索） [0XCE]

（3）存储器操作指令。

指令	操作代码
Write Scratchpad（写暂存存储器）	[0X4E]
Read Scratchpad（读暂存存储器）	[0XBE]
Copy Scratchpad（复制暂存存储器）	[0X48]
Convert Temperature（温度转换）	[0X44]
Recall EPROM（重新调用）	[0XB8]
Read Power supply（读电源）	[0XB4]

（4）时序。

主机使用时间间隙（time slots）来读写 DS18B20 的数据位和写命令字的位。

① 初始化。

初始化时序，如图 5-5 所示。

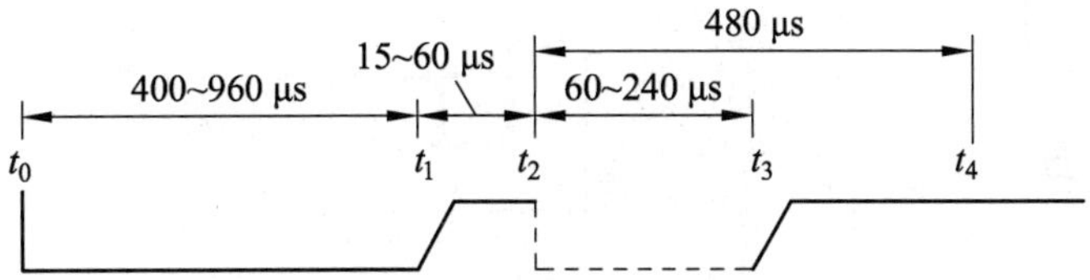

图 5-5 DS18B20 初始化时序

② 读一个字节的时序，如图 5-6 所示。

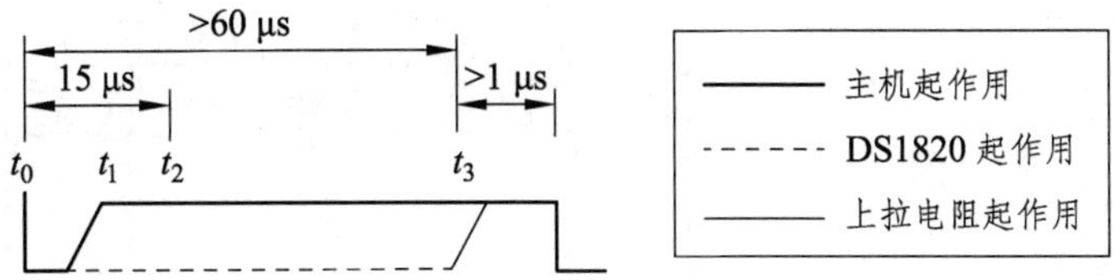

图 5-6 DS18B20 读一个字节的时序图

③ 写一个字节的时序，如图 5-7 所示。

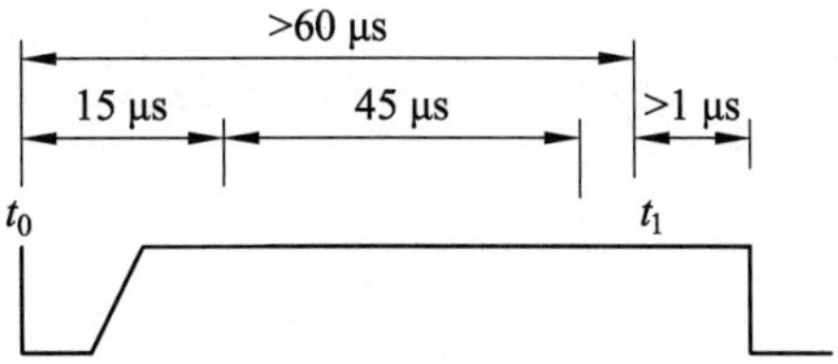

图 5-7 DS18B20 写一个字节的时序图

4. DS18B20 的温度采集应用

（1）硬件电路设计。

① 电路原理图，如图 5-8 所示。

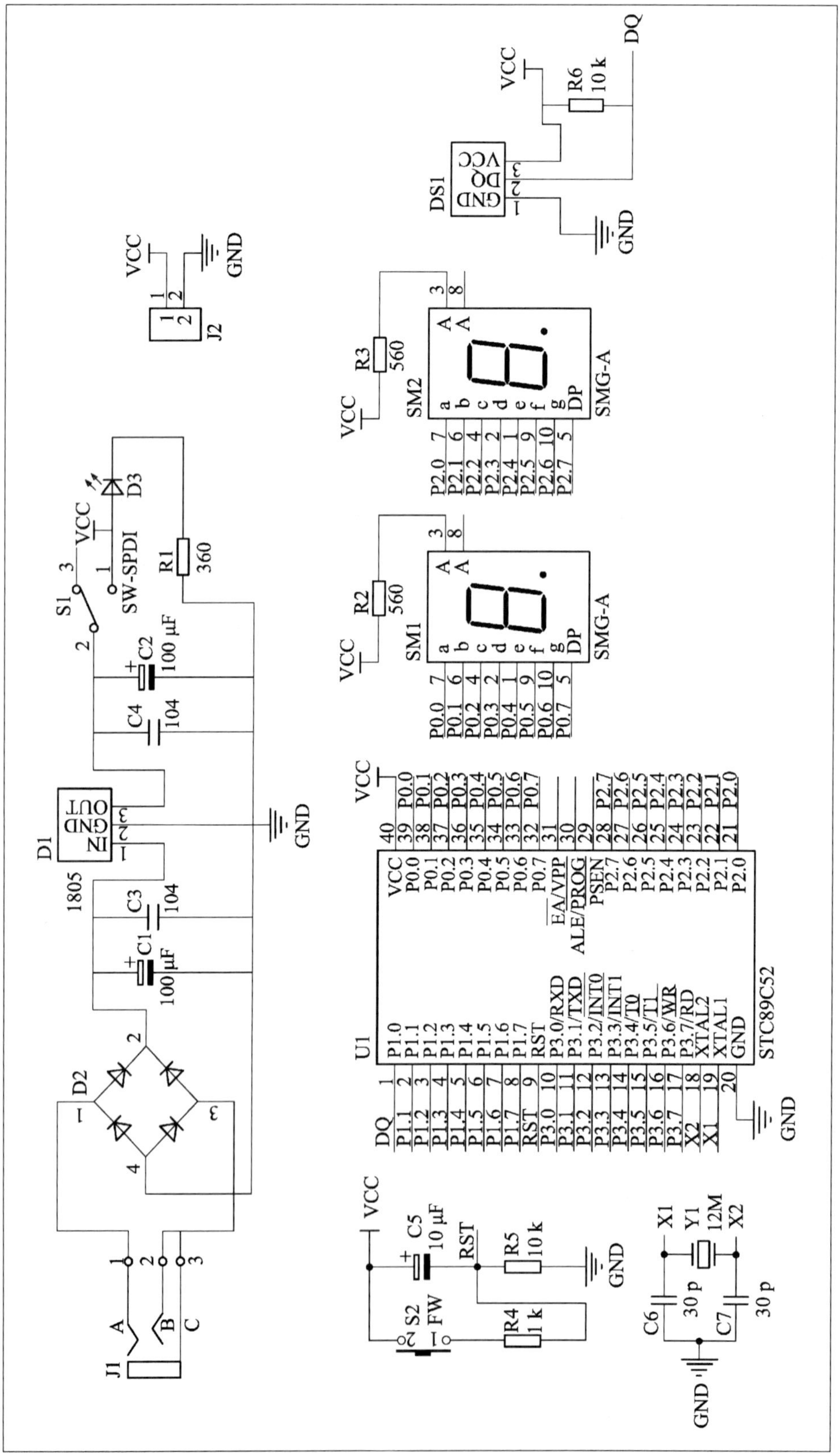
J1
D2
1805
D1
C1
C2
C3
C4
S1
SW-SPDI
D3
R1
360
J2
VCC
GND
C5
10 μF
S2
FW
R4
1 k
R5
10 k
RST
X1
X2
Y1
12M
C6
C7
30 p
DQ
U1
STC89C52
SM1
SM2
SMG-A
R2
R3
560
DS1
R6

图 5-8　电路原理图

② 硬件实物图，如图 5-9 所示。

图 5-9　电子温度计实物图

③ 元件清单，如表 5-2 所示。

表 5-2　电子温度计元件清单

<table>
<tr><th colspan="2">模块名称</th><th>电子元件名称</th><th>规格</th><th>数量</th></tr>
<tr><td colspan="2" rowspan="8">电源模块</td><td>9 V 电源座</td><td>3.5 座</td><td>1</td></tr>
<tr><td>电源开关</td><td>3 脚（拨动开关）</td><td>1</td></tr>
<tr><td>硅桥</td><td>2A 圆形</td><td>1</td></tr>
<tr><td>稳压管</td><td>7805</td><td>1</td></tr>
<tr><td>发光二极管</td><td>红色</td><td>1</td></tr>
<tr><td>电阻</td><td>560 Ω</td><td>1</td></tr>
<tr><td rowspan="2">电容</td><td>100 μF/25 V</td><td>2</td></tr>
<tr><td>104</td><td>2</td></tr>
<tr><td rowspan="5">最小系统</td><td rowspan="3">基本部件</td><td>单片机</td><td>STC89C52RC</td><td>1</td></tr>
<tr><td>万用板</td><td>46X58（孔）</td><td>1</td></tr>
<tr><td>单片机底座</td><td>DIP-40</td><td>1</td></tr>
<tr><td rowspan="2">时钟电路</td><td>晶振</td><td>12 MHz</td><td>1</td></tr>
<tr><td>电容</td><td>30 pF</td><td>2</td></tr>
</table>

续表

模块名称		电子元件名称	规格	数量
最小系统	复位	按键	短柄	1
		电阻	1 kΩ	1
			10 kΩ	1
		电容	10 μF/25 V	1
数码管显示		数码管	共阳极	2
		电阻	560 Ω	2
数据采集		传感器	DS18B20	1
		电阻	10 kΩ	1

（2）软件设计。

① 主程序流程图，如图 5-10 所示。

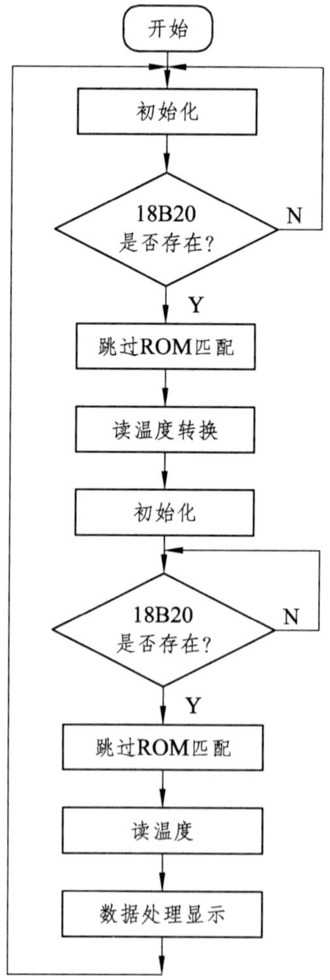

图 5-10　主程序流程图

② 程序代码：

```
#include<reg52.h>//单片机头文件，包含特殊功能寄存器的定义
#define uchar unsigned char   //宏定义
#define uint   unsigned int   //宏定义
/**************************************************************************/
/*                        定义端口                                        */
/**************************************************************************/
sbit DQ=P1^0;   //ds18b20 端口
/**************************************************************************/
/*                        全局变量                                        */
/**************************************************************************/
uint temp;
uchar shi,ge;
uchar code tab[]={0xC0,0xF9,0xA4,0xB0,0x99,0x92,0x82,0xF8,0x80,0x90};
                                                    //7 段数码管段码表共阳
/**************************************************************************/
/*                        函数声明                                        */
/**************************************************************************/
unsigned int ReadWD(void);            //读温度函数
void csh(void);                       //初始化函数
unsigned char ReadOneChar(void);      //读一个字节
void WriteOneChar(uchar dat);         //写一个字节
void delay(uint i);                   //延时函数
void xs(uchar shi,uchar ge);          //显示函数
/**************************************************************************/
/*                      主函数                                            */
/**************************************************************************/
main()
{
unsigned char TempH;
while(1)
    {
    temp=ReadWD();            //定时读取当前温度
    TempH=temp>>4;            //右移四位，移除小数部分
    shi=TempH%100/10;         //十位温度
    ge=TempH%100%10;   //个位温度
    xs(shi,ge);               //调用显示函数
    }
}
```

```
/***********************************************************************/
/*                          显示函数                                    */
/***********************************************************************/
void xs(uchar shi,uchar ge) //用于显示温度
{
    P0=tab[shi];
    P2=tab[ge];
}
/***********************************************************************/
/*                          延时函数                                    */
/***********************************************************************/
void delay(unsigned int i)//延时函数
{
 while(i--);
}
/***********************************************************************/
/*                          初始化                                      */
/***********************************************************************/
void csh(void)
{
 unsigned char x=0;
 DQ = 1;      //DQ 复位
 delay(8);    //稍做延时
 DQ = 0;      //单片机将 DQ 拉低
 delay(80);   //精确延时大于 480 μs
 DQ = 1;      //拉高总线
 delay(10);
 x=DQ;        //稍做延时后，如果 x=0 则初始化成功，x=1 则初始化失败
 delay(5);
}

/***********************************************************************/
/*                          读一个字节                                  */
/***********************************************************************/
unsigned char ReadOneChar(void)
{
unsigned char i=0;
unsigned char dat = 0;
for (i=8;i>0;i--)       //循环八次读一个字节
```

```
  {
   DQ = 0; // 给脉冲信号
   dat>>=1;
   DQ = 1; // 给脉冲信号
   if(DQ)
     dat|=0x80;
   delay(5);
  }
 return(dat);        //返回一个字节
}
/******************************************************************************/
/*                    写一个字节                                              */
/******************************************************************************/
void WriteOneChar(unsigned char dat)
{
 unsigned char i=0;
 for (i=8;i>0;i--)
  {
   DQ = 0;
   DQ = dat&0x01;
   delay(5);
   DQ = 1;
   dat>>=1;
  }
delay(5);
}
/******************************************************************************/
/*                          读取温度                                          */
/******************************************************************************/
unsigned int ReadWD(void)
{
unsigned char a=0;
unsigned int b=0;
unsigned int t=0;
csh();                      //调用初始化
WriteOneChar(0xCC);   //跳过读序列号的操作
WriteOneChar(0x44);   //启动温度转换
delay(200);                //调用延时函数
csh();                     //调用初始化
```

```
WriteOneChar(0xCC); //跳过读序列号的操作
WriteOneChar(0xBE); //读取温度寄存器等（共可读 9 个寄存器），前两个就是温度
a=ReadOneChar();     //低位
b=ReadOneChar();     //高位
b<<=8;
t=a+b;
return(t);                  //返回温度值
}

//end
```

5.3 湿度传感器与应用

5.3.1 传统的湿度传感器及应用

随着时代的发展，科研、农业、暖通、纺织、机房、航空航天、电力等工业部门对产品质量的要求越来越高，越来越需要采用湿度传感器，对环境温、湿度的控制以及对工业材料水分值的监测与分析都已成为比较普遍的技术条件之一。湿度传感器产品及湿度测量属于 20 世纪 90 年代兴起的行业，如何使用好湿度传感器，如何判断湿度传感器的性能，这对一般用户来讲，仍是一件较为复杂的技术问题。

1. 湿度定义

空气的干湿程度叫作湿度，常用绝对湿度、相对湿度、比较湿度、混合比、饱和差以及露点等物理量来表示。通常空气的温度越高，最大湿度就越大。

1）绝对湿度

绝对湿度是指在一定温度和压力条件下，每单位体积（1 m^3）的混合气体中所含水蒸气的质量（g），单位为 g/m^3，一般用符号 AH 表示。它的极限是饱和状态下的最高湿度，绝对湿度只有与温度联系起来才有意义，因为空气中湿度随温度而变化。其表达式为

$$\rho_v = \frac{p_v M}{RT} \tag{1}$$

式中的 M 为水汽的摩尔质量，R 为理想气体常数，T 为空气的绝对温度。

2）相对湿度

相对湿度是指气体的绝对湿度与同一温度下达到饱和状态的绝对湿度之比，常表示为%RH，亦即

$$\text{相对湿度} = \left(\frac{p_v}{p_W}\right)_T \times 100\%RH \tag{2}$$

式中 p_W 为与待测空气温度 T 同温时水的饱和水气压。由于水汽的饱和气压会随着气温增高而增加，因此相对湿度相同的情况下，气温高时空气中的水汽质量比气温低时大。平时说空气很湿，就是表示空气相对湿度较大。

相对湿度为 100%的空气就是水蒸气饱和的空气。相对湿度同样也要与温度联系起来才有

意义。通过相对湿度和温度也可以换算出表示温度的其他参数。相对湿度给出大气的潮湿程度，它是一个无量纲的量，在实际使用中多使用相对湿度这一概念。

2. 湿度传感器定义

能感受气体中水蒸气含量，并转换成可用输出信号的传感器，即湿度传感器。湿敏元件是最简单的湿度传感器。湿敏元件主要有电阻式、电容式两大类。

湿敏电阻的特点是在基片上覆盖一层用感湿材料制成的膜，当空气中的水蒸气吸附在感湿膜上时，元件的电阻率和电阻值都发生变化，利用这一特性即可测量湿度。

3. 常见的湿度传感器

湿敏电阻的种类很多，例如金属氧化特湿敏电阻、硅湿敏电阻、半导体陶瓷湿敏电阻等。湿敏电阻的优点是灵敏度高，主要缺点是线性度和产品的互换性差。

1）电解质湿敏传感器

电解质湿敏传感器利用潮解性盐类受潮后电阻发生变化制成的湿敏元件。最常用的是电解质氯化锂（LiCl）。20 世纪 70 年代研制成功玻璃基板含浸式湿敏元件，采用两种不同浓度的氯化锂水溶液浸泡多孔无碱玻璃基板，可制成测湿范围为相对湿度 20% ~ 80%的元件。

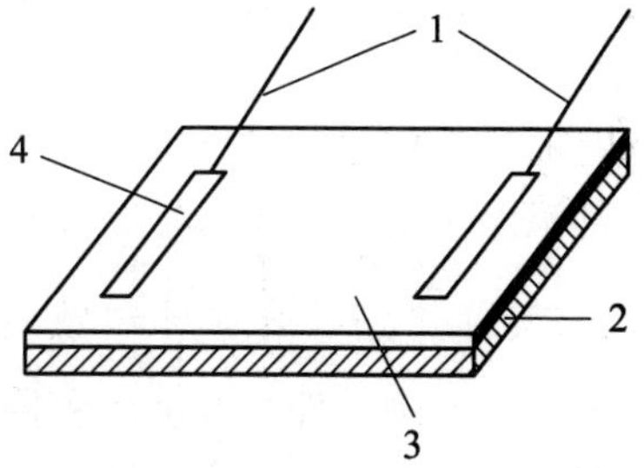

1—引线；2—基片；3—感湿层；4—金电极。

图 5-11　氯化锂湿敏电阻原理图

氯化锂湿敏电阻，如图 5-11 所示。

2）半导体陶瓷湿度传感器

如 $MgCr_2O_4$-TiO_2 湿敏传感器. 它们主要利用陶瓷烧结体微结晶表面在吸湿和脱湿过程中电极之间电阻的变化来检测相对湿度。

下面以 $MgCr_2O_4$-TiO_2 为例说明其典型结构。如图 5-12 所示，在 $MgCr_2O_4$-TiO_2 陶瓷片的两面，设置高金电极，并用掺金玻璃粉将引出线与金电极烧结在一起。在半导体陶瓷片的外面，安放一个由镍铅丝烧制而成的加热清洗圈，对元件经常进行加热清洗，排除有害气氛对元件的污染。元件安放在一种高度致密的、疏水性的陶瓷底片上。为消除底座上测量电极之间由于吸温和污染而引起漏电，在电极的四周设置金短路环。

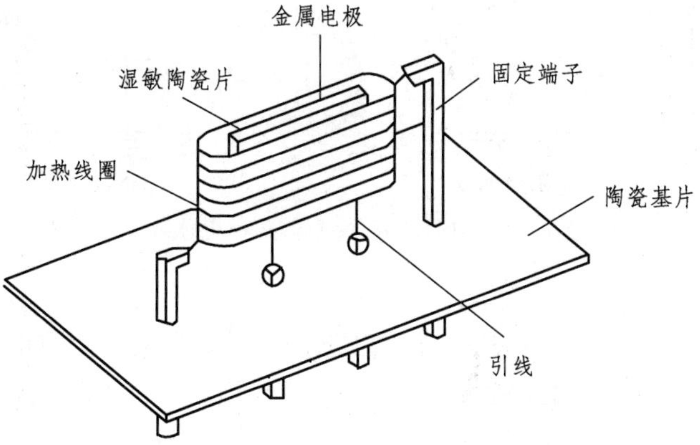

图 5-12　半导体陶瓷湿度传感器

3）高分子材料湿敏传感器

利用有机高分子材料的吸湿性能与膨润性能制成的湿敏元件即高分子材料湿敏传感器。吸湿后，介电常数发生明显变化的高分子电介质，可做成电容式湿敏元件；吸湿后电阻值改变的高分子材料，可做成电阻变化式湿敏元件。常用的高分子材料是醋酸纤维素、尼龙和硝酸纤维素等。高分子湿敏元件的薄膜做得极薄，一般约 5000 埃，使元件易于很快的吸湿与脱湿，减少了滞后误差，响应速度快。这种湿敏元件的缺点是不宜用于含有机溶媒气体的环境，元件也不能耐 80 °C 以上的高温。

4. 湿度传感器使用时应注意的问题

湿度传感器是非密封性的，为保护测量的准确度和稳定性，应尽量避免在酸性、碱性及含有机溶剂的气氛中使用，也避免在粉尘较大的环境中使用。为正确反映欲测空间的湿度，还应避免将传感器安放在离墙壁太近或空气不流通的死角处。如果被测的房间太大，就应放置多个传感器。

有的湿度传感器对供电电源要求比较高，否则将影响测量精度，或者传感器之间相互干扰，甚至无法工作。使用时应根据要求提供合适的、符合精度要求的供电电源。

5. 湿度传感器的发展趋势

近年来，国内外在湿度传感器研发领域取得了长足进步。湿敏传感器正从简单的湿敏元件向集成化、智能化、多参数检测的方向迅速发展，为开发新一代湿度/温度测控系统创造了有利条件，也将湿度测量技术提高到新的水平。

6. 电阻式湿度传感器应用电路

电阻式湿度传感器应用电路，如图 5-13 所示。

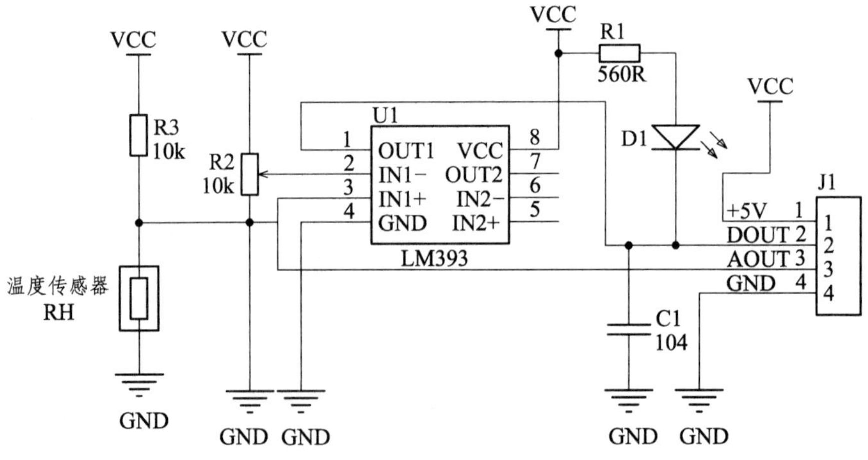

图 5-13 湿度传感器应用电路

7. 电阻式湿度传感器应用实例

如图 5-14 所示为一种汽车后玻璃自动去湿控制电路，其目的是防止驾驶室的挡风玻璃结霜或结露，保证驾驶员视线清楚，避免事故发生。该电路也可以用在其他需要去湿的场合。

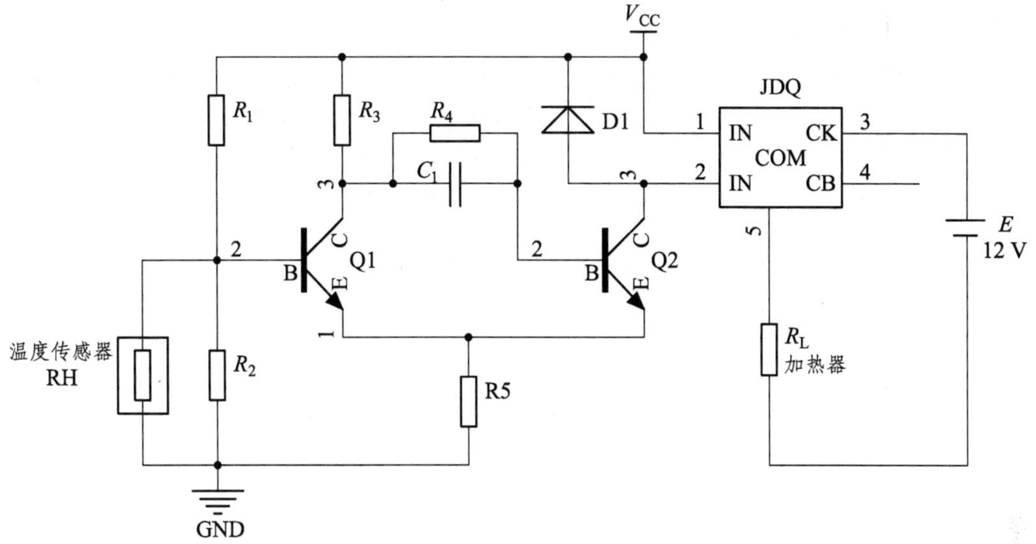

图 5-14　汽车后玻璃自动去湿控制电路

5.3.2　集成数字温湿度传感器及应用

1. DHT11 产品介绍

1）DHT11 产品概述

DHT11 数字温湿度传感器是一款含有已校准数字信号输出的温湿度复合传感器，如图 5-15 所示。它应用专用的数字模块采集技术和温湿度传感技术，确保产品具有极高的可靠性与卓越的长期稳定性。传感器包括一个电阻式感湿元件和一个具有负温度系数（NTC）的测温元件，并与一个高性能 8 位单片机相连接。

图 5-15　DHT11 实物图

2）DHT11 应用领域

▶暖通空调　　▶测试及检测设备
▶汽车　　▶数据记录器
▶消费品　　▶自动控制
▶气象站　　▶家电
▶湿度调节器　　▶医疗
▶除湿器

2. 数字温湿度计硬件设计要求

（1）采用数字单总线温湿度传感器-DHT11。

实现实时检测当前温度、湿度并在数码管上显示。

（2）显示采用四位动态数码管：

① 利用四位动态数码管显示，前两位显示温度、后两位显示湿度。

② 设计动态数码管驱动电路。

（3）微控制器采用国内先进的 51 单片机 STC89C52RC：

设计简单的单片机最小系统。

3. DHT11 典型应用电路

DHT11 典型应用电路，如图 5-16 所示。

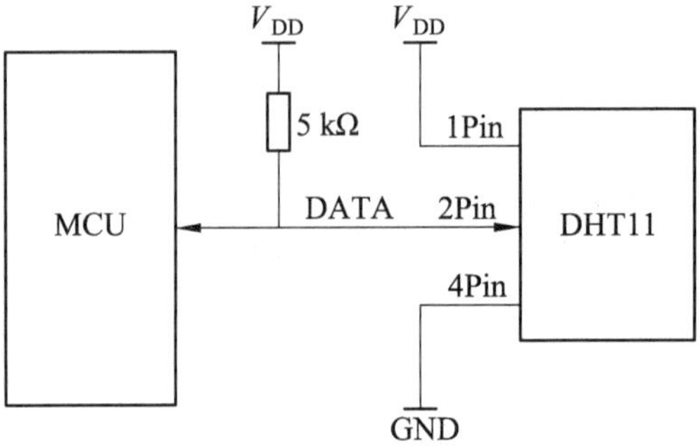

图 5-16　DHT11 典型应用电路

4. 数字温湿度计硬件实物图

数字温湿度计硬件实物图，如图 5-17 所示。（注：前两位表示温度 21 °C，后两位表示相对湿度为 26%。）

图 5-17　数字温湿度计硬件实物图

5. 数字温湿度计元件列表

数字温湿度计元件列表，如表 5-3 所示。

表 5-3　数字温湿度计模块元件清单

模块名称		电子元件名称	规格	数量
电源模块		电池	9 V	1
		9 V 电池盒		1
		稳压管	7805	1
		电容	104	2
		波动开关	三脚	1
		电阻	560	1
		发光二极管	普（红）	1
		杜邦头	两孔	1
最小系统	基本部件	单片机	STC89C52RC	1
		万用板	46X58/pcb	1
		单片机底座	DIP-40	1
	时钟电路	晶振	12 MHz	1
		电容	30 pF	2
	复位	按键	短柄	1
		电阻	1 kΩ	1
			10 kΩ	1
		电容	10 μF/25 V	1
数码管显示		数码管	四位共阳极	1
		三极管	9012	4
		电阻	1 kΩ	4
温度采集		传感器	DHT11	1
		电阻	5 kΩ	1

6. 程序代码

```
//DHT11 温湿度传感器，并在数码管上显示
#include <reg51.h>
#include <intrins.h>
typedef unsigned char U8;
typedef unsigned int U16;
U8 code table[]={0xc0,0xf9,0xa4,0xb0,
        0x99,0x92,0x82,0xf8,
        0x80,0x90,0x88,0x83,
        0xc6,0xa1};
sbit DH = P1^1 ;//数字温湿度传感器端口
```

```
U8 U8FLAG,U8temp;
U8 shidu_shi,shidu_ge,wendu_shi,wendu_ge;
U8 U8T_data_H,U8T_data_L,U8RH_data_H,U8RH_data_L,U8checkdata;
U8 U8T_data_H_temp,U8T_data_L_temp,U8RH_data_H_temp,U8RH_data_L_temp,U8check
data_temp;
U8 U8comdata;
void Delay(U16 z)
{
U8 x,y;
for(x=z;x>0;x--)
    for(y=110;y>0;y--);
}
void Delay_10us(void)
    {
      U8 i;
      i--;
      i--;
      i--;
      i--;
      i--;
      i--;
    }

void COM(void)
{
    U8 i;
    for(i=0;i<8;i++)
    {

      U8FLAG=2;
      while((!DH)&&U8FLAG++);
    Delay_10us();
      Delay_10us();
      Delay_10us();
   U8temp=0;
      if(DH)U8temp=1;
      U8FLAG=2;
    while((DH)&&U8FLAG++);
      if(U8FLAG==1)break;
```

```
        U8comdata<<=1;
        U8comdata|=U8temp;
        }
}
void display(U8 shidu_shi,U8 shidu_ge,U8 wendu_shi,U8 wendu_ge)
{
P2=0xff;
P2=0xf7;
P0=table[shidu_shi];
Delay(6);
P2=0xff;
P2=0xfb;
P0=table[shidu_ge];
Delay(6);
P2=0xff;
P2=0xfd;
P0=table[wendu_shi];
Delay(6);
P2=0xff;
P2=0xfe;
P0=table[wendu_ge];
Delay(6);
}
void RH(void)
{

        DH=0;
       Delay(34);
       DH=1;
       Delay_10us();
       Delay_10us();
       Delay_10us();
       Delay_10us();
       DH=1;
        if(!DH)
        {
         U8FLAG=2;
         while((!DH)&&U8FLAG++);
         U8FLAG=2;
```

```
            while((DH)&&U8FLAG++);
            COM();
            U8RH_data_H_temp=U8comdata;
            COM();
            U8RH_data_L_temp=U8comdata;
            COM();
            U8T_data_H_temp=U8comdata;
            COM();
            U8T_data_L_temp=U8comdata;
            COM();
            U8checkdata_temp=U8comdata;
            DH=1;
            U8temp=(U8T_data_H_temp+U8T_data_L_temp+U8RH_data_H_temp+U8RH_data_
L_temp);
             if(U8temp==U8checkdata_temp)
             {
                U8RH_data_H=U8RH_data_H_temp;
                U8RH_data_L=U8RH_data_L_temp;
                U8T_data_H=U8T_data_H_temp;
                U8T_data_L=U8T_data_L_temp;
                U8checkdata=U8checkdata_temp;
             }
             shidu_shi=U8T_data_H/10;
               shidu_ge=U8T_data_H%10;
               wendu_shi=U8RH_data_H/10;
               wendu_ge=U8RH_data_H%10;
        }
        display(shidu_shi,shidu_ge,wendu_shi,wendu_ge);
    }

    void main()
    {

    while(1)
    {
        RH();
    }

    }

    //end
```

5.4 霍尔传感器与应用

5.4.1 霍尔传感器

霍尔传感器是根据霍尔效应制作的一种磁场检测传感器。霍尔效应是磁电效应的一种，这一现象是霍尔（A.H.Hall，1855—1938）于 1879 年在研究金属的导电机制时发现的。后来发现半导体、导电流体等也有这种效应，而半导体的霍尔效应比金属强得多，利用这现象制成的各种霍尔元件，广泛地应用于工业自动化技术、检测技术及信息处理等方面。霍尔效应是研究半导体材料性能的基本方法。

1. 霍尔效应

将半导体薄片置于磁感应强度为 B 的磁场中，磁场方向垂直于薄片，当有电流 I 流过薄片时，在垂直于电流和磁场的方向上将产生电动势 E，这种现象被称为霍尔效应。作用在半导体薄片上的磁场强度 H 越强，霍尔电动势也就越高。如图 5-18 所示。

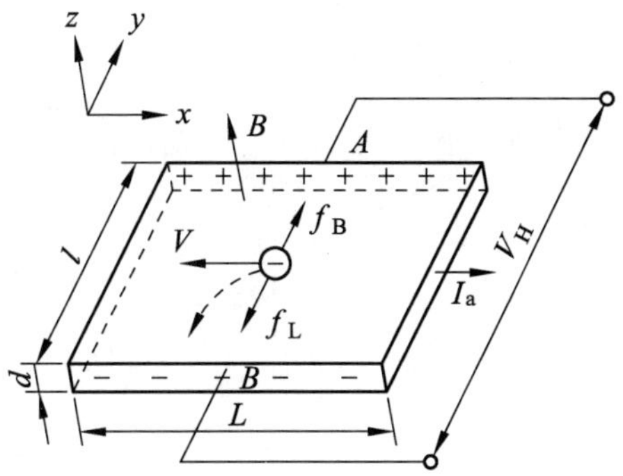

图 5-18 霍尔效应的原理图

根据霍尔效应，人们把用半导体材料制成的元件叫霍尔元件。它是一种半导体四端薄片，具有对磁场敏感、结构简单、体积小、频率响应宽、输出电压变化大和使用寿命长等优点，因此，在测量、自动化、计算机和信息技术等领域得到了广泛的应用。

2. 集成霍尔传感器分类

1）线性型霍尔传感器

线性型霍尔传感器由霍尔元件、线性放大器和射极跟随器组成，它输出模拟量。

2）开关型霍尔传感器

开关型霍尔传感器由稳压器、霍尔元件、差分放大器、施密特触发器和输出级组成，它输出数字量。

5.4.2 集成霍尔传感器及应用

1. A3144 开关型霍尔传感器的简介

在现代化生产过程控制中，经常需要确定设备的位置。开关型霍尔传感器是无触点的，在开关状态时无火花，不产生干扰，使用寿命长，灵敏度高，有着广泛的应用领域。

霍尔传感器 A3144 是 Aleg MicroSystems 公司生产的宽温、开关型霍尔效应传感器，其工作温度范围可达-40 ~ 150 °C，如图 5-19 所示。它由电压调整电路、反相电源保护电路、霍尔元件、温度补偿电路、微信号放大器、施密特触发器和 OC 门输出级构成，通过使用上拉电路可以将其输出接入 CMOS 逻辑电路。内部结构如图 5-20 所示，磁电转换输出特性曲线如图 5-21 所示。

图 5-19 霍尔 A3144

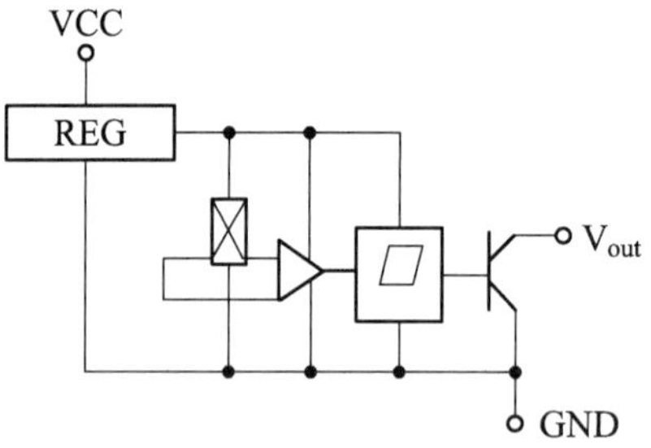

图 5-20 霍尔 A3144 内部结构

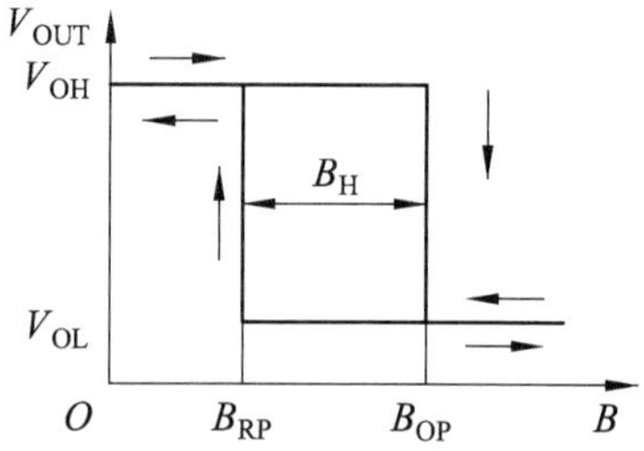

图 5-21 磁电转换输出特性曲线

2. A3144 开关型霍尔传感器的特点

该芯片具有体积小、灵敏度高、响应速度快、温度性能好、精确度高、可靠性高、稳定性好、灵敏度高等特点。

3. 典型应用

- 无触点开关；
- 汽车点火器；
- 刹车电路；
- 位置、转速检测与控制；
- 安全报警装置；
- 纺织控制系统。

4. 霍尔传感器测速应用图

如图 5-22 所示为金属转体在表面存在缺口或突起，就会使磁感应强度产生变化脉冲，从而引起霍尔电动势的变化，产生转速信号。图 5-23 为测速电路原理图。

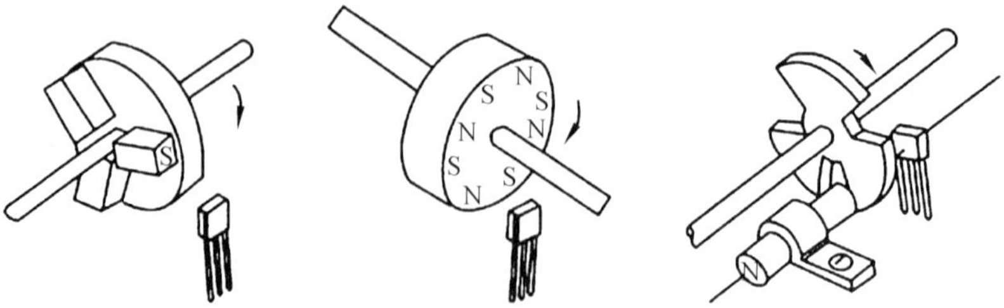

图 5-22 霍尔传感器测速工作原理

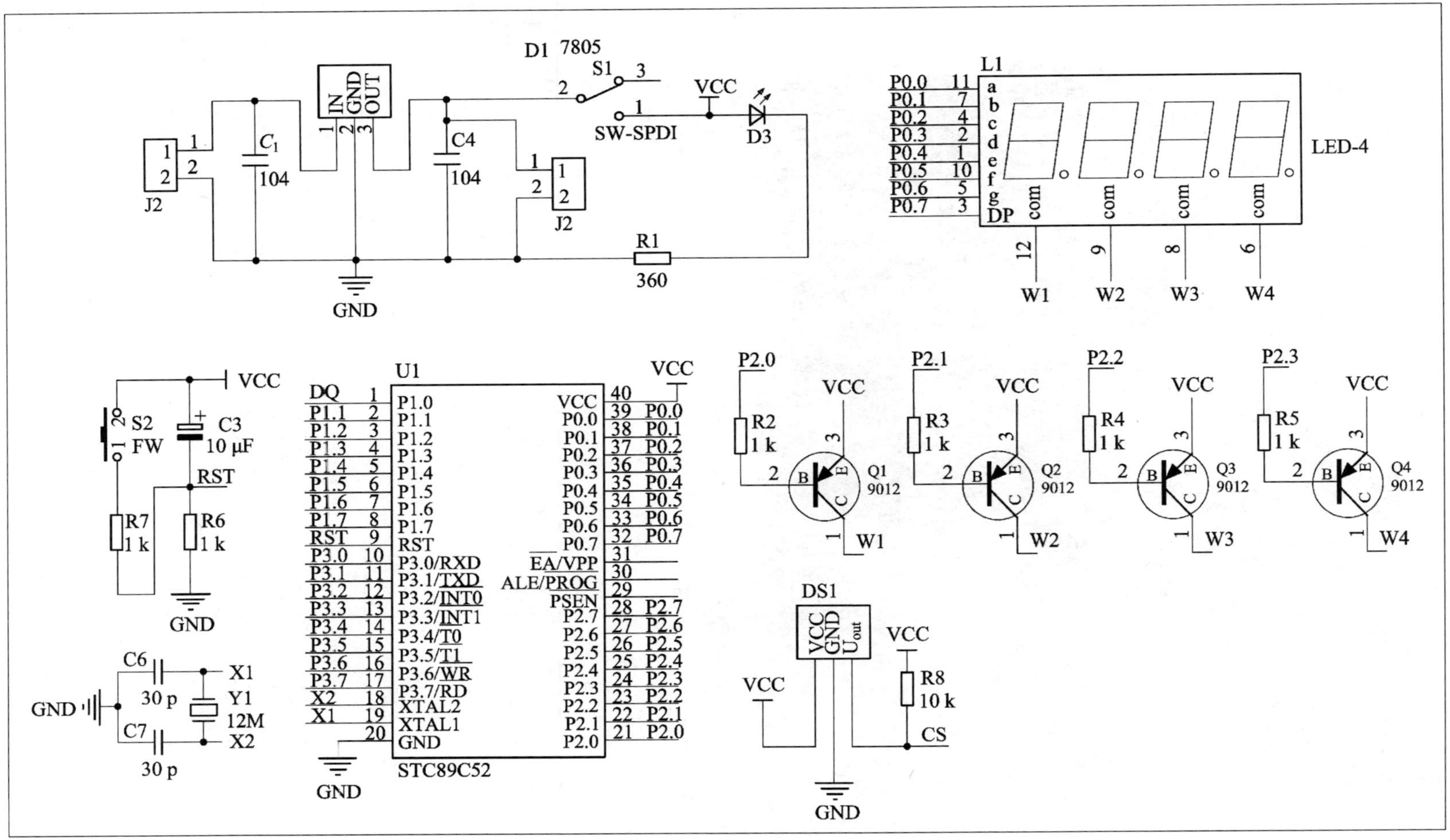

图 5-23　测速电路原理图

5. 实物电路

霍尔传感器测速电路实物，如图 5-24 所示。

图 5-24　霍尔传感器测速电路实物

6. 霍尔传感器测速模块元件

霍尔传感器测速模块元件列表，如表 5-4 所示。

表 5-4　霍尔传感器测速电路模块元件清单

模块名称		电子元件名称	规格	数量
电源模块		电池	9 V	1
		9 V 电池盒		1
		稳压管	7805	1
		电容	104	2
		波动开关	三脚	1
		电阻	560 Ω	1
		发光二极管	普（红）	1
		杜邦头	两孔	1
最小系统	基本部件	单片机	STC89C52RC	1
		万用板	46X58/pcb	1
		单片机底座	DIP-40	1

续表

模块名称		电子元件名称	规格	数量
最小系统	时钟电路	晶振	12 MHz	1
		电容	30 pF	2
	复位	按键	短柄	1
		电阻	1 kΩ	1
			10 kΩ	1
		电容	10 μF/25 V	1
数码管显示		数码管	四位共阳极	1
		三极管	9012	4
		电阻	1 kΩ	4
速度数据采集		传感器	霍尔 A3144	1
		磁体		1
		电阻	10 kΩ	1

7. 参考测速程序

```
#include<reg52.h>       //头文件
sbit her=P1^0;          //霍尔传感器信号输入端定义
int num=0,qian,bai,shi,ge,i,t=0;     //变量定义
char code table[]={
0xc0,0xf9,0xa4,0xb0,0x99,0x92,0x82,
0xf8,0x80,0x90,0x88,0x83,0xc6,0xa1};      //0-9 的显示码
void delay(int z)                         //延时函数
{
    int x,y;
    for(x=0;x<10;x++)
        for(y=0;y<z;y++);
}

void display(int qian,int bai,int shi,int ge)   //显示函数
{
    P2=0xff;
    P2=0xfe;
    P0=table[qian];
    delay(6);
    P0=0xff;
    P2=0xfd;
```

```
        P0=table[bai];
        delay(6);
        P0=0xff;
        P2=0xfb;
        P0=table[shi];
        delay(6);
        P0=0xff;
        P2=0xf7;
        P0=table[ge];
        delay(6);
        P0=0xff;
}
void main()                                  //主函数
{
        TMOD=0x01;                           //寄存器赋值，T0 工作在工作方式 1
        TH0=(65536-50000)/256;               //设定 T0 的初值
        TL0=(65536-50000)%256;
        EA=1;                                //开总中断允许
        ET0=1;                               //开外部 T0 允许位
        TR0=1;                               //启动定时器
        while(1)
        {
            if(her==0)          //判断霍尔传感器是否有信号输入
            {
                delay(2);       //调用延时
                if(her==0)      //确定有输入
                {
                while(her==0)
                {
                display(qian,bai,shi,ge);     //调用显示
                }
                if(t<=1200)         //确定定时时间为 1 分钟
                {
                num++;
                }
                if(num==10000)      //最大显示数据为 9999
                    num=0;
                }
            }
```

```
            for(i=0;i<5;i++)
            {
                  qian=num/1000;
                  bai=num%1000/100;
                  shi=num%1000%100/10;
                  ge=num%1000%100%10;
                  display(qian,bai,shi,ge);
            }
      }
}
void exter1() interrupt 1                    //T0 中断服务
{
      TH0=(65536-50000)/256;
      TL0=(65536-50000)%256;
      t++;
}

//end
```

5.5 烟雾传感器与应用

烟雾是比气体分子大得多的微粒悬浮在空气中形成的，和一般的气体分子成分分析不同，必须利用微粒的特点检测。烟雾传感器是以烟雾的有无决定输出信号的传感器，不能定量地进行检测，多用于火灾报警器。

烟雾传感器是通过监测烟雾的浓度来实现火灾防范的，烟雾报警器内部采用离子式烟雾传感。离子式烟雾传感器是一种技术先进、工作稳定可靠的传感器，被广泛运用到各种消防报警系统中，性能远优于气敏电阻类的火灾报警器。

烟雾传感器广泛应用在城市安防、小区、工厂、公司、学校、家庭、仓库、资源、石油、化工、燃气输配等众多领域。如图 5-25 为火灾安防应用的传感器。

图 5-25　火灾安防应用的传感器

5.5.1 烟雾传感器分类

1. 离子式烟雾传感器

离子式烟雾传感器的内外电离室中的电离产生的正负离子，在电场的作用下各自向正负极移动，通常内外电离室中的电流和电压都是稳定的，如果产生烟雾，干扰了带电离子的正常运动，电流电压就会有所改变，于是信号报警器发出无线信号报警，将报警信息向外传递。

2. 光电式烟雾传感器

光电式烟雾传感器内有一个光学迷宫，安装有红外对管，无烟时红外接收管收不到红外发射管发出的红外光，当烟尘进入光学迷宫时，通过折射、反射，接收管接收到红外光，智能报警电路判断是否超过阈值，如果超过发出警报。

光电式烟雾传感器可分为减光式和散射光式，分述如下：

1）减光式光电烟雾探测器

该探测器的检测室内装有发光器件及受光器件。在正常情况下，受光器件接收到发光器件发出的一定光量；而在有烟雾时，发光器件的发射光受到烟雾的遮挡，使受光器件接收的光量减少，光电流降低，探测器发出报警信号。

2）散射光式光电烟雾探测器

该探测器的检测室内也装有发光器件和受光器件。在正常情况下，受光器件是接收不到发光器件发出的光的，因而不产生光电流。在发生火灾时，当烟雾进入检测室时，由于烟粒子的作用，使发光器件发射的光产生漫射。这种漫射光被受光器件接收，使受光器件的阻抗发生变化，产生光电流，从而实现了烟雾信号转变为电信号的功能，探测器收到信号然后判断是否需要发出报警信号。

3. 气敏式烟雾传感器

气敏传感器是一种检测特定气体的传感器。它主要包括半导体气敏传感器、接触燃烧式气敏传感器和电化学气敏传感器等，其中用的最多的是半导体气敏传感器。它的主要应用有：一氧化碳气体的检测、瓦斯气体的检测、氟利昂（R11、R12）的检测、呼气中乙醇的检测、人体口腔口臭的检测等。

它将气体种类及其与浓度有关的信息转换成电信号，根据这些电信号的强弱就可以获得与待测气体在环境中的存在情况有关的信息，从而可以进行检测、监控、报警；还可以通过接口电路与计算机组成自动检测、控制和报警系统。

其中气敏传感器有以下几种类型：

（1）可燃性气体气敏元件传感器，包含各种烷类和有机蒸气类（VOC）气体，目前大量应用于抽油烟机、泄漏报警器和空气清新机。

（2）一氧化碳气敏元件传感器，可用于工业生产、环保、汽车、家庭等一氧化碳泄漏和不完全燃烧检测报警。

（3）氧传感器。氧传感器应用很广泛，在环保、医疗、冶金、交通等领域需求量很大。

（4）毒性气体传感器，主要用于检测烟气、汽车尾气、废气等环境污染气体。

气敏式烟雾传感器的典型型号有MQ-2气体传感器。如图5-26所示。

图5-26　MQ-2气体传感器

测量还原性的气体的气敏电阻用 SnO_2、ZnO 或 Fe_2O_3 等金属氧化物粉料添加少量铂催化剂、激活剂及其他添加剂，按一定比例烧结而成的半导体器件。烟雾传感器测量转换电路图如图5-27所示。

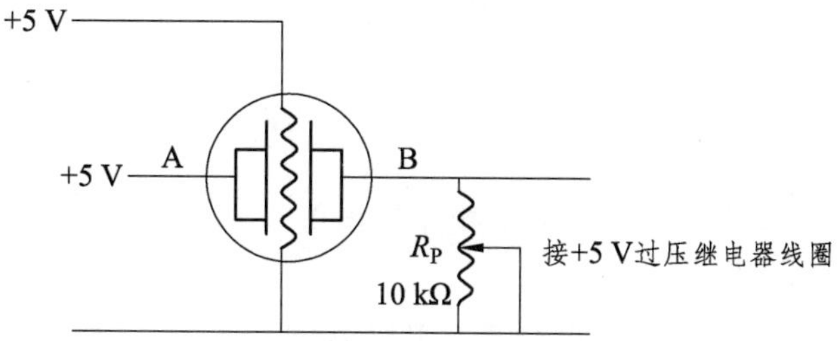

图 5-27　烟雾传感器电路图

烟雾传感器器件是由塑料底座、电极引线、气敏烧结体以及包裹在烧结体中的两组铂丝组成。一组铂丝为工作电极，另一组为加热电极兼工作电极。工作时，气敏电阻必须加热到 200 ~ 300 °C，其目的是加速被测气体的化学吸附和电离的过程。烟雾气敏电阻的主要特性如表 5-5 所示。

表 5-5　烟雾气敏电阻的主要特性

测量回路电压/V	5±0.5
加热回路电压/V	5±0.5
加热电流/mA	160 ~ 180
环境温度/ °C	−10 ~ +50
环境湿度/RH	<0.95

当半导体的表面在高温下遇到离解能较小（易失去电子）的烟雾气体时，气体分子中的电子将向气敏电阻表面转移，使气敏电阻中的自由电子浓度增加，电阻率下降。A-B 间电阻减小，电位器 R_P 滑动端电压升高，还原性气体浓度越高，电阻下降就越多。这样，就把气体的浓度信号转换成电信号，送到+5 V 过电压继电器。

5.5.2　MQ-2 气体传感器应用电路

1. MQ-2 气体传感器介绍

1）特点

① 广泛的探测范围；

② 灵敏度高、响应恢复速度快；

③ 优异的稳定性、寿命长；

④ 简单的驱动电路。

2）应用

适用于家庭或工厂的气体泄漏监测装置，适宜于液化气、丁烷、丙烷、甲烷、酒精、氢气、烟雾等监测装置。

3）注意事项

a. 使用条件：温度−15 ~ 40 °C；相对湿度 20%RH ~ 85%RH；大气压力 80 ~ 106 kPa。

b. 环境温湿度的变化会给元件电阻带来较小影响，可进行湿度补偿。最简便的方法是采用热敏电阻补偿。

c. 避免腐蚀性气体及油污染，长期使用需防止灰尘堵塞防爆不锈钢网。

2. MQ-2 气体传感器

1）模块特点

① 具有信号输出指示。

② 双路信号输出（模拟量输出及 TTL 电平输出）。

③ TTL 输出有效信号为低电平。

④ 模拟量输出 0 ~ 5 V 电压，浓度越高，电压越高。

⑤ 对液化气、天然气、城市煤气有较好的灵敏度。

⑥ 具有长期的使用寿命和可靠的稳定性。

⑦ 快速的响应恢复特性。

2）模块电路

模块电路如图 5-28 所示。

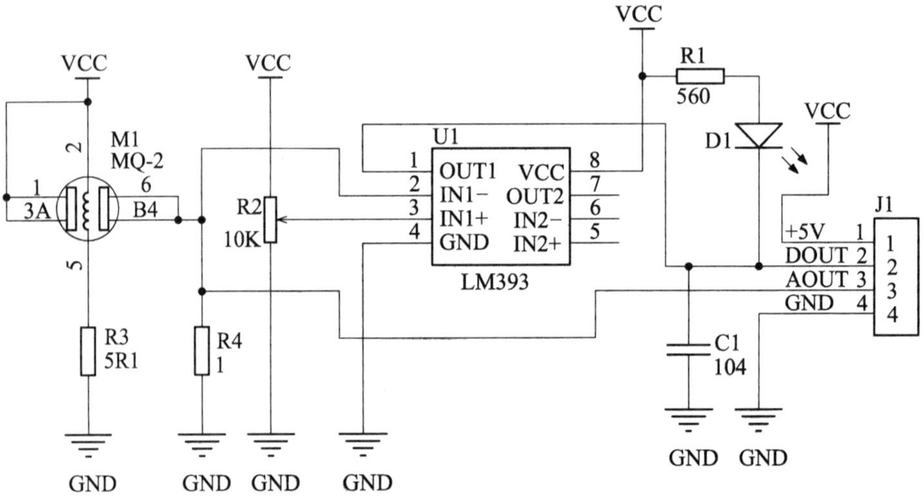

图 5-28 MQ-2 传感器模块电路

3）模块实物

模块实物，如图 5-29 所示。

图 5-29 烟雾传感器模块实物图

3. MQ-2 气体传感器报警电路应用

1）硬件电路设计

（1）单片机与 MQ-2 传感器硬件电路原理图如图 5-30 所示。

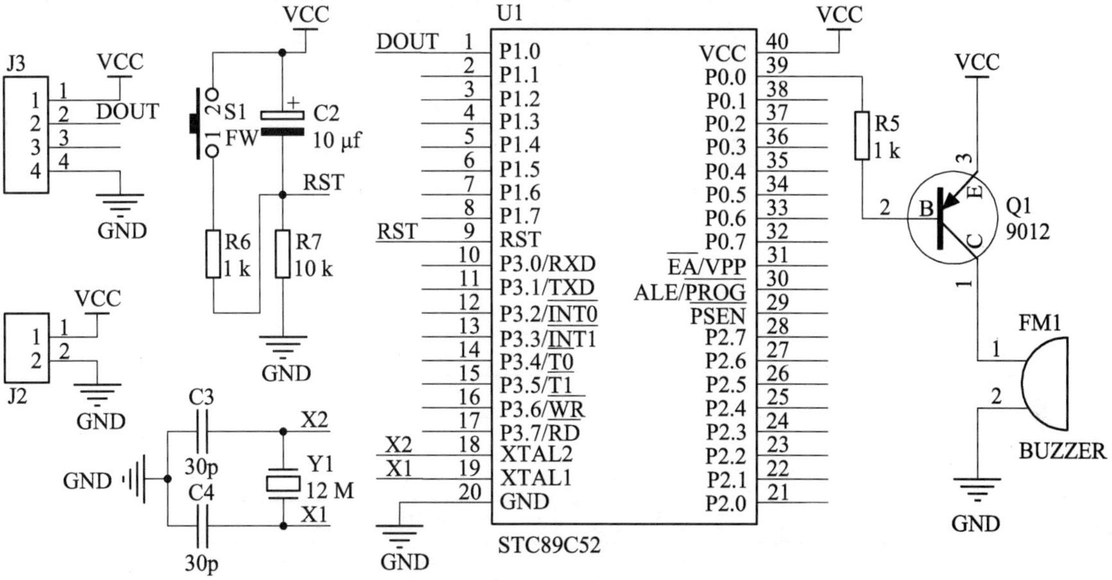

图 5-30　单片机与 MQ-2 传感器硬件电路原理图

（2）硬件实物图，如图 5-31 所示。

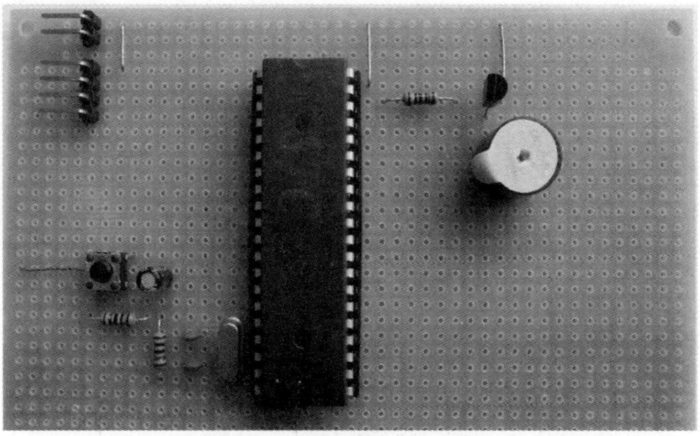

（a）单片机控制电路实物图

（b）整体电路实物图

图 5-31　硬件实物图

（3）元件清单，如表 5-6 所示。

表 5-6　烟雾报警器元件清单

模块名称		电子元件名称	规格	数量
电源模块		排针	弯	1 排
最小系统	基本部件	单片机	STC89C52RC	1
		电路板	万用板	2
		单片机底座	DIP-40	1
	时钟电路	晶振	12 MHz	1
		电容	30 pF	2
	复位	按键	短柄	1
		电阻	1 kΩ	1
			10 kΩ	1
		电容	10 μF/25 V	1
报警电路		蜂鸣器	5 V	1
		电阻	1 kΩ	4
		三极管	9012	4
烟雾采集		烟雾传感器	MQ-2	1
		比较器	LM393	1
		电阻	1K/560/5.1	1/1/1
		电位器	10 kΩ	1
		发光二极管	普红	1
		排针	弯	

2）软件设计

（1）程序流程图，如图 5-32 所示。

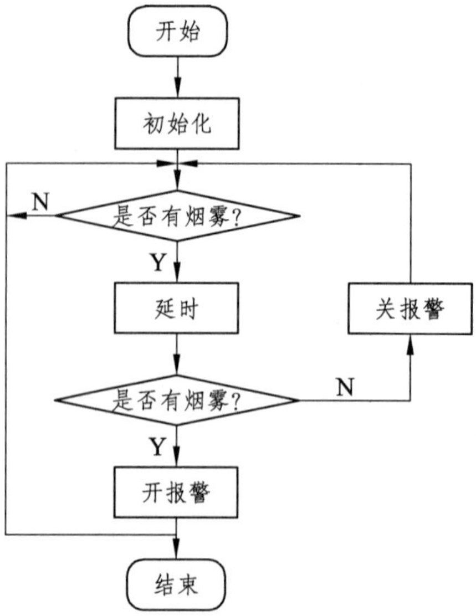

图 5-32　程序流程图

（2）程序代码：

```
#include<reg52.h>        //单片机头文件
sbit DQ=P1^0;            //定义传感器信号输入端
sbit FMQ=P0^0;           //定义报警控制端
void delay(int z)        //延时函数
{
    int x,y;
    for(x=0;x<20;x++)
        for(y=0;y<z;y++);
}
void main()             //主函数
{
    while(1)
    {
        if(DQ==0)    //判断是否有烟雾
        {
            delay(10);     //调用延时函数，消除干扰
            if(DQ==0)      //确认有烟雾
            {
            FMQ=0;         //开报警
            }
            if(DQ==1)      //确认无烟雾
            {
            FMQ=1;         //关报警
            }
        }
    }
}
```

5.6 光电传感器与应用

光电传感器是一种采用光电元件作为检测元件的传感器。它首先把被测量的变化转换成光信号的变化，然后借助光电元件进一步将光信号转换成电信号。光电传感器一般由光源、光学通路和光电元件三部分组成。

光电检测方法具有精度高、反应快、非接触式测量等优点，而且可测参数多。光电传感器的结构简单、形式灵活多样，因此，光电式传感器在检测和控制中应用非常广泛。

5.6.1 光电传感器

光电传感器是各种光电检测系统中实现光电转换的关键元件，它可用于检测直接引起光

量变化的非电量，如光强、光照度、辐射测温、气体成分分析等；也可用来检测能转换成光量变化的其他非电量，如零件直径、表面粗糙度、应变、位移、振动、速度、加速度，以及物体的形状、工作状态的识别等。

光电传感器在一般情况下，由三部分构成，即发送器、接收器和检测电路。

发送器对准目标发射光束，发射的光束一般来源于半导体光源，发光二极管（LED）和激光二极管。光束不间断地发射，或者改变脉冲宽度。接收器由光电二极管或光电三极管组成。在接收器的前面，装有光学元件如透镜和光圈等；在接收器后面是检测电路，它能滤出有效信号和应用该信号。

5.6.2 光电效应

光照射到某些物质上时，引起物质的电性质发生变化，也就是光能量转换成电能，这类光致电变的现象被人们统称为光电效应（Photoelectric effect）。

光电效应分为：内光电效应、外光电效应和光生伏特效应。

1. 内光电效应

内光电效应是被光激发所产生的载流子仍在物质内部运动，使物质的电导率发生变化的现象。基于该效应的器件有光敏电阻、光敏二极管、三极管和光敏晶闸管等。

2. 外光电效应

外光电效应是被光激发产生的电子逸出物质表面，形成真空中的电子的现象。常见的该效应的光电元件有光电管、光电倍增管和光电摄像管等。

3. 光生伏特效应

光生伏特效应是在光作用下能使物体产生一定方向电动势的现象。常见的该光电效应的光电元件有光电池。

光电池也叫太阳能电池，是利用光线直接感应出电动势的光电器件。因此光电池的特点是能够把地球从太阳辐射中吸收的大量光能转化换成电能。常见的太阳能电池有硒光电池和硅光电池。硅光电池的结构类似于一个半导体二极管，为了增大受光量，其工作面都很大。为了提高光电转化率，减少光线反射，常在硅光电池表面上涂上一层蓝色的一氧化硅抗反射膜。硅光电池寿命长，性能稳定。太阳能电池作为能源，广泛应用在人造卫星、灯塔、无人气象站等处。

5.6.3 基本应用电路

光敏电阻、光敏晶体管、光电池等光电元件必须根据各自的特点，使用不同的电路，才能达到最佳的使用效果。

1. 光敏电阻的基本应用电路

光敏电阻的基本应用电路如图 5-33 所示。分析可知，图 5-33（a）中，当无光照时，光敏电阻 R_{Φ} 很大，I_{Φ} 在 R_{L} 上的压降 U_{o} 很小。随着入射光增大，R_{Φ} 减小，$\mathrm{U_o}$ 随之增大。

图 5-34（b）的情况恰好与图 5-33（a）相反，入射光增大，$\mathrm{U_o}$ 反而减小。

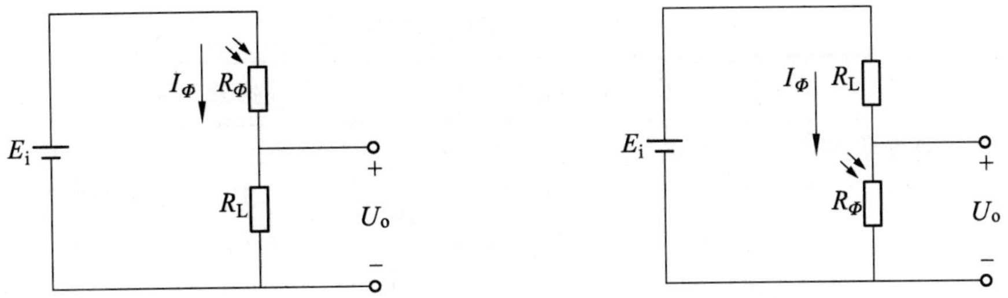

（a）U_o 与光照的变化趋势相同的电路　　（b）U_o 与光照的变化趋势相反的电路

图 5-33　光敏电阻的基本应用电路

2. 光敏二极管的基本应用电路

光敏二极管的基本应用电路如图 5-34 所示，该电路是用反相器将二极管的输出电压转换成 TT 电平。

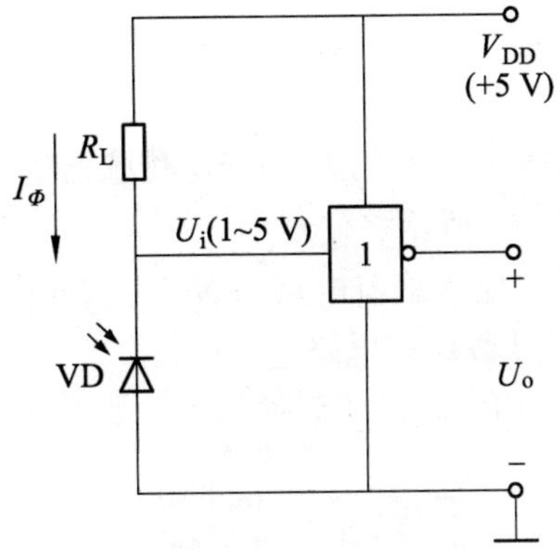

图 5-34　光敏二极管的基本应用电路

3. 光敏三极管的基本应用电路

光敏三极管的基本应用电路如图 5-35 所示，锗光敏三极管发射极与集电极输出电路比较见表 5-7。

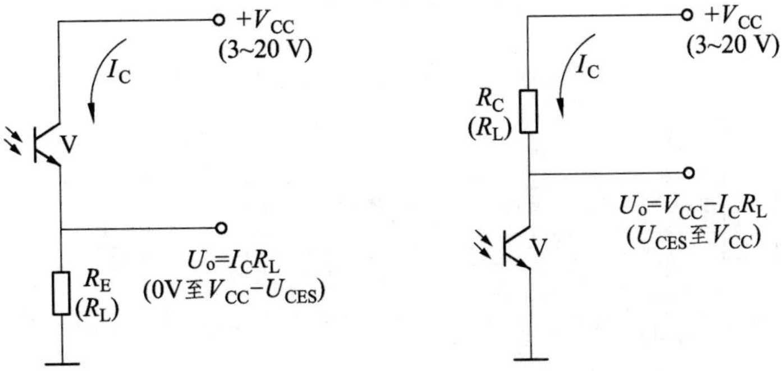

（a）发射极输出电路　　（b）集电极输出电路

图 5-35　光敏三极管的两种常用电路

表 5-7　输出状态比较

电路型式	无光照时			强光照时		
	三极管状态	I_C	U_o	三极管状态	I_C	U_o
发射极输出	截止	0	0（低电平）	饱和	（V_{CC}−0.3）/R_L	$V_{CC}-U_{CES}$ (高电平)
集电极输出	截止	0	V_{CC}（高电平）	饱和	（V_{CC}−0.3）/R_L	U_{CES}(0.3 V, 低电平)

分析表 5-7：发射极输出电路的输出电压变化与光照的变化趋势相同，而集电极输出恰好相反。

5.6.4　光电传感器的应用

1. 硬件电路设计

（1）U 光电传感器如图 5-36 所示利用 U 型光电传感器进行计数，应用电路如图 5-37 所示，单片机控制显示电路如图 5-38 所示。

（2）如图 5-39（a）为 U 型光电传感器电路实物图（同样的检测可以使用光敏电阻电路），图（b）为 U 型光电传感器进行计数应用电路。

（3）光电传感器进行计数应用电路模块元件列表，如表 5-8 所示。

图 5-36　U 型光电传感器

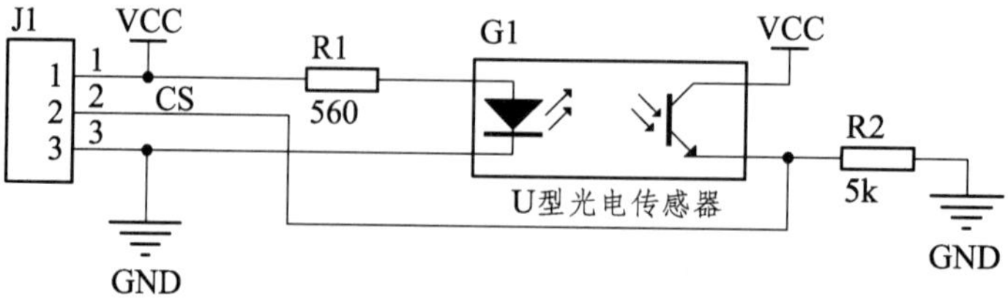

图 5-37　U 型光电传感器

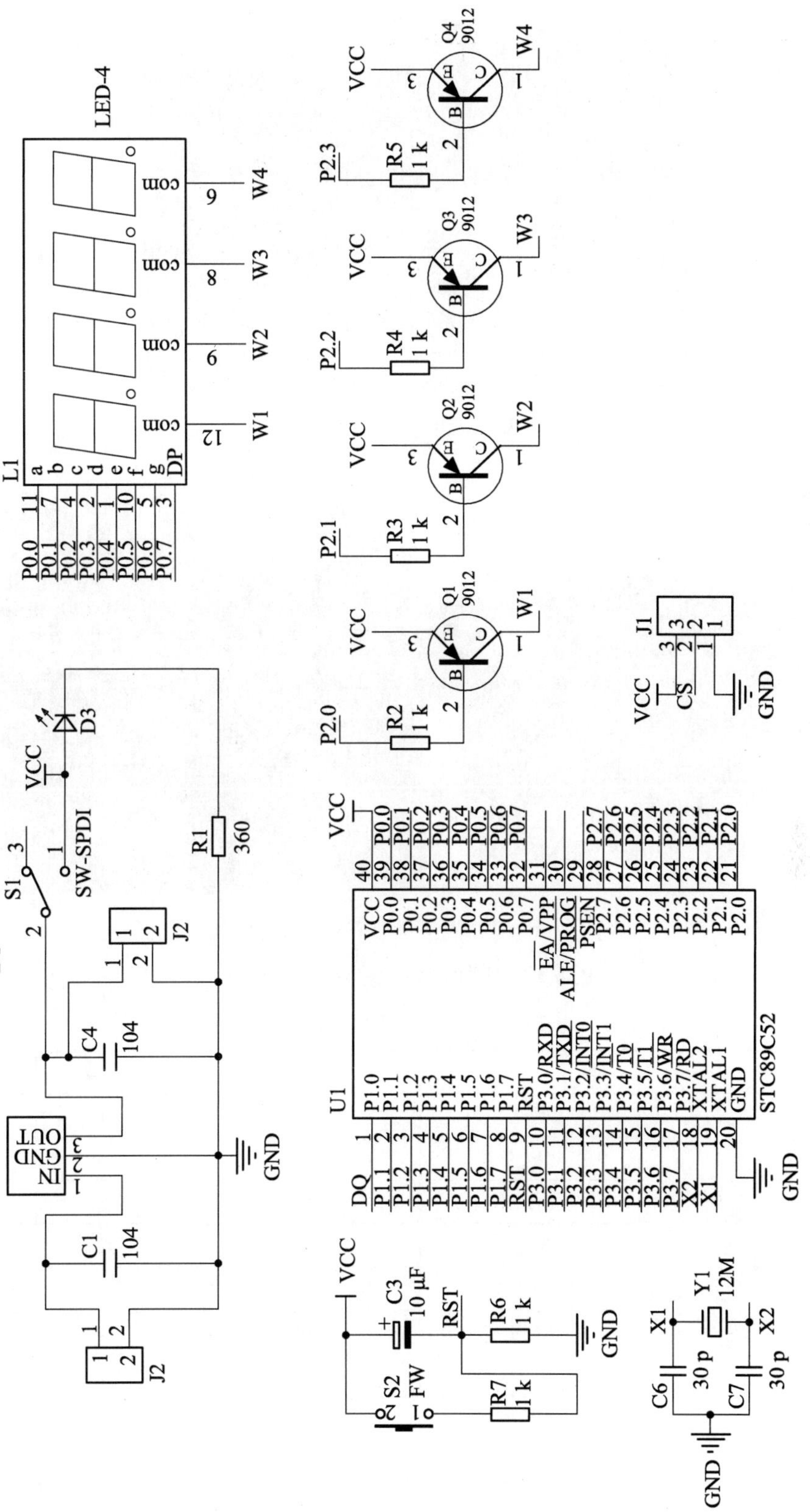

图 5-38　单片机控制显示电路

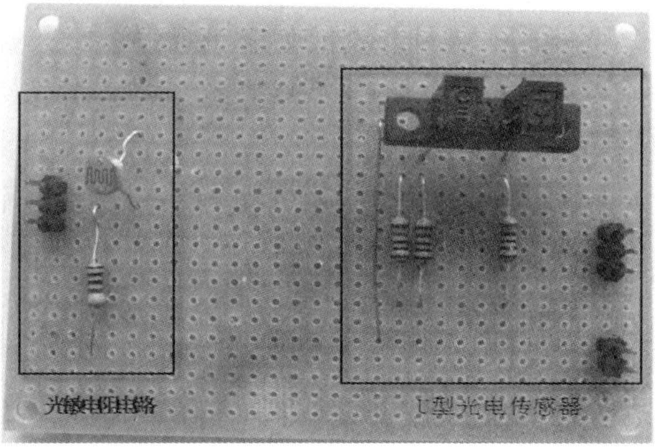

（a）U 型光电传感器电路图

（b）U 型光电传感器进行计数应用电路

图 5-39　U 型光电传感器电路实物

表 5-8　光电传感器进行计数应用电路模块元件清单

模块名称		电子元件名称	规格	数量	备注
电源模块		电池	9 V	1	
		9 V 电池接线冒		1	
		稳压管	7805	1	
		电容	104	2	
		波动开关	三脚	1	
		电阻	560 Ω	1	
		发光二极管	普（红）	1	
		杜邦头	两孔	1	
最小系统	基本部件	单片机	STC89C52RC	1	
		万用板	46X58/pcb	1	
		单片机底座	DIP-40	1	

续表

模块名称		电子元件名称	规格	数量	备注
最小系统	时钟电路	晶振	12 MHz	1	
		电容	30 pF	2	
	复位	按键	短柄	1	
		电阻	1 kΩ	1	
			10 kΩ	1	
		电容	10 μF/25 V	1	
数码管显示		数码管	四位共阳极	1	
		三极管	9012	4	
		电阻	1 kΩ	4	
数据采集		传感器	U 型光电传感器	1	
		排针		1	
		电阻	5k/560	1/1	

2. 软件设计

（1）程序流程图，如图 5-40 所示。

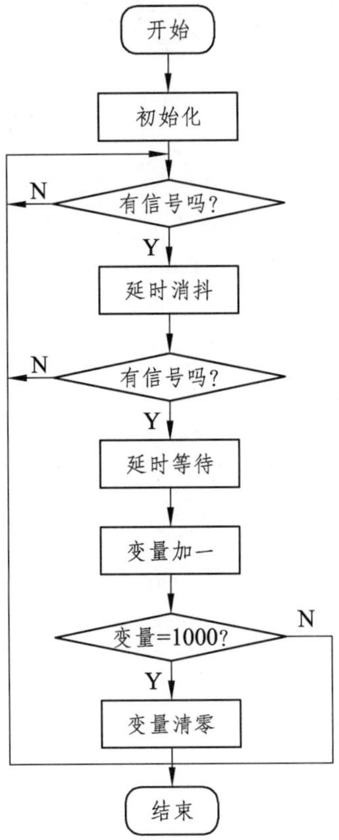

图 5-40　程序流程图

（2）程序代码：

```
#include<reg52.h>        //单片机头文件
sbit h=P1^0;             //光电信号输入端定义
int num=0,qian,bai,shi,ge,i;  //变量定义
char code table[]={
0xc0,0xf9,0xa4,0xb0,0x99,0x92,0x82,
0xf8,0x80,0x90,0x88,0x83,0xc6,0xa1};     //0 ~ 9 的显示码
void delay(int z)      //延时函数
{
    int x,y;
    for(x=0;x<10;x++)
        for(y=0;y<z;y++);
}

void display(int qian,int bai,int shi,int ge)     //显示函数
{
    P2=0xff;
    P2=0xfe;
    P0=table[qian];
    delay(6);
    P0=0xff;
    P2=0xfd;
    P0=table[bai];
    delay(6);
    P0=0xff;
    P2=0xfb;
    P0=table[shi];
    delay(6);
    P0=0xff;
    P2=0xf7;
    P0=table[ge];
    delay(6);
    P0=0xff;
}
void main()                  //主函数
{
    while(1)
    {
        if(h==0)              //判断是否有信号输入
```

```
        {
            delay(20);        //调用延时
            if(h==0)          //确定有信号输入
            {
            while(h==0)
            {
            display(qian,bai,shi,ge);
            }
            num++;                //变量加一
            if(num==10000)        //显示数据最大为 9999
                num=0;
            }
        }
        for(i=0;i<5;i++)
        {
            qian=num/1000;
            bai=num%1000/100;
            shi=num%1000%100/10;
            ge=num%1000%100%10;
            display(qian,bai,shi,ge);
        }
    }
}
```

5.7 声音传感器与应用

5.7.1 声音传感器概述

1. 声音传感器定义

声音传感器的作用相当于一个话筒（麦克风）。它用来接收声波，显示声音的振动。该传感器内置一个对声音敏感的电容式驻极体话筒。

2. 声音信号的检测原理

声波使话筒内的驻极体薄膜振动，导致电容的变化，产生与之对应变化的微小电压。这一电压随后被转化成 0 ~ 5 V 的电压，经过 A/D 转换被数据采集器接收，并传送给计算机进行处理。

5.7.2 声音传感器的应用

1. 在军事中的应用

声音传感器目前已在地面传感器侦察监视系统中广泛应用。其最大的优点就是分辨率强。

如果运动目标是人员，则不仅可以直接听到声音，而且还能根据话音察明其国籍、身份和谈话内容；如果运动目标是车辆，则可根据声音传感器判别车辆的种类。

2. 在医疗领域的应用

光纤麦克风具有对磁场的天然抗干扰能力，可以应用于核磁共振成像的通信，是唯一在核磁共振成像扫描时可以在病人和医生之间进行通信的麦克风。

3. 在生活中的应用

音响入侵探测器：除了可用于门户的入口控制以外，还可用来监控入侵者出现的区域。其突出优点是，它可用来鉴别引起报警的原因。此外，声音传感器在汽车防盗及航空探测等方面都有涉及，声音传感器的对声纳系统的改进也贡献不小，各式各样的声控开关也在人们的生活中大放异彩。

4. 在航天领域的应用

1）晶体式话筒

晶体的两面受到压力时，在两面间出现正负电荷，产生某一方向的电动势；当受到相反方向的应力时，晶体两面则产生与受压力相反的电荷和电动势。当晶体受到交变声波的作用时，便产生音频电动势。

2）光纤声音传感器

这是一种利用光纤自身的传感器。当光纤受到一点很微小的外力作用时，就会产生微弯曲，而其传光能力发生很大的变化。声音是一种机械波，它对光纤的作用就是得到声音的强弱。光纤陀螺也是光纤自身传感器的一种，与激光陀螺相比，光纤陀螺灵敏度高、体积小、成本低，可以用于飞机、舰船、导弹等的高性能的惯性导航系统。

几乎没有传感器能比光纤声音传感器在灵活性、多样性和性能方面更胜一筹。尤其是在复杂的环境中，例如强电磁和放射性的领域，外界的强电磁和静电能使很多感应器的功能失效甚至会毁坏它们。由于 FOM 是一种无源器件并且不含电子或金属成分，它对电磁干扰反应不起任何的作用。

5.7.3 声音传感器的发展

声音传感器的应用领域在不断地扩展。从身边的声控开关到最先进的机器人，再到航空航天技术，声音传感器在现代科技领域中起着举足轻重的作用。此外，传感器的形状与性能也在发生着巨大的变化，例如钥匙扣话筒、彩色话筒和遥控话筒。

声音传感器的发展从简单到复杂，从粗糙到精密，从只应用在试验中到逐渐扩展到生活、军事、航空等众多领域。它随着科技的发展而进步，科技也随着它的进步而发展，声音传感器的技术发展将会不断迎来它的新的高峰。

5.7.4 声音传感器的应用电路

（1）利用声音传感器，检测声音，并在有声音时报警。应用电路如图 5-41 所示。

（2）声音报警器实物图如图 5-42 所示，其中图（a）为声音检测模块图，图（b）为整体图。

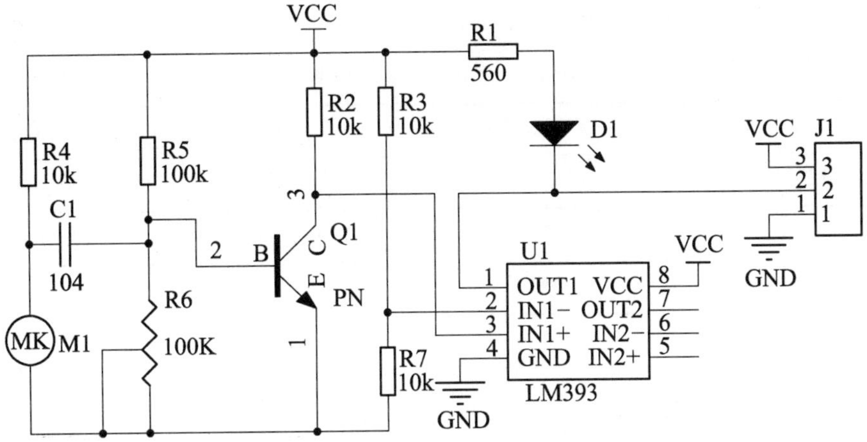

图 5-41　声音传感器应用电路

（a）声音检测模块图

（b）整体图

图 5-42　声音报警器实物图

（3）声音报警器元件清单，如表 5-9 所示。

表 5-9　声音报警器元件清单

<table>
<tr><th colspan="2">模块名称</th><th>电子元件名称</th><th>规格</th><th>数量</th></tr>
<tr><td colspan="2">电源模块</td><td>排针</td><td>弯</td><td>1 排</td></tr>
<tr><td rowspan="9">最小系统</td><td rowspan="3">基本部件</td><td>单片机</td><td>STC89C52RC</td><td>1</td></tr>
<tr><td>电路板</td><td>万用板</td><td>2</td></tr>
<tr><td>单片机底座</td><td>DIP-40</td><td>1</td></tr>
<tr><td rowspan="2">时钟电路</td><td>晶振</td><td>12 MHz</td><td>1</td></tr>
<tr><td>电容</td><td>30 pF</td><td>2</td></tr>
<tr><td rowspan="4">复位</td><td>按键</td><td>短柄</td><td>1</td></tr>
<tr><td rowspan="2">电阻</td><td>1 kΩ</td><td>1</td></tr>
<tr><td>10 kΩ</td><td>1</td></tr>
<tr><td>电容</td><td>10 μF/25 V</td><td>1</td></tr>
<tr><td colspan="2" rowspan="3">报警电路</td><td>蜂鸣器</td><td>5 V</td><td>1</td></tr>
<tr><td>电阻</td><td>1 kΩ</td><td>4</td></tr>
<tr><td>三极管</td><td>9012</td><td>4</td></tr>
<tr><td colspan="2" rowspan="7">声音采集</td><td>声音传感器</td><td>传声器</td><td>1</td></tr>
<tr><td>比较器</td><td>LM393</td><td>1</td></tr>
<tr><td>三极管</td><td>NPN</td><td>1</td></tr>
<tr><td>电阻</td><td>10/560/100 kΩ</td><td>4/1/1</td></tr>
<tr><td>电位器</td><td>100 kΩ</td><td>1</td></tr>
<tr><td>发光二极管</td><td>普红</td><td>1</td></tr>
<tr><td>排针</td><td>弯</td><td></td></tr>
</table>

4. 测试程序

（1）程序流程图，如图 5-43 所示。

（2）程序代码：

```
#include<reg52.h>          //单片机头文件
sbit DQ=P1^0;              //定义传感器信号输入端
sbit FMQ=P0^0;             //定义报警控制端
void delay(int z)          //延时函数
{
    int x,y;
```

```
    for(x=0;x<20;x++)
        for(y=0;y<z;y++);
}
void main()                //主函数
{
    while(1)
    {
        if(DQ==0)      //判断是否有声音
        {
            delay(10);          //调用延时函数，消除干扰
            if(DQ==0)       //确认有声音
            {
            FMQ=0;              //开报警
            delay(20000);       //报警时间
            FMQ=1;              //关报警
            }
        }
    }
}
//end
```

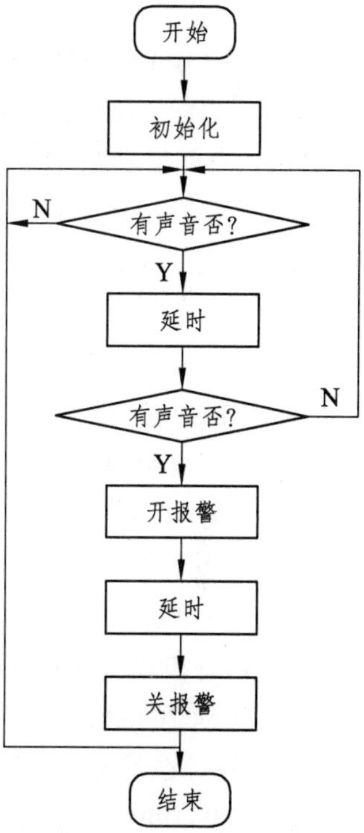

图 5-43　程序流程图

5.8　应用扩展

增强系 1T 单片机 STC12C5A60S2 介绍与应用

在众多的 51 系列单片机中，国内 STC 公司的 1T 增强系列更具有竞争力，因它不但和 8051 指令、管脚完全兼容，而且其片内具有大容量程序存储器且是 FLASH 工艺的，如 STC12C5A60S2 单片机内部就自带高达 60K FLASH ROM，这种工艺的存储器用户可以用电的方式瞬间擦除、改写。而且 STC 系列单片机支持串口程序烧写。显而易见，这种单片机对开发设备的要求很低，开发时间也大大缩短。写入单片机内的程序还可以进行加密，这又很好地保护了的劳动成果。重要的一点 STC12C5A60S2 目前的售价与传统 51 差不多，市场供应也很充足。是一款高性价比的单片机，如图 5-44 所示。

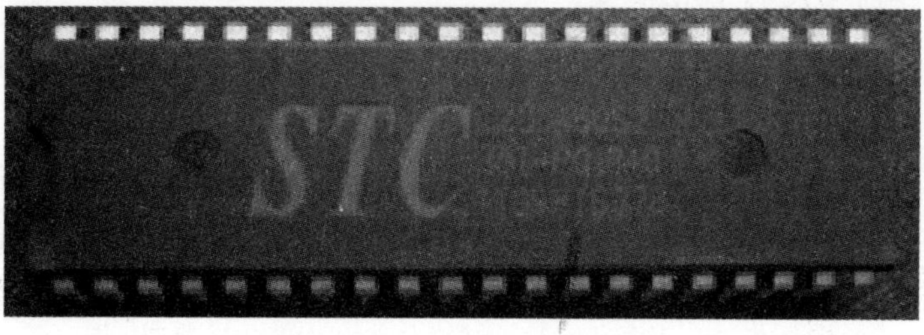

图 5-44　STC12C5A60S2 封装

5.8.1 STC12C5A60S2/AD/PWM 系列单片机

STC12C5A60S2/AD/PWM 系列单片机是宏晶科技生产的单时钟/机器周期(1T)的单片机，是高速、低功耗、超强抗干扰的新一代 8051 单片机。其指令代码完全兼容传统 8051，速度快 8 ~ 12 倍。内部集成 MAX810 专用复位电路，2 路 PWM，8 路高速 10 位 A/D 转换（250K/S），针对应用于电机控制、强干扰场合。对该系列单片机介绍如下：

（1）增强型 8051 CPU，硬盘容量 1T，单时钟/机器周期，指令代码完全兼容传统 8051。

（2）工作电压：

STC12C5A60S2 系列工作电压：5.5 ~ 3.3 V（5 V 单片机）;

STC12LE5A60S2 系列工作电压：3.6 ~ 2.2 V（3 V 单片机）。

（3）工作频率范围：0 ~ 35 MHz，相当于普通 8051 的 0 ~ 420 MHz。

（4）用户应用程序空间 8K/16K / 20K / 32K / 40K / 48K / 52K / 60K / 62K 字节。

（5）片上集成 1280 Byte RAM。

（6）通用 I/O 口（36/40/44 个），复位后为：准双向口、弱上拉（普通 8051 传统 I/O 口）；可设置成四种模式：准双向口/弱上拉、推挽/强上拉、仅为输入/高阻、开漏，每个 I/O 口驱动能力均可达到 20 mA，但整个芯片最大不要超过 55 mA。

（7）ISP（在系统可编程）/IAP（在应用可编程），无需专用编程器，无需专用仿真器，可通过串口（P3.0/P3.1）直接下载用户程序，数秒即可完成一片。

（8）有 EEPROM 功能（STC12C5A62S2/AD/PWM 无内部 EEPROM）。

（9）看门狗。

（10）内部集成 MAX810 专用复位电路（外部晶体在 12M 以下时，复位脚可直接 1 kΩ 电阻到地）。

（11）外部掉电检测电路：在 P4.6 口有一个低压门槛比较器，5 V 单片机为 1.32 V，误差为±5%，3.3 V 单片机为 1.30 V，误差为±3%。

（12）时钟源：外部高精度晶体/时钟，内部 *RC* 振荡器（温漂为±5%到±10%）。用户在下载用户程序时，可选择是使用内部 *RC* 振荡器还是外部晶体/时钟。常温下内部 *RC* 振荡器频率为：5.0 V 单片机为 11 ~ 15.5 MHz，3.3 V 单片机为：8 ~ 12 MHz。精度要求不高时，可选择使用内部时钟，但因为有制造误差和温漂，故以实际测试为准。

（13）共 4 个 16 位定时器，其中 2 个是与传统 8051 兼容的定时器/计数器，即 16 位定时器 T0 和 T1，没有定时器 2，但有独立波特率发生器；做串行通信的波特率发生器；再加上 2 路 PCA 模块可再实现 2 个 16 位定时器。

（14）2 个时钟输出口，可由 T0 的溢出在 P3.4/T0 输出时钟，可由 T1 的溢出在 P3.5/T1 输出时钟。

（15）7 路外部中断 I/O 口，传统的下降沿中断或低电平触发中断，并新增支持上升沿中断的 PCA 模块。Power Down 模式可由外部中断唤醒，INT0/P3.2，INT1/P3.3，T0/P3.4，T1/P3.5，RxD/P3.0，CCP0/P1.3（也可通过寄存器设置到 P4.2），CCP1/P1.4（也可通过寄存器设置到 P4.3）。

（16）PWM（2 路）/PCA（可编程计数器阵列，2 路）：

——可用来当 2 路 D/A 使用；

——可用来再实现 2 个定时器；

——可用来再实现 2 个外部中断（上升沿中断/下降沿中断均可分别或同时支持）。

（17）A/D 转换，10 位精度 ADC，共 8 路，转换速度可达 250 k/s（每秒钟 25 万次）。

（18）通用全双工异步串行口（UART）。由于 STC12 系列是高速的 8051，可再用定时器或 PCA 软件实现多串口。

（19）STC12C5A60S2 系列有双串口（后缀有 S2 标志的才有双串口），RxD2/P1.2（可通过寄存器设置到 P4.2），TxD2/P1.3（可通过寄存器设置到 P4.3）。

（20）工作温度范围：−40 ~ +85 °C（工业级）/ 0 ~ 75 °C（商业级）。

（21）封装：PDIP-40，LQFP-44，LQFP-48。I/O 口不够时，可用 2 到 3 根普通 I/O 口线外接 74HC164/165/595（均可级联）来扩展 I/O 口，还可用 A/D 做按键扫描来节省 I/O 口，或用双 CPU，三线通信，还多了串口。

各引脚功能简单介绍如图 5-45 所示。

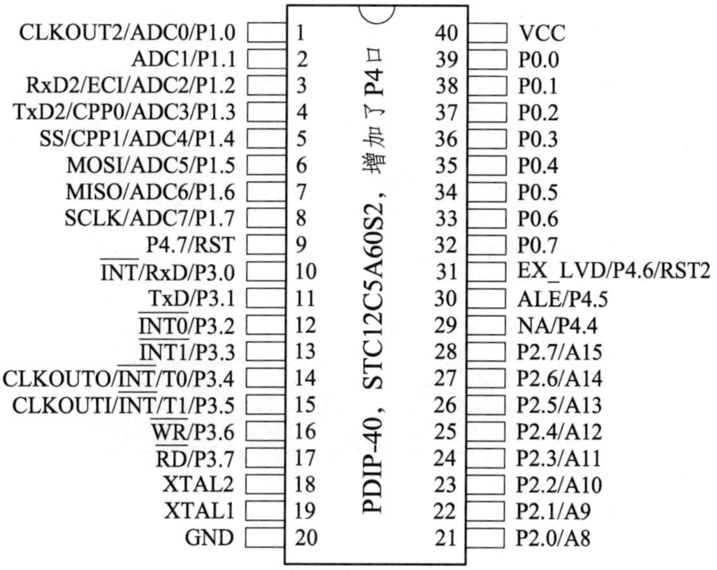

图 5-45　STC12C5A60S2 管脚图

5.8.2　STC12C5A60S2 单片机 A/D 转换应用

要求：设计测光电路，光敏电阻在不同的光照环境下，电路输出不同的电压信号，再由单片机接收并输出百分比值（即值在 0 ~ 100）。

（1）应用原理图，如图 5-46 所示。

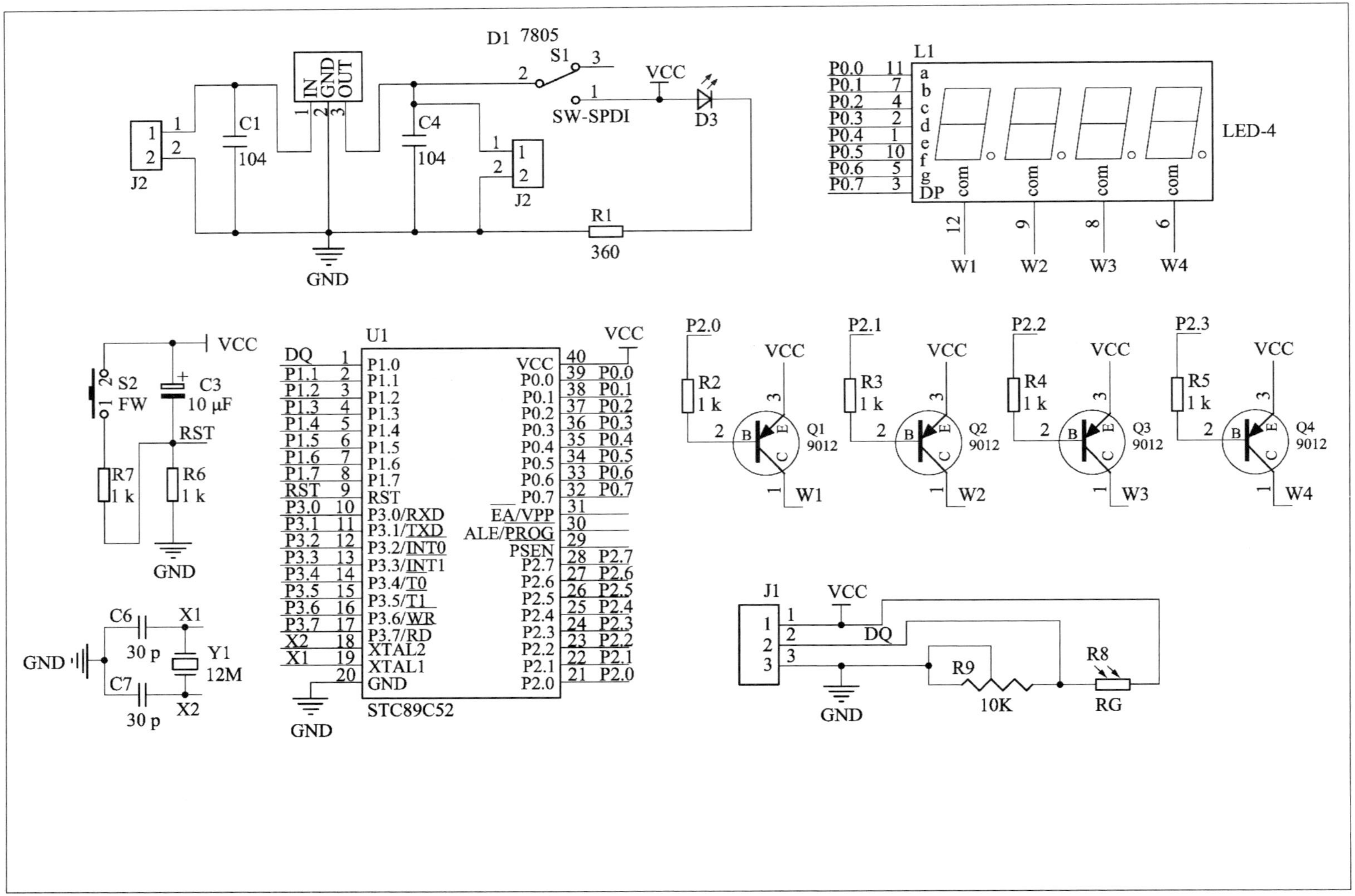

图 5-46　STC12C5A60S2 单片机 A/D 转换应用

（2）光敏电阻硬件实物图，如图 5-47 所示。

光敏电阻应用电路图如图 5-47（a）所示，整体实物图如图 5-47（b）所示。

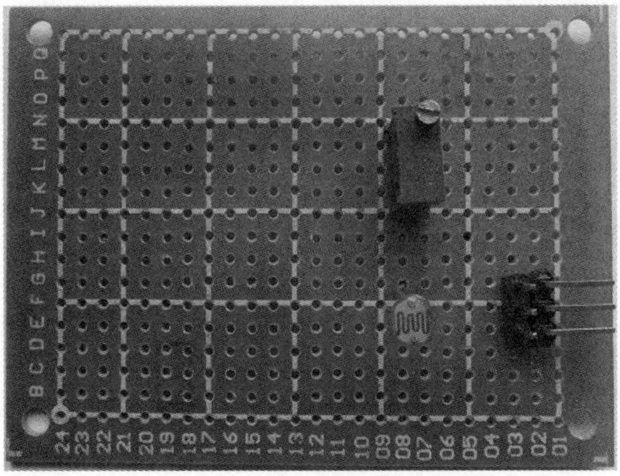

（a）光敏电阻应用电路图

（b）整体实物图

图 5-47　光敏电阻硬件实物图

（3）应用程序代码如下。

```
#include "reg51.h"
#include "intrins.h"

#define FOSC        18432000L
#define BAUD        9600

typedef unsigned char BYTE;
typedef unsigned int WORD;
float   k=2.55;
```

```
WORD sj,sj1,bai,shi,ge,i;
BYTE    code table[]={
0xc0,0xf9,0xa4,0xb0,0x99,
0x92,0x82,0xf8,0x80,0x90};//共阳极数码管 0～9 的编码

/*Declare SFR associated with the ADC */
sfr ADC_CONTR =   0xBC;        //ADC control register
sfr ADC_RES     =   0xBD;        //ADC high 8-bit result register
sfr ADC_LOW2    =   0xBE;        //ADC low 2-bit result register
sfr P1ASF         =   0x9D;        //P1 secondary function control register

/*Define ADC operation const for ADC_CONTR*/
#define ADC_POWER      0x80            //ADC power control bit
#define ADC_FLAG       0x10            //ADC complete flag
#define ADC_START      0x08            //ADC start control bit
#define ADC_SPEEDLL 0x00            //420 clocks
#define ADC_SPEEDL     0x20            //280 clocks
#define ADC_SPEEDH     0x40            //140 clocks
#define ADC_SPEEDHH 0x60            //70 clocks

void InitUart();
void InitADC();
void SendData(BYTE dat);
BYTE GetADCResult(BYTE ch);
void Delay(WORD n);
void ShowResult(BYTE ch);
void display(WORD bai,WORD shi,WORD,ge);
void main()
{
    InitUart();         //Init UART, use to show ADC result
    InitADC();        //Init ADC sfr
    while (1)
    {
        ShowResult(0);              //Show Channel0

        sj=GetADCResult(0);
        sj1=sj/k;
        bai=sj1/100;
        shi=sj1%100/10;
        ge=sj1%10;
```

```
        for(i=0;i<20;i++)
        {
        display(bai,shi,ge);
        }
    }
}
/*----------------------------
    display   date
----------------------------*/
void display(WORD bai,WORD shi,WORD ge)
{
P2=0xfd;
P0=table[bai];
Delay(1);
P2=0xfb;
P0=table[shi];
Delay(1);
P2=0xf7;
P0=table[ge];
Delay(1);
}
/*----------------------------
Send ADC result to UART
----------------------------*/
void ShowResult(BYTE ch)
{
    SendData(ch);                    //Show Channel NO.
    SendData(GetADCResult(ch));  //Show ADC high 8-bit result

//if you want show 10-bit result, uncomment next line
//     SendData(ADC_LOW2);   //Show ADC low 2-bit result
}
/*----------------------------
Get ADC result
----------------------------*/
BYTE GetADCResult(BYTE ch)
{
    ADC_CONTR = ADC_POWER | ADC_SPEEDLL | ch | ADC_START;
    _nop_();                    //Must wait before inquiry
```

```
        _nop_();
        _nop_();
        _nop_();
        while (!(ADC_CONTR & ADC_FLAG));   //Wait complete flag
        ADC_CONTR &=  ~ ADC_FLAG;          //Close ADC

        return ADC_RES;                    //Return ADC result
}

/*----------------------------
Initial UART
----------------------------*/
void InitUart()
{
        SCON = 0x5a;                       //8 bit data ,no parity bit
        TMOD = 0x20;                       //T1 as 8-bit auto reload
        TH1 = TL1 = -(FOSC/12/32/BAUD);    //Set Uart baudrate
        TR1 = 1;                           //T1 start running
}
/*----------------------------
Initial ADC sfr
----------------------------*/
void InitADC()
{
        P1ASF = 0xff;                      //Open 8 channels ADC function
        ADC_RES = 0;                       //Clear previous result
        ADC_CONTR = ADC_POWER | ADC_SPEEDLL;
        Delay(10);                         //ADC power-on and delay
}
/*----------------------------
Send one byte data to PC
Input: dat (UART data)
Output:-
----------------------------*/
void SendData(BYTE dat)
{
        while (!TI);                //Wait for the previous data is sent
        TI = 0;                     //Clear TI flag
        SBUF = dat;                 //Send current data
```

```
}
/*----------------------------
Software delay function
----------------------------*/
void Delay(WORD n)
{
    WORD x;

    while (n--)
    {
        x=1000;
        while (x--);
    }
}

//end
```

第6章

单片机项目实践篇

6.1 基于单片机的电子时钟的设计与实现

6.1.1 概 述

时钟就是显示一定时间范围内的具体时间，方便有需要的人查询使用。随着人们生活水平的提高和生活节奏的加快，对时间的要求越来越高，精准数字计时的消费需求也是越来越多。数字电子时钟的出现带来了钟表计时业界跨跃性的进步。本节以 STC89C52RC 单片机最小系统为核心，采用数码管作为显示介质，由定时器产生基准时间；键盘调整时间信息，制作一个简易的数字时钟，能实现走时、调整时间的功能。

6.1.2 方案设计

采用“单片机+键盘+数码管”的方案，其中单片机采用 51 兼容系列，键盘是由小按钮组成的独立键盘，2 个 4 位共阴极数码管显示时间。数字时钟设计框图如图 6-1 所示。

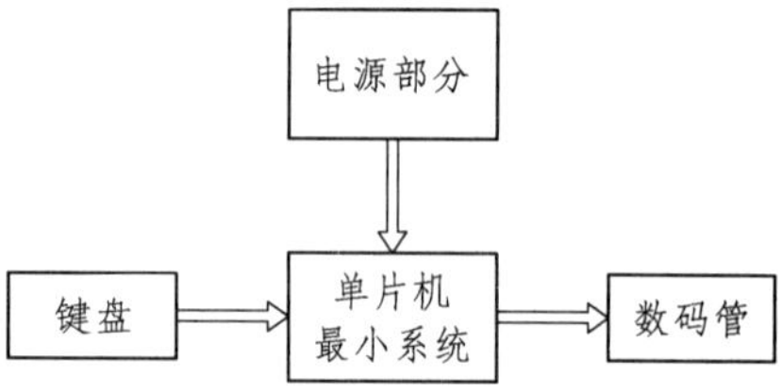

图 6-1 数字时钟设计框图

6.1.3 硬件电路设计

1. 电源部分

本系统采用 9 V 转 5 V 的电源电路为各模块供电，具体电路如图 6-2 所示。

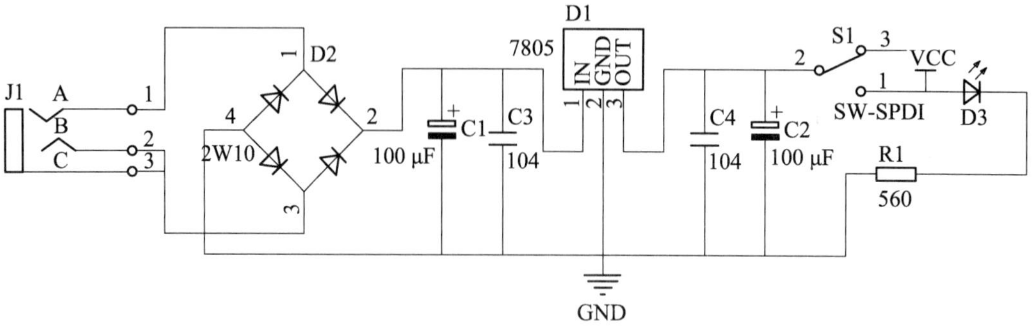

图 6-2 电源电路

2. 单片机最小系统

在基于单片机的应用系统中，其核心是单片机的最小系统，而单片机又是最小系统的核心。采用的单片机型号是：STC89C52RC，内部资源有：8KB FLASH，512B SRAM，4 个 8 位 I/O，2 个 TC，1 个 UART，带 ISP 和 IAP 功能。这是近年来流行的低端 51 单片机。时钟电路采用 12 MHz 晶体，复位电路采用简单的 *RC* 复位电路。R_4=1 kΩ，R_3=10 kΩ，C=10 μF，复位电路时钟电路如图 6-3 所示。

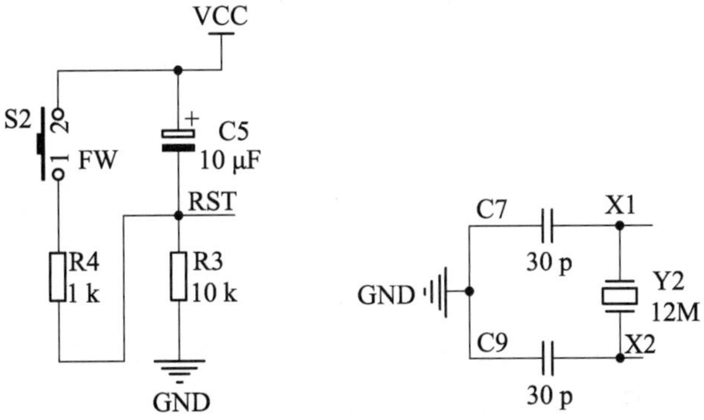

（a）复位电路　　（b）时钟电路

图 6-3　单片机最小系统组成电路

3. 显示与驱动

采用共阴极数码管，它是一种 LED 显示模块，要使得 8 位的数码管同时点亮，需要加驱动电路，详细说明如下：

1）显示部分

LED 数码管实际上是由 7 个发光管组成 8 字形构成的，加上小数点就是 8 个发光管。这些段分别由字母 a, b, c, d, e, f, g, dp（h）来表示。当数码管特定的段加上电压后，这些特定的段就会发亮，以形成眼睛看到的字样了。如：显示一个“2”字，那么应当是 a 亮 b 亮 g 亮 e 亮 d 亮 f 不亮 c 不亮 dp 不亮。LED 数码管有一般亮和超亮等不同之分，也有 0.5 寸、1 寸等不同的尺寸。数码管实物图如图 6-4 所示，左边两个为单位数码管，又称静态数码管；右边两为四位数码管，又称动态数码管；数码管引脚图如图 6-5 所示。

一般情况下，单个发光二极管的管压降为 1.8 V 左右，电流不超过 30 mA。发光二极管的阳极连接到一起连接到电源正极的称为共阳数码管，发光二极管的阴极连接到一起连接到电源负极的称为共阴数码管。常用 LED 数码管显示的数字和字符是 0、1、2、3、4、5、6、7、8、9、A、b、C、d、E、F。

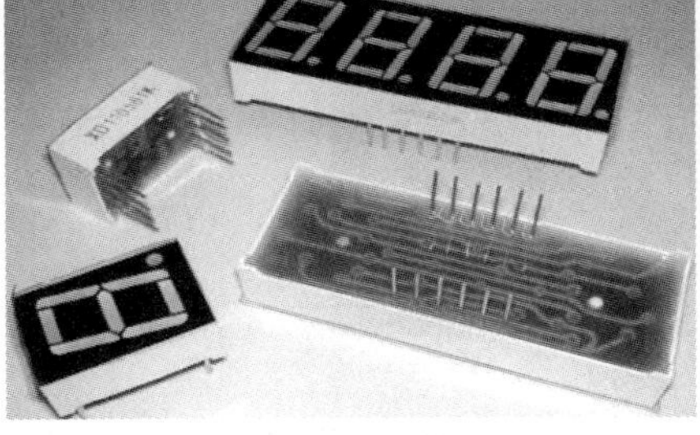

图 6-4　数码管实物图

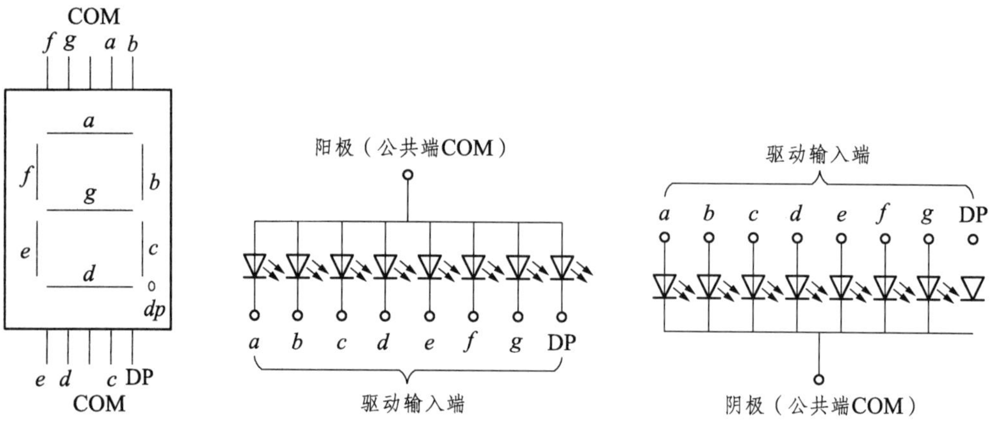

（a）引脚图 （b）共阳极 （c）共阴极

图 6-5 数码管引脚与结构图

四位动态数码管是将 4 个七段八位式数码管集成到一起，分别将 4 个 A，四个 B……4 个 H，对应接到一起，引出八段引脚（a，b，…，h）和 4 个公共端。

共阴极数码管显示编码如表 6-1 所示。

表 6-1 共阴极数码管编码表

符号	显示编码	符号	显示编码
0	0x3f	8	0x7f
1	0x06	9	0x6f
2	0x5b	A	0x77
3	0x4f	b	0x7c
4	0x66	C	0x39
5	0x6d	d	0x5e
6	0x7d	E	0x79
7	0x07	F	0x71

2）驱动部分

（1）74HC138 3-8 译码器如图 6-6 所示，其真值表如表 6-2 所示。

（a）74HC138 实物图

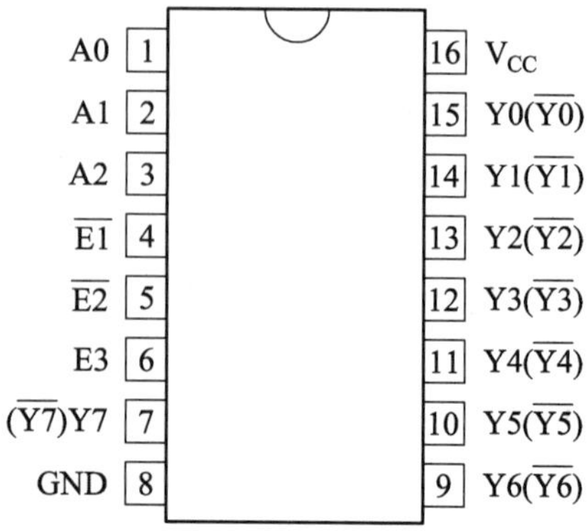

（b）74HC138 引脚图

图 6-6 74HC138 实物图

表 6-2　74HC138 真值表

输入						输出							
$\overline{E1}$	$\overline{E2}$	E3	A0	A1	A2	$\overline{Y0}$	$\overline{Y1}$	$\overline{Y2}$	$\overline{Y3}$	$\overline{Y4}$	$\overline{Y5}$	$\overline{Y6}$	$\overline{Y7}$
H	X	X	X	X	X	H	H	H	H	H	H	H	H
X	H	X	X	X	X	H	H	H	H	H	H	H	H
X	X	L	X	X	X	H	H	H	H	H	H	H	H
L	L	H	L	L	L	L	H	H	H	H	H	H	H
L	L	H	H	L	L	H	L	H	H	H	H	H	H
L	L	H	L	H	L	H	H	L	H	H	H	H	H
L	L	H	H	H	L	H	H	H	L	H	H	H	H
L	L	H	L	L	H	H	H	H	H	L	H	H	H
L	L	H	H	L	H	H	H	H	H	H	L	H	H
L	L	H	L	H	H	H	H	H	H	H	H	L	H
L	L	H	H	H	H	H	H	H	H	H	H	H	L

（2）74HC573 锁存器如图 6-7 所示，其真值表如表 6-3 所示。

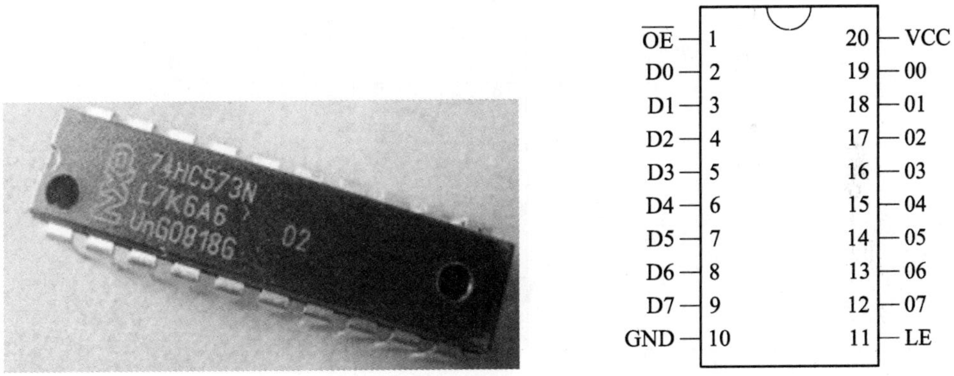

（a）74HC573 实物图　　（b）74HC573 引脚图

图 6-7　74HC573 实物及引脚图

表 6-3　74HC573 锁存器真值表

输入			输出
OE	LE	D	Q
L	H	H	H
L	H	L	L
L	L	×	NO
H	×	×	Z

3）驱动与显示电路

驱动与显示电路如图 6-8 所示。

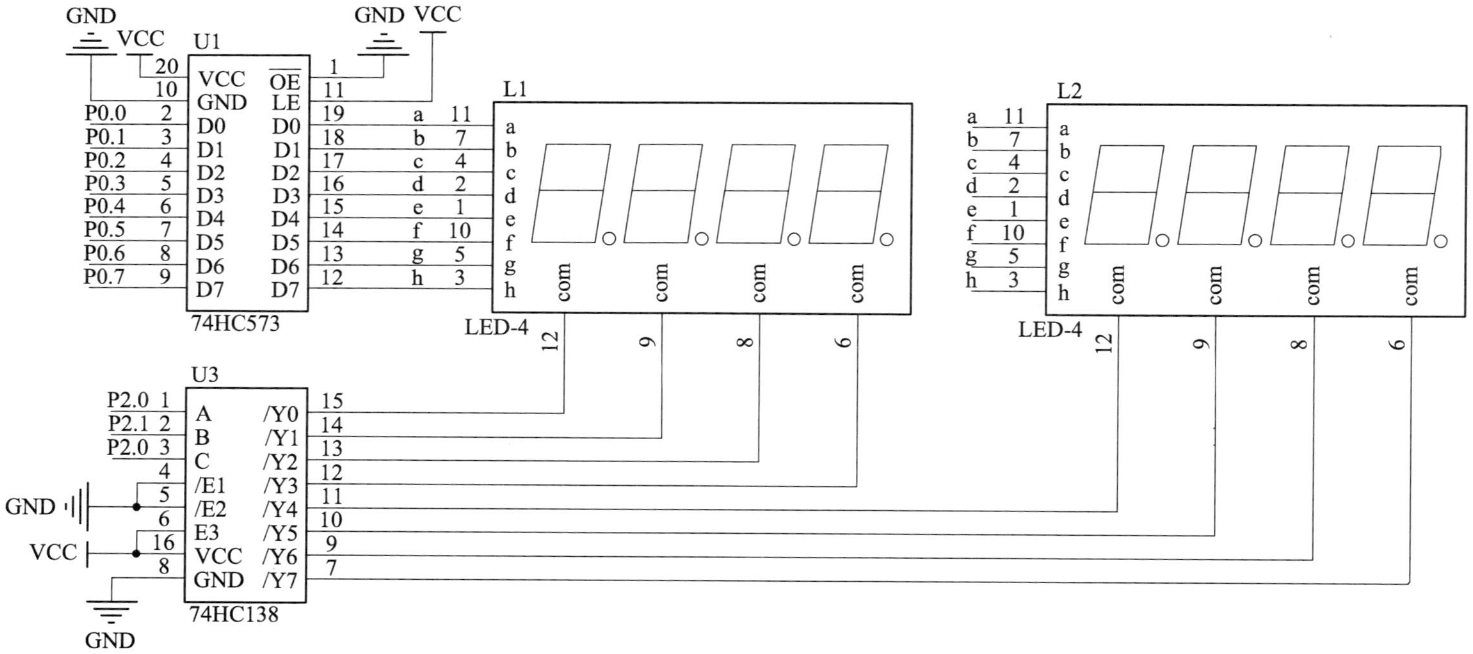

图 6-8　驱动与显示电路图

4. 键盘控制部分

本系统设计采用 3 个按键组合成的独立键盘，具体按键功能的定义是：

S2：模式选择；

S3：数字加/+；

S4：数字减/-。

键盘电路如图 6-9 所示。

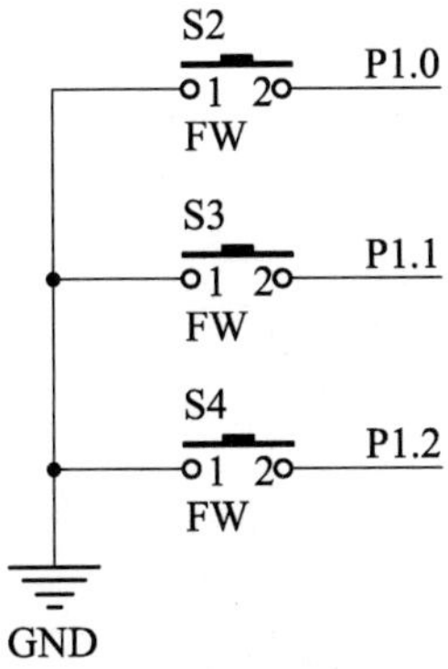

图 6-9　键盘电路

6.1.4　程序设计

1. 程序编写

程序编写划分为以下 3 个部分：

① 主流程图；

② 键盘检查与处理子程序；

③ 检查按键并执行对应的动作，S2 为模式选择，S3 和 S4 是加 1 和减 1。

2. 具体流程图

主程序流程图如图 6-10 所示。

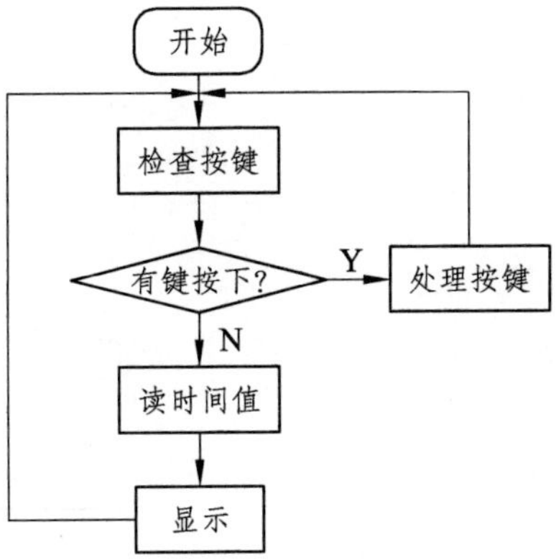

图 6-10　主程序流程图

按键处理子程序流程图，如图 6-11 所示。

电子时钟电路原理图，如图 6-12 所示。

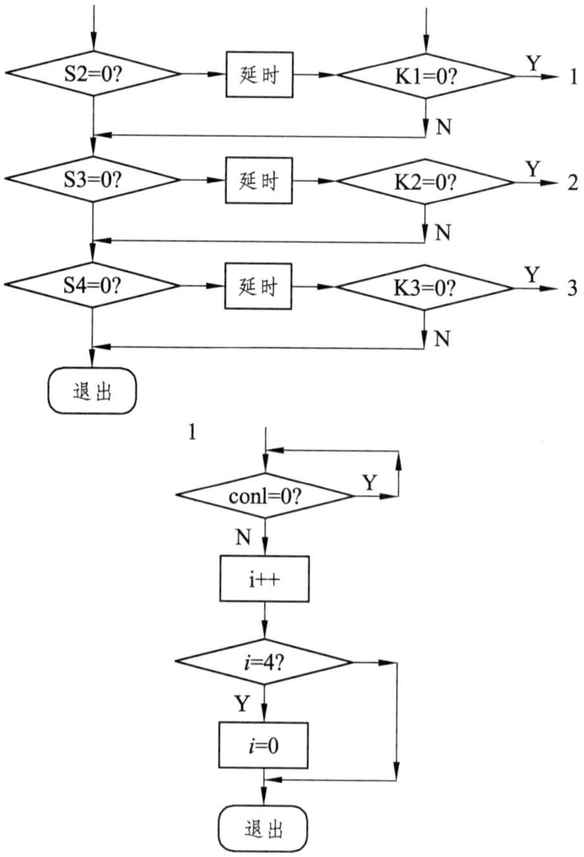

时间秒的调整

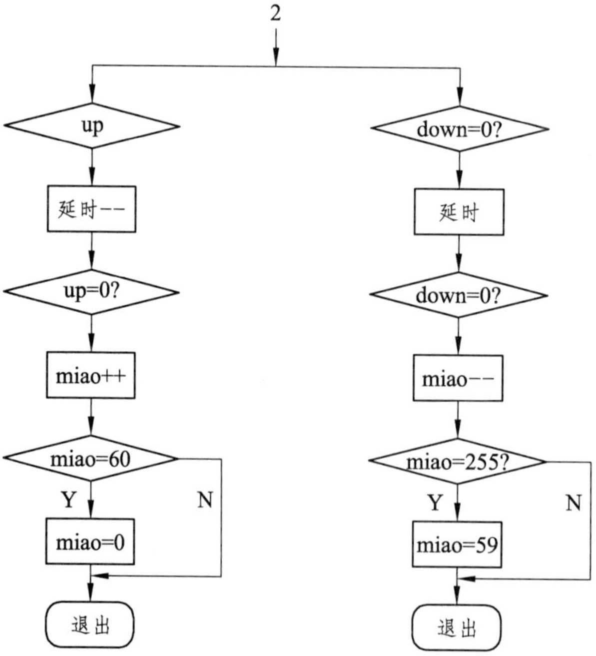

图 6-11　按键处理子函数流程图

注：时间时、分的调整流程图基本同上；时间显示比较简单，不做说明。

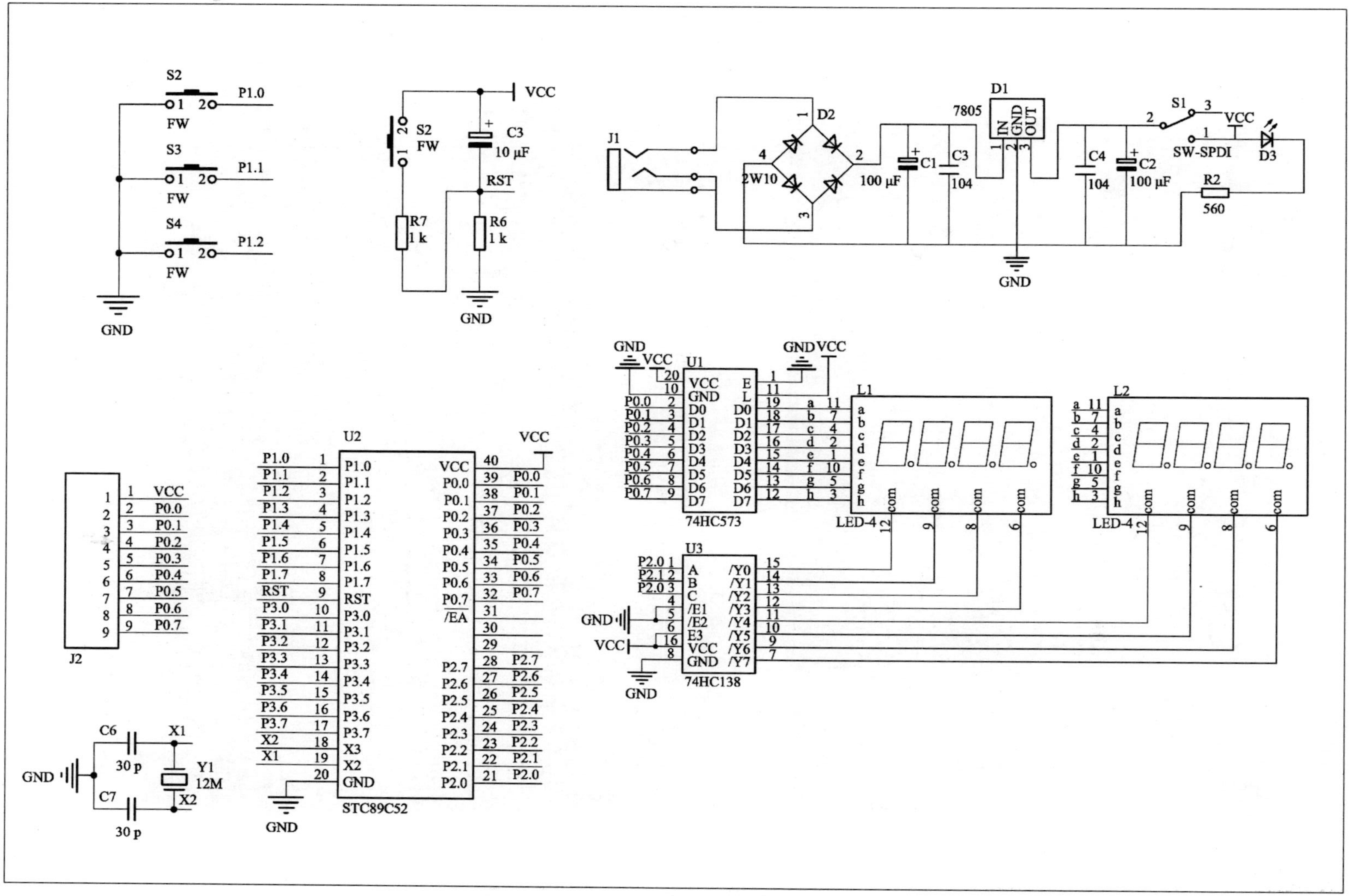

图 6-12　电子时钟电路原理图

电子时钟实物图，如图 6-13 所示。

（a）正面

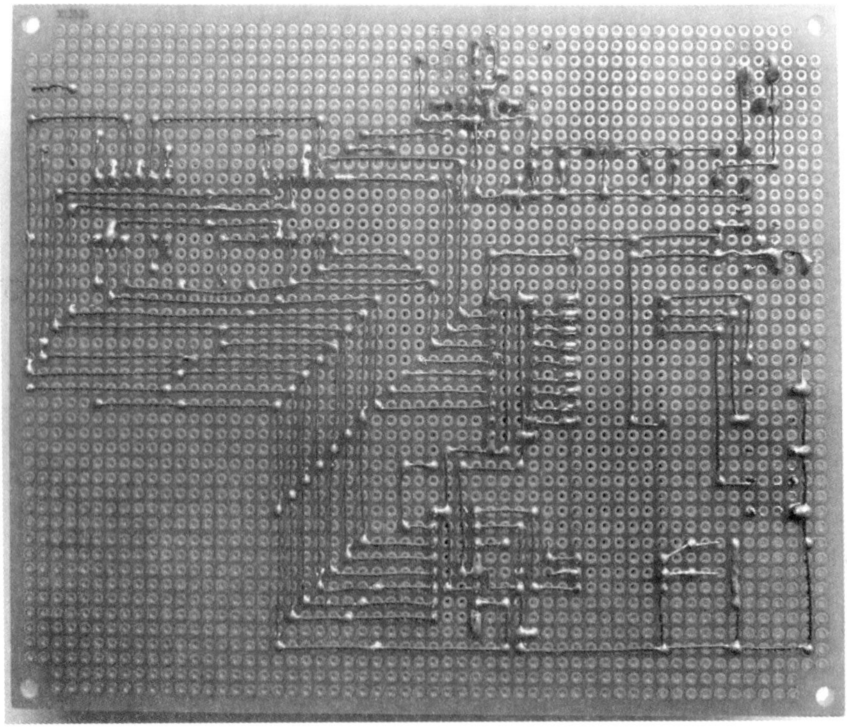

（b）反面

图 6-13　电子时钟实物

电子时钟元件清单，如表 6-4 所示。

表 6-4　电子时钟元件清单

模块名称		电子元件名称	规格	数量
电源模块		9 V 电源座	3.5 座	1
		电源开关	3 脚（拨动开关）	1
		硅桥	2A 圆形	1
		稳压管	7805	1
		发光二极管	红色	1
		电阻	560 Ω	1
		电容	100 μF/25 V	2
			104	2
最小系统	基本部件	单片机	STC89C52RC	1
		万用板	46X58（孔）	1
		单片机底座	DIP-40	1
	时钟电路	晶振	12 MHz	1
		电容	30 pF	2
	复位	按键	短柄	1
		电阻	1 kΩ	1
			10 kΩ	1
		电容	10 μF/25 V	1
数码管显示		数码管	共阴极 4 位	2
		译码器	74HC138	1/1
		锁存器	74HC573	1/1
闹铃部分		蜂鸣器	5 V	1
		三极管	9012	1
		电阻	1 kΩ	1

数字电子时钟程序代码如下：

```
#include<reg52.h>
unsigned char code value[]={
0x3f,0x06,0x5b,0x4f,0x66,
0x6d,0x7d,0x07,0x7f,0x6f};
unsigned char num;//秒变量
unsigned char shi,fen,miao;
```

```
unsigned char i=0;//显示变量
unsigned char sp;//控制显示变量

sbit conl=P1^1;        //功能按键
sbit up=P1^2;          //按键加
sbit down=P1^3;        //按键减

void delay(unsigned int);   //延时函数声明
void kscan();               //按键函数声明
void display();             //显示函数声明


void main()                          //主函数
{
 TMOD=0x01;                          //初始定时/计数器控制器
 TH0=(65536-50000)/256;              //装高位初值
 TL0=(65536-50000)%256;              //装低位初值
 EA=1;                               //开中断总控位
 ET0=1;                              //允许 T0 中断
 num=0;                              //秒变量清零
 TR0=1;                              //启动定时器

 while(1)
 {
  kscan();                           //调用按键函数
  display();                         //调用显示函数
 }

}

void kscan()                    //按键扫描函数
{
 P1=0xff;
 if(conl==0)
   {
    delay(10);
    if(conl==0);
      {
       while(conl==0);
       i++;
```

```
        if(i==4)i=0;
      }
    }
  if(i==1)
  {
    if(up==0)
   {
    delay(10);
    if(up==0)
    {
      while(up==0);
      miao++;
    if(miao==60)miao=0;
    }
   }
   if(down==0)
   {
    delay(10);
    if(down==0)
    {
      while(down==0);
      miao--;
    if(miao==255)miao=59;
    }
   }
  }
   if(i==2)
   {if(up==0)
   {
    delay(10);
    if(up==0)
    {
      while(up==0);
      fen++;
    if(fen==60)fen=0;
      }
   }
   if(down==0)
   {
```

```
  delay(10);
  if(down==0)
  {
   while(down==0);
   fen--;
   if(fen==255)fen=59;
  }
 }}
 if(i==3)
 {
     if(up==0)
 {
  delay(10);
  if(up==0)
  {
   while(up==0);
   shi++;
   if(shi==24)shi=0;
  }
 }
 if(down==0)
 {
  delay(10);
  if(down==0)
  {
   while(down==0);
   shi--;
   if(shi==255)shi=23;
  }
 }
 }
}
void int1() interrupt 1        //T0 定时器中断
{
 TH0=(65536-50000)/256;
 TL0=(65536-50000)%256;
 num++;
 if(num==20)   {num=0;miao++;}
 if(miao==60) {miao=0;fen++;}
```

```
 if(fen==60)  {fen=0;shi++;}
 if(shi==24)  shi=0;
}

void delay(unsigned int t)   //延时函数
{
 unsigned int x;
 for(x=t;x>0;x--);
}
void display()          //显示函数
{
 if(i==0)
 { P3=0;
   P0=value[shi/10];
   delay(20);
   P0=0;

   P3=1;
   P0=value[shi%10];
   delay(20);
   P0=0;

   P3=2;
   P0=0x40;
   delay(20);
   P0=0;

   P3=3;
   P0=value[fen/10];
   delay(20);
   P0=0;

   P3=4;
   P0=value[fen%10];
   delay(20);
   P0=0;

   P3=5;
   P0=0x40;
   delay(20);
```

```
    P0=0;

    P3=6;
    P0=value[miao/10];
    delay(20);
    P0=0;

    P3=7;
    P0=value[miao%10];
    delay(20);
    P0=0;
}

if(i==1)
 {
    P3=6;
    P0=value[miao/10];
    delay(20);
    P0=0;
    P3=7;
    P0=value[miao%10];
    delay(20);
    P0=0;
 }

if(i==2)
{
    P3=3;
    P0=value[fen/10];
    delay(20);
    P0=0;
    P3=4;
    P0=value[fen%10];
    delay(20);
    P0=0;
}

if(i==3)
 {
    P3=0;
```

```
        P0=value[shi/10];
        delay(20);
        P0=0;
        P3=1;
        P0=value[shi%10];
        delay(20);
        P0=0;
      }

   if(i==4)i=0;
  }
  //end
```

6.2 基于单片机的电子门迎控制系统的设计与实现

6.2.1 概　述

本设计是一个电子门迎计数控制系统，由光电接近开关实时进行检测是否有人靠近；如果有人靠近，则计数，并由单片机给出驱动信号，由继电器驱动交流电机把门打开 1 min，再由电机反转拖动门，使门关闭。以 STC89C52RC 单片机最小系统为核心，采用数码管作为显示介质；光电接近开关实时检查是否有人靠近，由继电器驱动交流接触器控制交流电机。

6.2.2 方案设计

本设计采用单片机充当主控器，再加上适量的外围实现此功能，采用单片机的价格便宜、性能稳定。应用的外围器件相对较少，这提高了系统的稳定性，且单片机控制简易，开发工具简单，很容易大批量生产。具体整体设计方框图如图 6-14 所示。

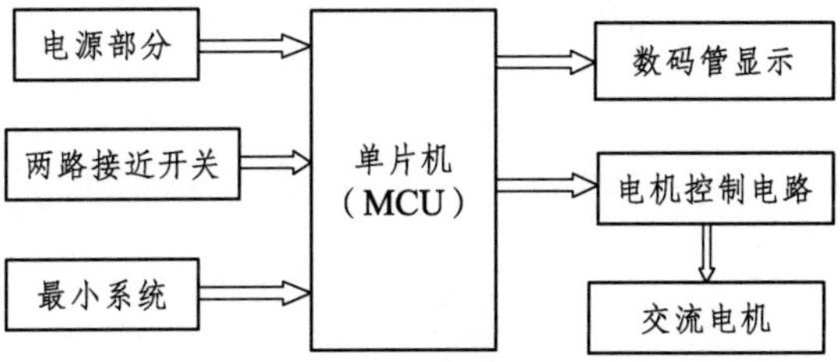

图 6-14　电子门迎系统框图

6.2.3 详细硬件设计及元件介绍

1. 电源电路模块设计

本设计采用直流 9 V 的电源给设计上供电，设计板电源电路由三端稳压管将 9 V 稳压到 5 V 再给单片机及其他电路供电。具体电路如图 6-15 所示。

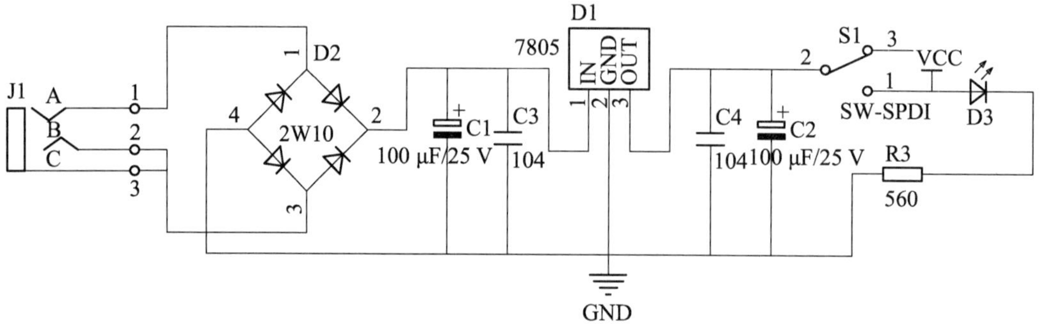

图 6-15　电源电路

2. 单片机最小系统

在基于单片机的应用系统中，其核心是单片机的最小系统，而单片机又是最小系统的核心，为了方便起见，采用的单片机型号是：STC89C52RC，内部资源有：8KB FLASH，512B SRAM，4 个 8 位 I/O，2 个 TC，1 个 UART，带 ISP 和 IAP 功能。是近年来流行的中端 51 单片机。时钟电路采用 12 MHz 晶体，复位电路采用简单的 *RC* 复位电路。R_7=10 kΩ，R_6= 1 kΩ，C_5=10 μF，复位电路与时钟电路如图 6-16 所示。

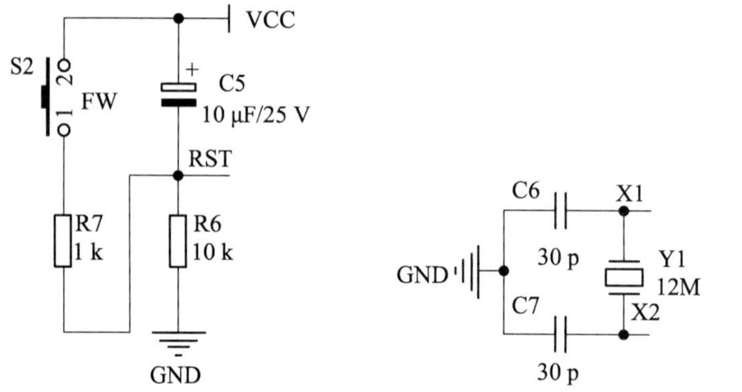

（a）复位电路　　（b）时钟电路

图 6-16　单片机最小系统电路

3. 光电接近开关输入接口电路

光电接近开关输入接口电路，光电开关 L1 接 P1.0，L2 接 P1.1，如图 6-17 所示。

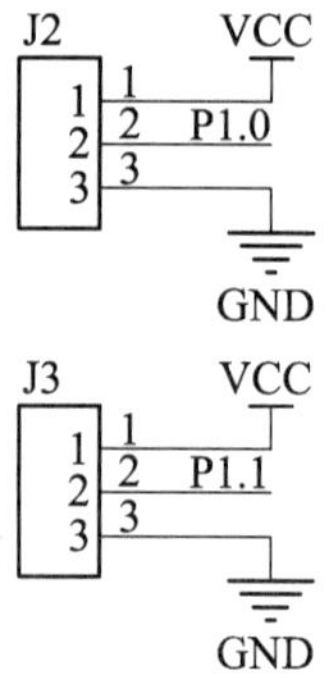

图 6-17　光电接近开关输入接口电路

4. 显示电路

设计需要实时显示当前的人数，为了直观地观察人数变化的效果，设置 2 个显示位，用数码管即可。P0 口接数码管显示人数的十位，P2 口接的数码管显示人数的个位，每个数码管需要接一个 200 ~ 1000 Ω 的电阻起分压作用。具体电路如图 6-18 所示。

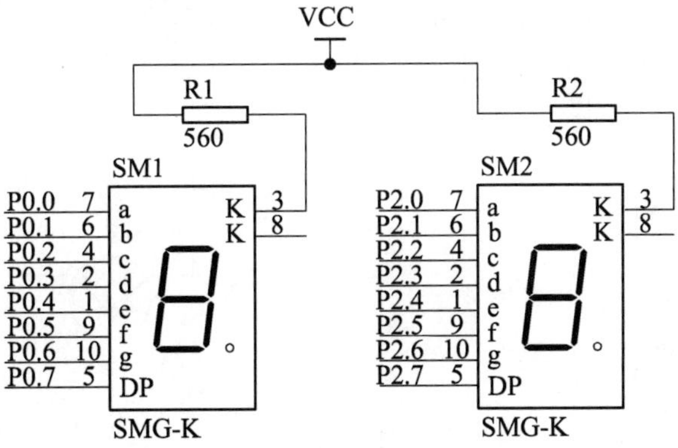

图 6-18　数码管显示电路

5. 电机控制电路

电机控制电路是一个弱电控制强电的电路，由 PNP 型三极管驱动继电器，单片机通过给继电器发送控制信号，来控制正反转动作。具体电路如图 6-19 所示。

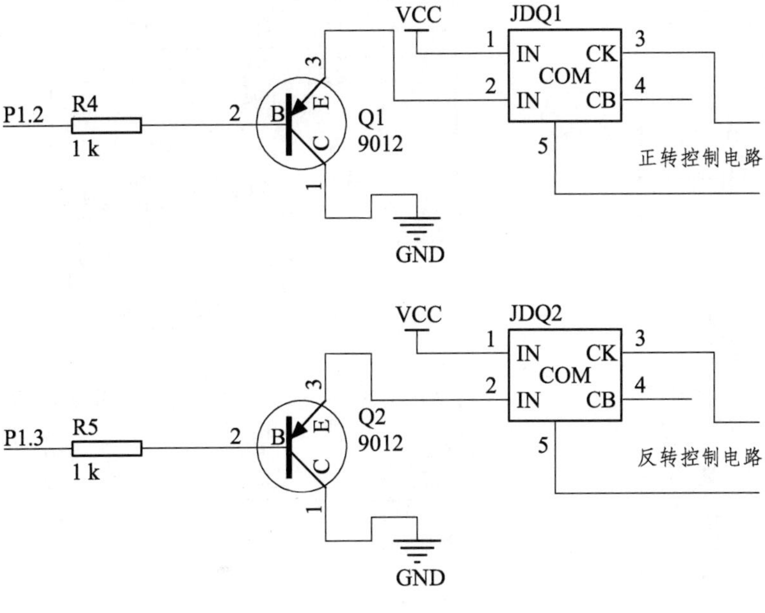

图 6-19　电机控制电路

6. 电子门迎系统控制部分原理图

电子门迎系统控制部分原理图，如图 6-20 所示。

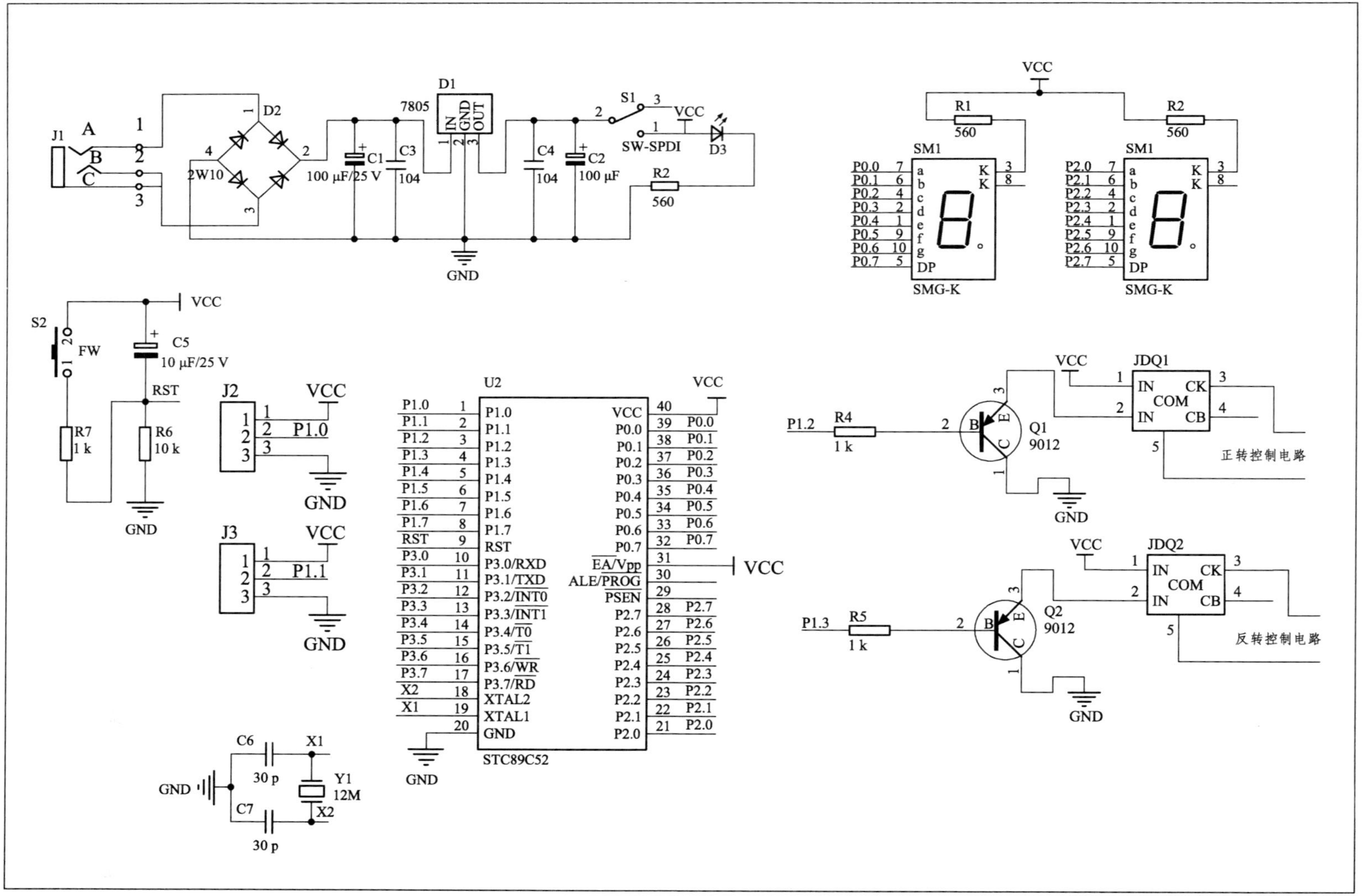

图 6-20　电子门迎系统控制部分原理图

7. 电子门迎控制系统元件清单

电子门迎控制系统元件清单，如表 6-5 所示。

表 6-5　电子门迎控制系统元件清单

电子门迎计数器系统				
模块名称		电子元件名称	规格	数量/个
电源模块		9 V 电源座	3.5 座	1
		电源开关	3 脚（拨动开关）	1
		硅桥	2A 圆形	1
		稳压管	7805（3A）	1
		发光二极管	红色	1
		电阻	560 Ω	1
		电容	100 μF/25 V	2
			104	4
最小系统	基本部件	单片机	STC89C52RC	1
		万用板	46X58	1
		单片机底座	DIP-40	1
	时钟电路	晶振	12 MHz	1
		电容	30 pF	2
	复位	按键	短柄	1
		电阻	1 kΩ	1
			10 kΩ	1
		电容	10 μF/25 V	1
显示		动态数码管	共阳	2
		电阻	560	2
传感器		接近式传感器		2
		电阻	10 kΩ	2

8. 电子门迎控制系统实物图

电子门迎控制系统实物图，如图 6-21 所示。

6.2.4　程序设计

1. 主程序流程图

主程序流程图，如图 6-22 所示。

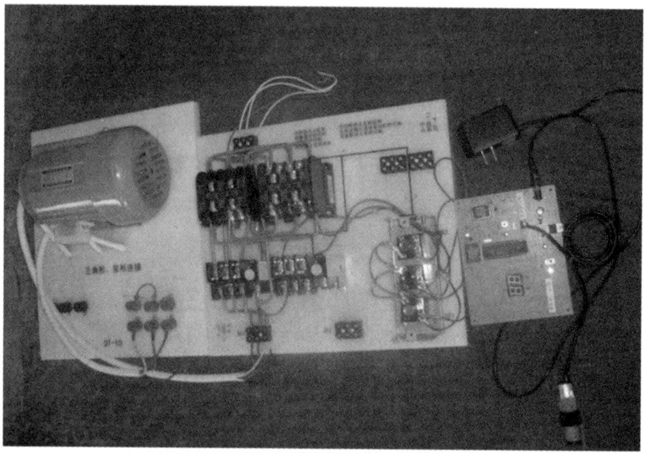

图 6-21　电子门迎控制系统实物图

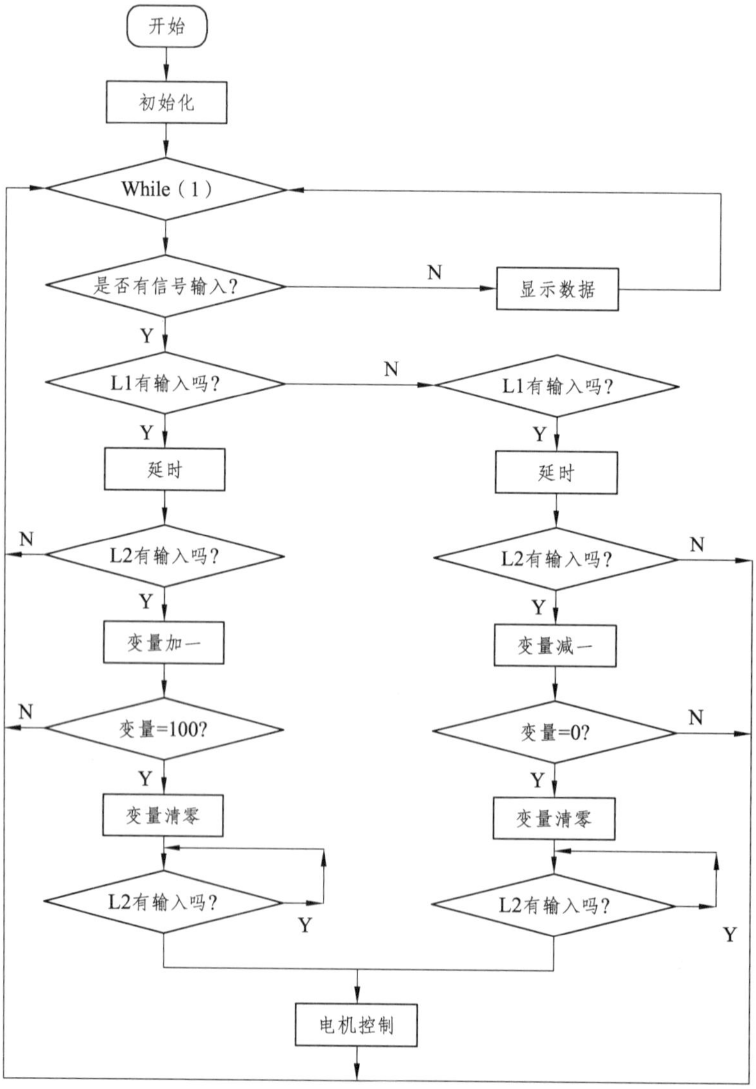

图 6-22　电子门迎控制程序流程图

2. 程序代码

```
#include<reg52.h>
sbit L1=P1^0; //进第一个
sbit L2=P1^1; //出第一个
sbit M1=P1^2; //电动机控制 M1
sbit M2=P1^3; //电动机控制 M2
char code table[]={
0xC0,0xF9,0xA4,0xB0,0x99,
0x92,0x82,0xF8,0x80,0x90};
int num=0;
void delay(unsigned int i)//延时函数
{
 while(i--);
}
void main()
{
	P1=0XFF;
	while(1)
	{
		if(P1!=0xff)
		{
		if(L1==0)
		{
		delay(4000);  //延时
		if(L2==0)     //确认有人进入
			{
			num++;    //进入加一
			if(num==100)
			num=0;
			while(!L2); //判断是否进入
			}
		}
		if(L2==0)
		{
			delay(4000);  //延时
			if(L1==0)   //确认有人出去
			{
			num--;      //有人出去减一
			if(num==0)
```

```
            num=0;
            while(!L1); //判断是否出去
            }

        }
        M1=0;               //启动开门
        delay(50000); //开门时间
        M2=0;               //启动关门
        }
        P0=table[num/10];
        P2=table[num%10];
    }
}
//end
```

6.3　基于 51 单片机的电子音乐盒的设计与实现

6.3.1　概　述

本节是一个基于 51 单片机的电子音乐盒，依据单片机控制技术原理，设计出一个可以播放多首音乐的数字音乐盒，并通过数码管显示当前是第几首音乐。系统设计了 3 个按键，具体功能：S1：暂停/播放；S2：加一首（下一首）；S3：减一首（上一首）。通过硬件电路制作以及软件编程，设计制作出一个多功能的电子音乐盒。

6.3.2　设计方案

在这个系统的设计中，单片机采用 51 兼容系列的 STC89C52RC。该系统由以下几部分构成：电源电路、单片机最小系统、发声电路、键盘控制电路、显示电路。系统框图如图 6-23 所示。

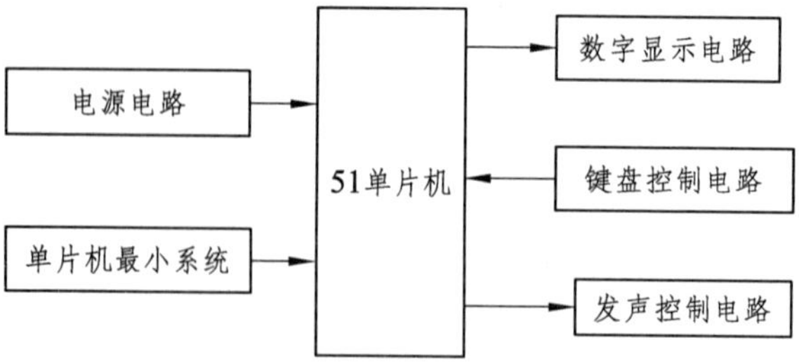

图 6-23　电子音乐盒系统框图

6.3.3　硬件设计及元件介绍

1. 电源电路

本系统采用 9 V 转 5 V 的电源电路为各模块供电，具体电路如图 6-24 所示。

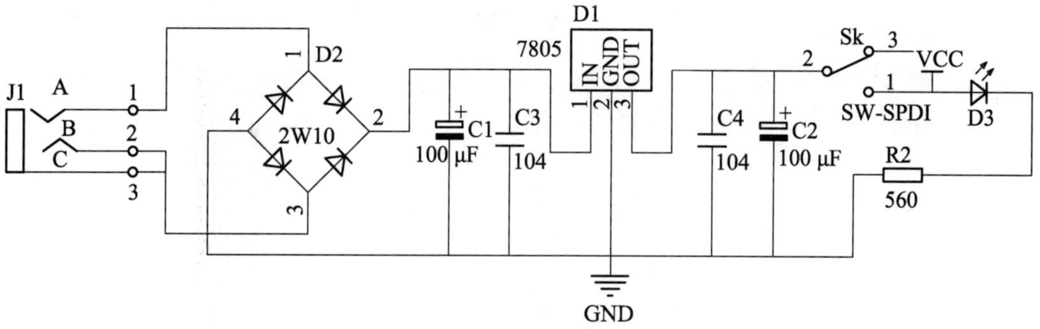

图 6-24　电源电路

2. 单片机最小系统

在基于单片机的应用系统中，其核心是单片机的最小系统，而单片机又是最小系统的核心，为了方便起见，采用的单片机型号是：STC89C52RC，内部资源有：8KB FLASH，512B SRAM，4 个 8 位 I/O，2 个 TC，1 个 UART，带 ISP 和 IAP 功能。是近年来流行的低端 51 单片机。时钟电路采用 12 MHz 晶体，复位电路采用简单的 *RC* 复位电路。R_4=1 kΩ，R_3=10 kΩ，C_5=10 μF，复位电路、时钟电路如图 6-25 所示。

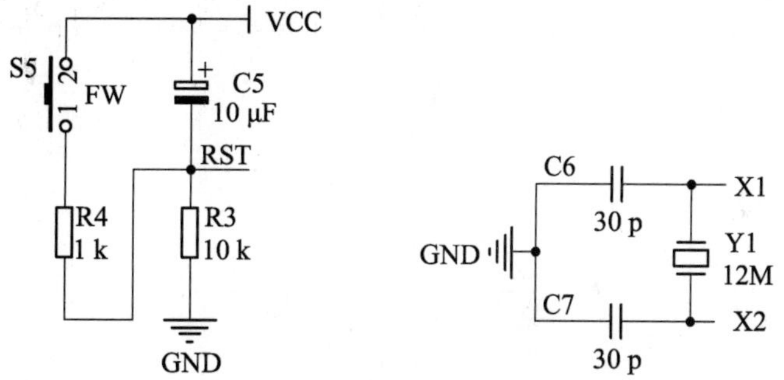

（a）复位电路　　　　（b）时钟电路

图 6-25　单片机最小系统组成电路

3. 发声控制电路

音乐的发声器采用小喇叭，使用 PNP 型三极管（9012）做驱动电路，具体电路如图 6-26 所示。

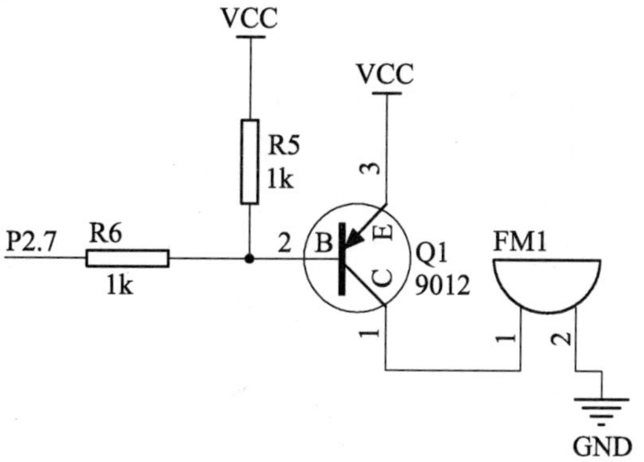

图 6-26　发声器驱动电路

4. 键盘控制电路

通过按键来控制乐曲的暂停/播放、加+、减-。S1，S2，S3 的功能设定如下：S1：暂停/播放；S2：乐曲/+；S4：乐曲/-。按键电路如图 6-27 所示。

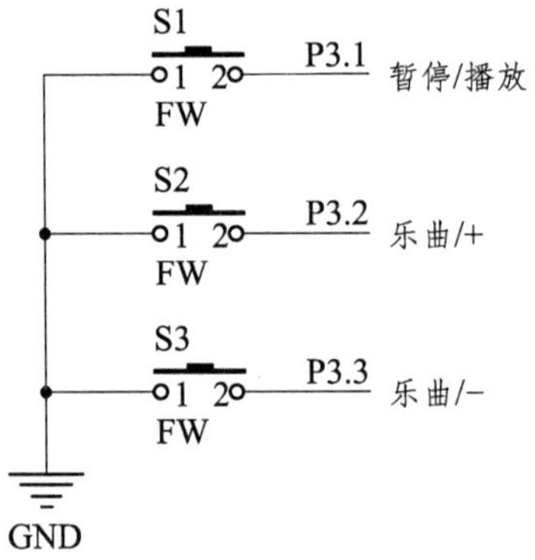

图 6-27　键盘控制电路图

5. 音乐首数显示电路

该电路用于显示当前的乐曲序列。为了直观地观察是哪一首曲子在播放，设置一位数码管作为显示。数码管需要接一个 200 ~ 1000 Ω 的电阻起分压作用。具体电路如图 6-28 所示。

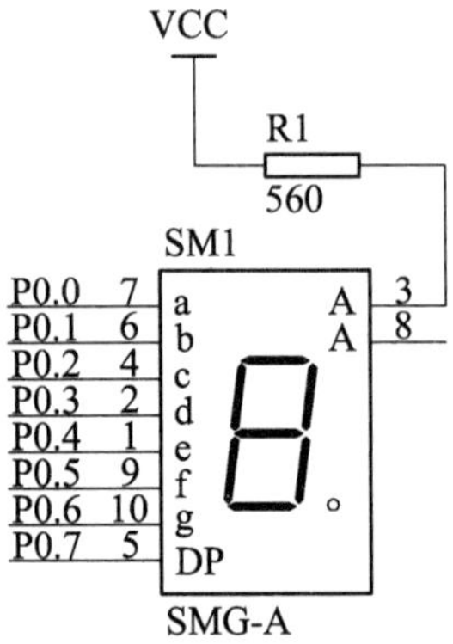

图 6-28　数码管电路

6.3.4　电子音乐盒原理简介

1. 工作原理

本设计由单片机系统、独立按键、数码管组成。利用 I/O 口产生一定频率的方波，驱动扬声器，发出不同的音调，从而实现乐曲的演奏。系统能通过功能键完成选择乐曲、播放、暂停和复位的基本功能。在播放乐曲的同时，数码管上显示所播放的歌曲序号，并可通过复位键使音乐盒从第一首歌曲开始重新演奏。本设计成本低廉，功能实用。

2. 音乐基础介绍

1）音调频率关系表

音调频率关系表，如表 6-6 所示。

表 6-6　音调频率关系表

低音	频率	中音	频率	高音	频率
$\underset{\cdot}{1}$	262	1	523	$\dot{1}$	1046
$\underset{\cdot}{2}$	294	2	587	$\dot{2}$	1175
$\underset{\cdot}{3}$	330	3	659	$\dot{3}$	1318
$\underset{\cdot}{4}$	349	4	698	$\dot{4}$	1397
$\underset{\cdot}{5}$	392	5	784	$\dot{5}$	1568
$\underset{\cdot}{6}$	440	6	880	$\dot{6}$	1760
$\underset{\cdot}{7}$	494	7	988	$\dot{7}$	1967

2）音调表的建立

由于单片机输出的是方波信号，波形如图 6-29 所示，其高低电平各占 1/2，根据单片机定时器工作原理可得：

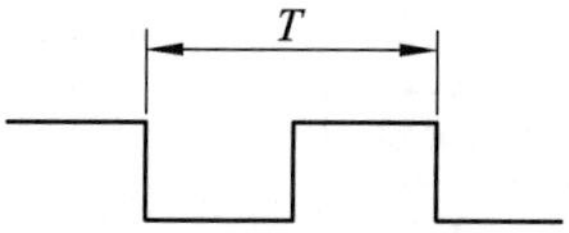

图 6-29　方波信号

定时时间=（满值-初值）×机器周期

则　初值=满值-定时时间/机器周期

=满值-定时时间/1 μs

$=2^{16}-(1/f\times 1/2)\times 10^{6}$

以低音 do 为例，其初值$=2^{16}-(1/262\times 1/2)\times 10^{6}$

=63627.6

≈63628

同理得其他音调值，具体如下：

```
unsigned int code table[]=
{0,63628,63835,64021,64103,64260,64399,64523,
   64579,64684,64777,64819,64898,64968,65030,
   65058,65110,65157,65178,65217,65252,65282};
```

3）音乐表的建立

以两只老虎音乐的乐谱为例：

1=C $\frac{4}{4}$　基拍为 $\frac{1}{4}$ 拍，1小节4拍

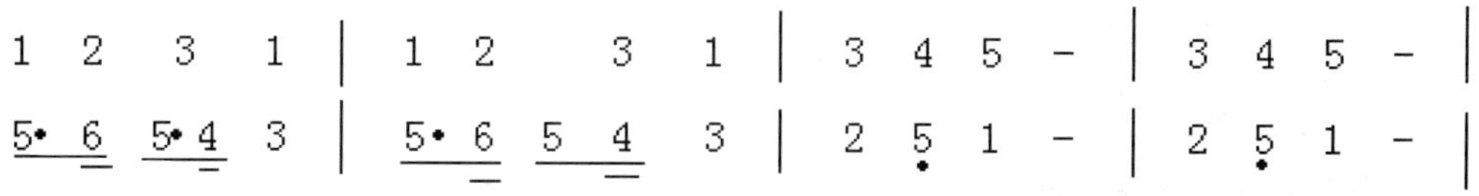

由乐谱很容易得到该音乐表

```
//liangzhilaohu
uchar code music1[]={8,4,9,4,10,4,8,4,8,4,9,4,10,4,8,4,
                     10,4,11,4,12,8,10,4,11,4,12,8,
                     12,3,13,1,12,3,11,1,10,4,8,4,
                     12,3,13,1,12,3,11,1,10,4,8,4,
                     9,4,5,4,8,8,9,4,5,4,8,8,0xff};
```

6.3.5 程序设计

电子音乐盒主流程图如图 6-30 所示。

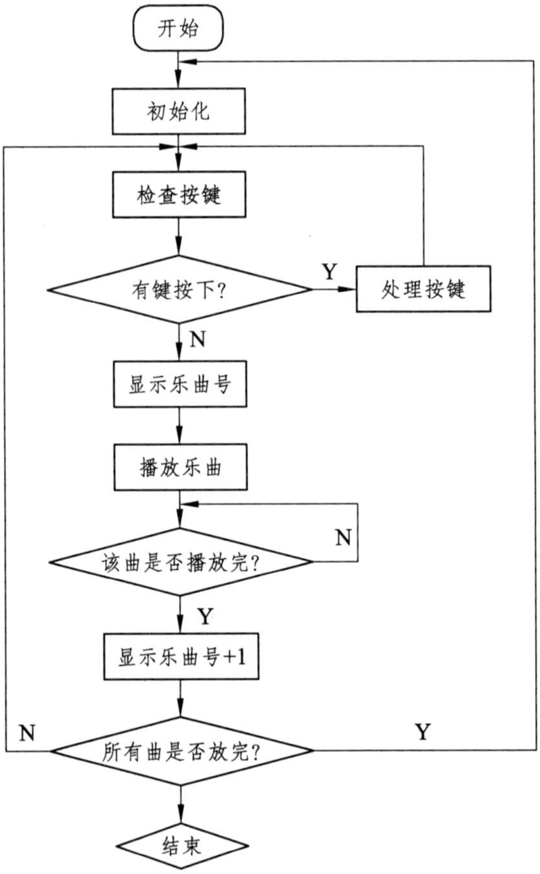

图 6-30 主程序流程图

电子音乐盒原理图，如图 6-31 所示。
电子音乐盒实物图，如图 6-32 所示。
电子音乐盒元件清单，如表 6-7 所示。

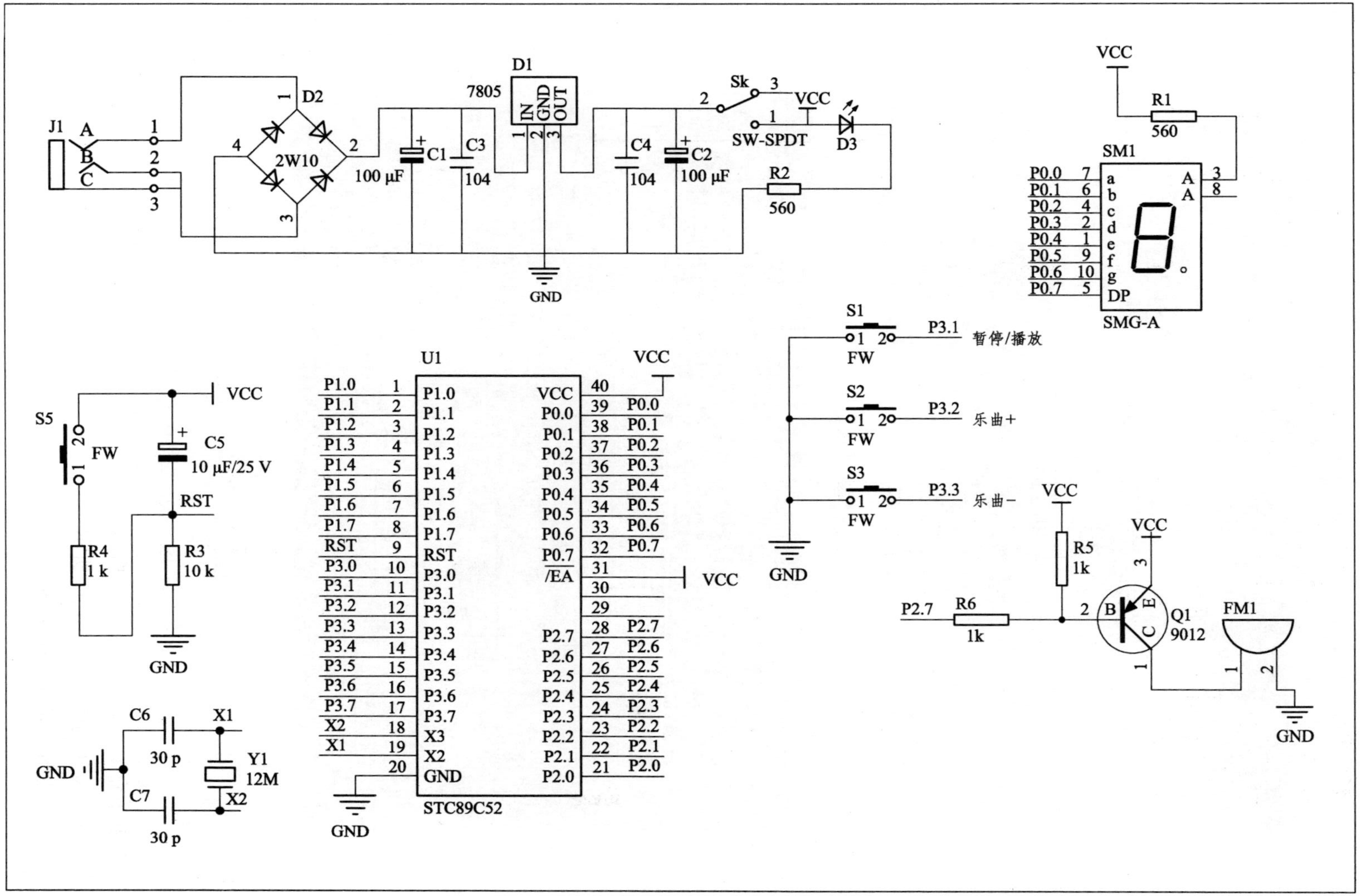

图 6-31　电子音乐盒原理图

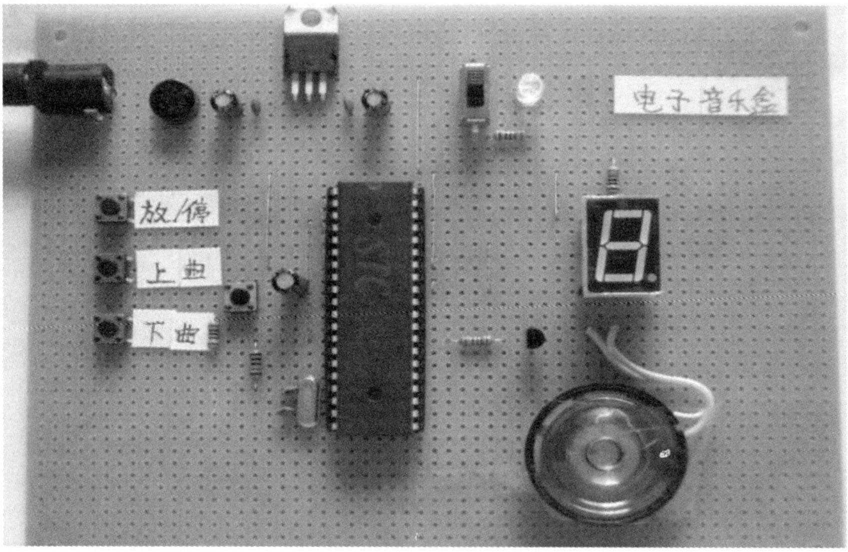

（a）正面

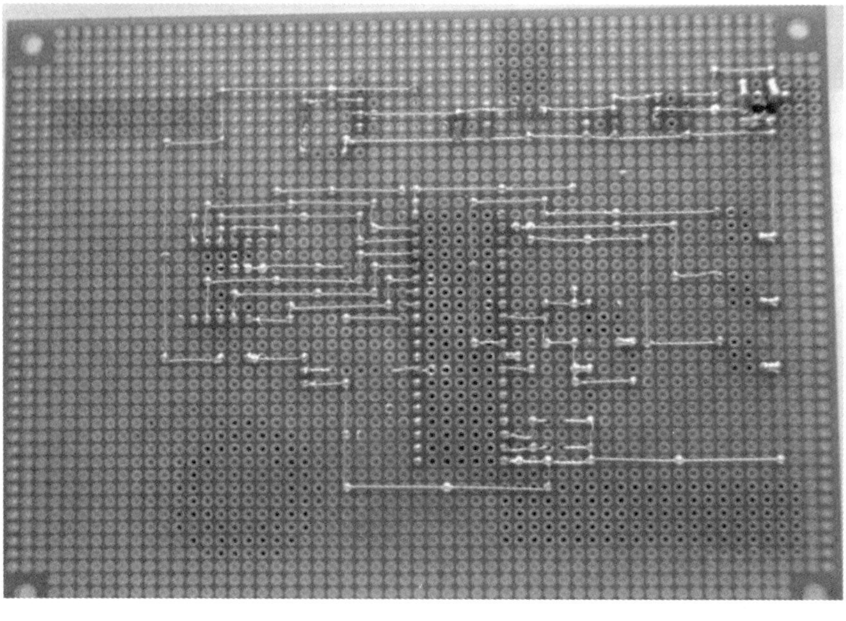

（b）反面

图 6-32　电子音乐盒实物

表 6-7　电子音乐盒元件清单

模块名称	电子元件名称	规格	数量
电源模块	9 V 电源座	3.5 座	1
	电源开关	3 脚（拨动开关）	1
	硅桥	2A 圆形	1

续表

模块名称		电子元件名称	规格	数量
电源模块		稳压管	7805	1
		发光二极管	红色	1
		电阻	560 Ω	1
		电容	100 μF/25 V	2
			104	2
单片机最小系统	基本部件	单片机	STC89C52RC	1
		万用板	46X58（孔）	1
		单片机底座	DIP-40	1
	时钟电路	晶振	12 MHz	1
		电容	30 pF	2
	复位	按键	短柄	1
		电阻	1 kΩ	1
			10 kΩ	1
		电容	10 μF/25 V	1
数码管显示		数码管	共阳极	1
		电阻	560 Ω	1
控制电路元件		按键	短柄	3
		小喇叭	5 V	1
		电阻	560 Ω/1 kΩ	2
		三极管	9012	1

电子音乐盒程序代码：

```
#include"reg52.h"                    //头文件声明
#define uchar unsigned char          //宏定义
#define uint unsigned int            //宏定义
sbit buzzer=P2^7;                    //音乐输出控制端口
void delay(uint z);                  //延时函数声明
void scan();                         //按键检测函数声明
sbit S1=P3^1;              //声明 P3.1 端口为 S1，功能：音乐的暂停/播放
sbit S2=P3^2;              //声明 P3.2 端口为 S2，功能：音乐的乐曲的加
sbit S3=P3^3;              //声明 P3.3 端口为 S3，功能：音乐的乐曲的减
bit flag=1;
uchar buf,high,low,n;
char i;
```

```
uint sound;
uchar code num[]={0xC0,0xF9,0xA4,0xB0,0x99,0x92,0x82,0xF8,0x80,0x90};
uint code table[]={0,63628,63835,64021,64103,64260,64399,64523,
                    64579,64684,64777,64819,64898,64968,65030,
                    65058,65110,65157,65178,65217,65252,65282};
uchar code music1[]={8,4,9,4,10,4,8,4,
                        8,4,9,4,10,4,8,4,
                        10,4,11,4,12,8,
                        10,4,11,4,12,8,
                        12,3,13,1,12,3,11,1,10,4,8,4,
                        12,3,13,1,12,3,11,1,10,4,8,4,
                        9,4,5,4,8,8,
                        9,4,5,4,8,8,0xff};//liangzhilaohu
uchar code music2[]={
8,2,9,2,10,2,8,2,12,8,13,2,13,2,15,2,13,2,12,8,13,2,13,2,15,4,
12,2,13,2,10,4,13,2,12,2,10,2,12,2,10,2,8,2,9,2,10,2,8,8,8,2,9,2,10,2,8,2,12,8,13,2,13,2,15,2,13,2,1
2,8,13,2,13,2,15,4,12,2,13,2,10,4,13,2,12,2,10,2,12,2,10,2,8,2,9,2,10,2,8,8,0xff};//shangxuege
uchar code music3[]={
12,4,15,2,13,2,12,4,12,4,10,2,12,2,13,2,15,4,12,4,12,4,13,4,12,2,10,2,9,4,9,4,10,4,12,2,10,2,9,
2,10,2,8,4,13,4,12,4,13,4,12,4,10,4,13,4,12,4,12,2,12,2,10,2,9,2,8,2,8,8,8,2,8,2,9,2,10,2,8,8,0xff};
uchar code music4[]={8,3,8,3,8,3,5,3,10,3,10,3,10,3,8,4,8,3,10,3,12,3,12,4,11,3,10,3,9,6,9,3,
10,3,11,3,11,4,10,3,9,3,10,3,8,4,8,3,10,3,9,3,5,4,7,3,9,3,8,6,0xff};
uchar code music5[]={
0,2,8,2,10,2,11,2,12,2,12,2,10,2,11,2,12,4,13,2,14,2,15,2,10,2,10,2,11,2,12,8,13,4,12,2,11,2,12,
2,15,2,15,4,13,4,13,2,14,2,15,4,14,4,12,4,10,2,11,2,12,4,13,2,14,2,15,4,14,2,13,2,12,8,11,2,12,2,13,
2,11,2,12,2,15,2,15,4,15,2,14,2,12,2,8,2,10,4,9,4,8,16,0xff};
uchar code *menu[]={0,music1,music2,music3,music4,music5};
uchar *p;
char j;
void int0() interrupt 0       //外部中断 0，用于控制乐曲序列的加
{
if(S2==0)
{
delay(1);
if(S2==0)
{
j++;
if(j==6){j=1;}
P0=num[j];
```

```
TR0=0;TR1=0;
n=0;i=3;
p=menu[j];
}
delay(1);
while(!S2);
}
}
void int1() interrupt 2    //外部中断 0，用于控制乐曲序列的减
{
if(S3==0)
{
delay(1);
if(S3==0)
{
j--;
if(j==0){j=5;}
P0=num[j];

TR0=0;TR1=0;
n=0;i=3;
p=menu[j];
}
delay(1);
while(!S3);
}
}
void t1() interrupt 3      //定时 t1
{
  TH1=(65536-50000)/256;
  TL1=(65536-50000)%256;
  n--;
  scan();
}
void t0() interrupt 1      //定时 t0
{
  TH0=high;
  TL0=low;
```

```
 buzzer=!buzzer;
}
void init()          //初始化单片机内部的寄存器
{
TMOD=0x11;
 TH1=(65536-50000)/256;
 TL1=(65536-50000)%256;
 EA=1;ET0=1;ET1=1;EX0=1;
 EX1=1;IT0=1;IT1=1;
}
void main()   //主函数
{
    init();         //调用初始化函数
    while(1)
    {
        for(j=1;j<6;j++)
        {
        P0=num[j];
        i=0;
        p=menu[j];
        delay(200);
        while(p[i]!=0)
        {
        buf=p[i];
        if(buf!=0)
        {
        sound=table[buf];
        high=sound/256;
        low=sound%256;
        TH0=high;
        TL0=low;
        if(flag){TR0=1;}
        else
        {
        while(!flag);
        }
        }
        else
```

```
		{
			TR0=0;
		}
			i++;
			n=p[i]*2;
			TR1=1;
			while(n!=0);
			i++;
			}
			}
		}
}

void scan()   //按键扫描，用于控制音乐的播放/暂停
{
	if(S1==0)
	 {
			delay(10);
			if(S1==0)
			{
			flag=!flag;
			TR0= ~ TR0;
			}
			while(!S1)
			{ delay(10); }
			while(!S1);
	  }
 }
 void delay(uint z)   //延时函数
{
uint x,y;
for(x=0;x<100;x++)
for(y=0;y<z;y++);
}

//end
```

6.4 基于单片机的 LED 电子广告牌的设计与实现

6.4.1 概　述

LED 电子显示屏（Light Emitting Diode Panel）是由几百到几十万个半导体发光二极管构成的像素点，按矩阵均匀排列组成。利用不同的半导体材料可以制造不同色彩的 LED 像素点。目前应用最广的是红色、绿色、黄色。而蓝色和纯绿色 LED 的开发已经达到了实用阶段。LED 显示屏是一种通过控制半导体发光二极管的亮度的方式，来显示文字、图形、动画、视频、录像信号等各种信息的显示屏幕。（以 16×64 点阵屏做广告牌为例）

6.4.2 方案设计

本节的采用“单片机+16×64 点阵屏”的方案，其中单片机采用 51 兼容系列单片机 STC89C52RC。这里主要说明 LED 条屏控制电路及 16×64 条屏的控制原理。具体设计框图如图 6-33 所示。

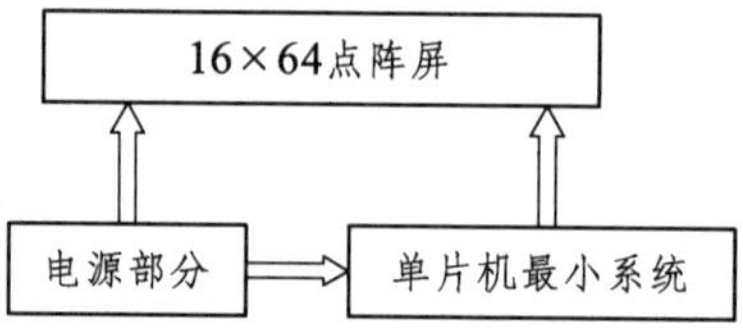

图 6-33　LED 广告牌设计框图

6.4.3 详细硬件设计及元件介绍

1. 电源电路图

本系统采用 9 V 转 5 V 的电源电路为各模块供电，具体电路如图 6-34 所示。

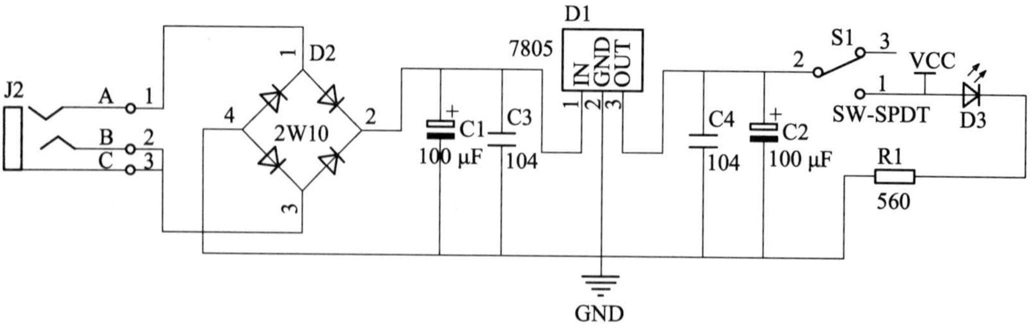

图 6-34　电源电路图

2. 单片机最小系统

在基于单片机的应用系统中，其核心是单片机的最小系统，而单片机又是最小系统的核心，为了方便起见，采用的单片机型号是：STC89C52RC，内部资源有：8KB FLASH，512B SRAM，4 个 8 位 I/O，2 个 TC，1 个 UART，带 ISP 和 IAP 功能。是近年来流行的低端 51 单片机。时钟电路采用 12 MHz 晶体，复位电路采用简单的 *RC* 复位电路。R_3=1 KΩ，R_2=10 KΩ，C_6=10 μF，复位电路、时钟电路如图 6-35 所示。

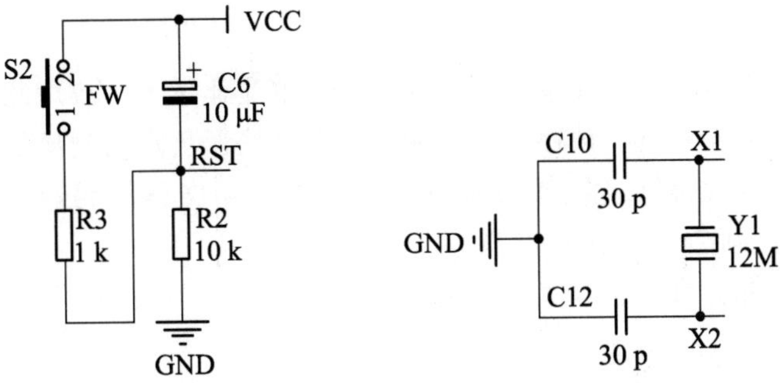

（a）复位电路　　　　（b）时钟电路

图 6-35　单片机最小系统组成电路

3. 16×64 点阵屏接口

16×64 点阵屏接口图如图 6-36 所示。

（1）SCK：串行输入时钟；

（2）GND；

（3）RTCK：锁存输入；

（4）GND；

（5）G1：绿 1；

（6）R1：红 1；

（7）G2：绿 2；

（8）R2：红 2；

（9）LD；

（10）EN：使能；

（11）LC；

（12）GND；

（13）LB；

（14）GND；

（15）LA；

（16）GND。

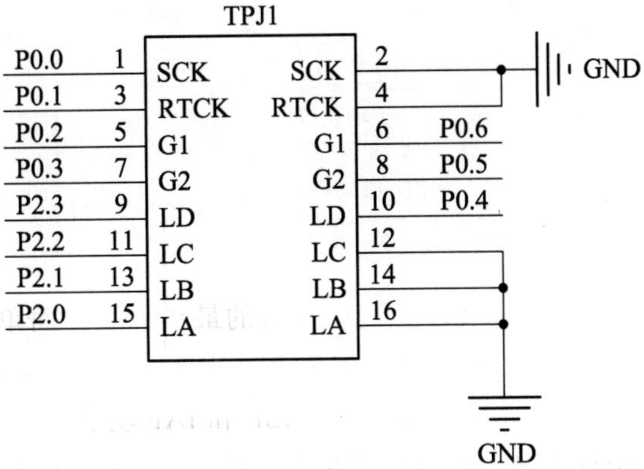

图 6-36　点阵屏接口图

4. 各个元件的作用

（1）74HC244：隔离单片机和条屏，因为条屏的电流比较大，故用此驱动信号。

（2）74HC595：串入并出、锁存、三态输出，共 8 快，负责列输出信号。

（3）74HC138：3-8 线译码器。负责行选，两块构成 4-16 线译码器。

（4）74HC04：控制 74HC138 的片选。

（5）4953：功率晶体管、吸收大量电流。

5. 16×64 点阵屏接口资源分配

LA=P2.0	LB=P2.1	LC=P2.2	LD=P2.3
SCK=P0.0	RTCK=P0.1	R2(SI)=P0.2	EN=P0.3

6.4.4 程序设计

静态显示汉字主程序流程图，如图 6-37 所示。

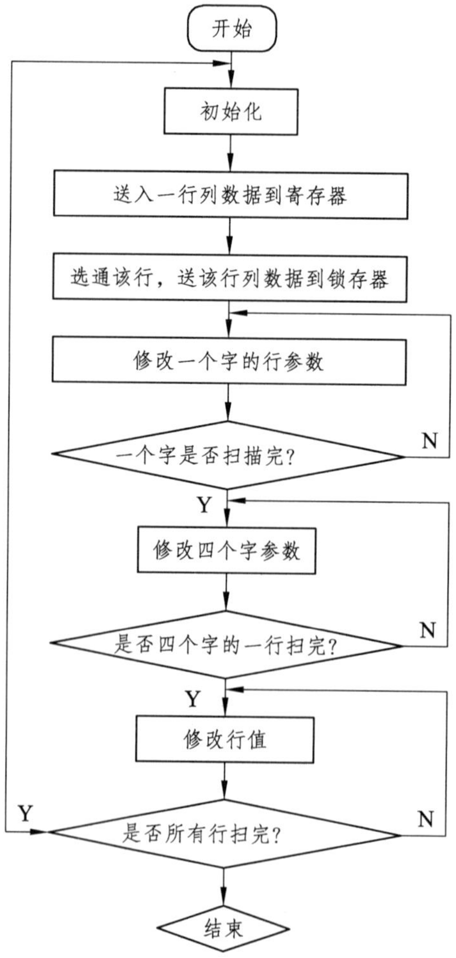

图 6-37 主程序流程图

LED 条屏控制电路原理图，如图 6-38 所示。

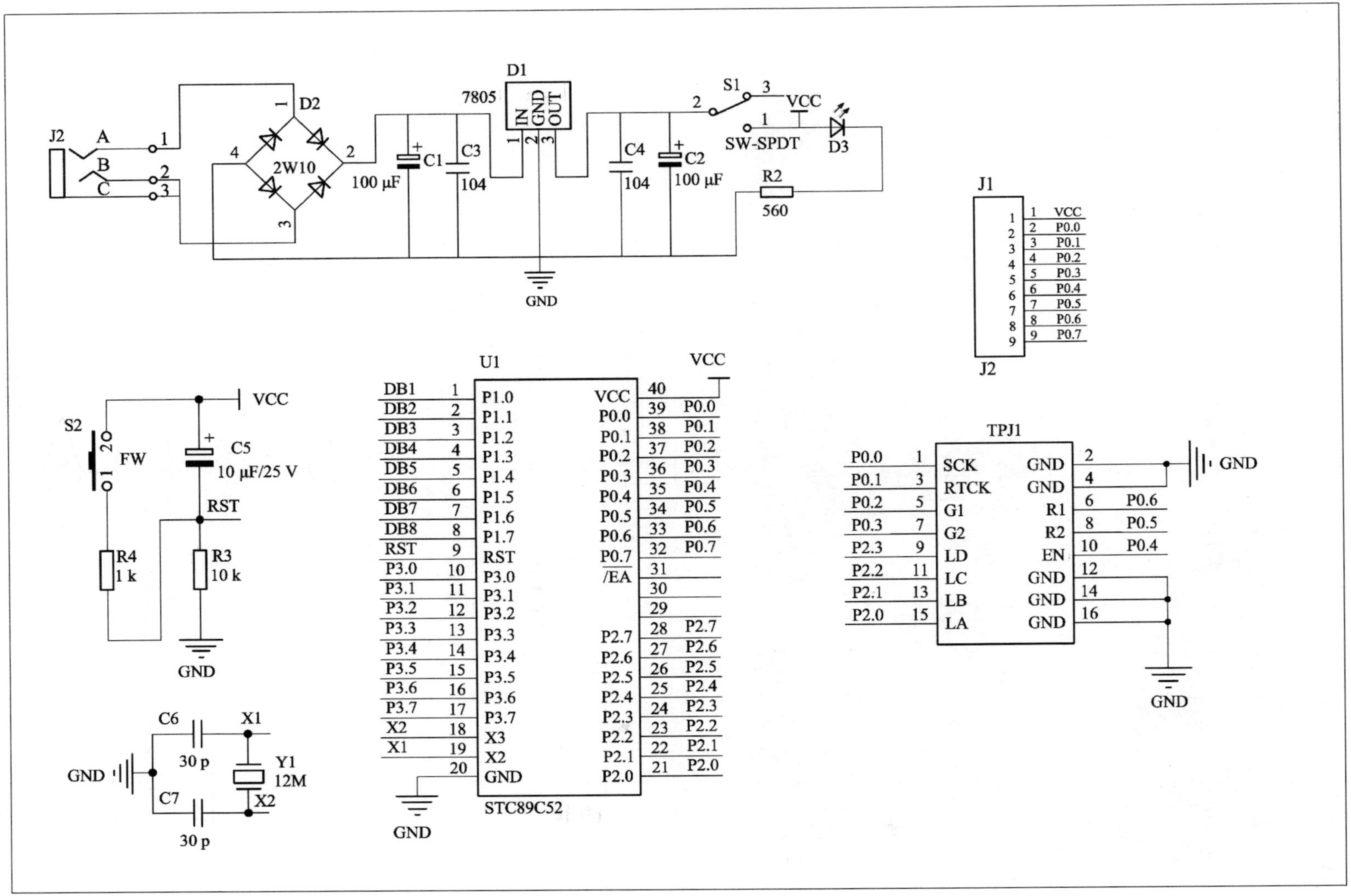

图 6-38 LED 条屏控制电路

LED 条屏控制电路，如图 6-39 所示。

图 6-39　LED 条屏控制电路

LED 条屏控制电路元件列表，如表 6-8 所示。

表 6-8　LED 条屏控制电路元件清单

模块名称		电子元件名称	规格	数量
电源模块		9 V 电源座	3.5 座	1
		电源开关	3 脚（拨动开关）	1
		硅桥	2A 圆形	1
		稳压管	7805（3A）	1
		发光二极管	红色	1
		电阻	560 Ω	1
		电容	100 μF/25 V	2
			104	4
最小系统	基本部件	单片机	STC89C52RC	1
		万用板	46X58	1
		单片机底座	DIP-40	1
	时钟电路	晶振	12 MHz	1
		电容	30 pF	2
	复位	按键	短柄	1

续表

模块名称		电子元件名称	规格	数量
最小系统	复位	电阻	1 kΩ	1
			10 kΩ	1
		电容	10 μF/25 V	1
显示控制接口		条屏	16X64	1 块
		排针		1 排
		按键	短柄	3

程序代码：

（1）名称：16×64 点阵静态显示汉字“欢迎光临”。

```
#include"reg52.h"
#define uchar unsigned char
#define uint unsigned int
#define hang P2   //a,b,c,d=p20,p21,p22,p23
sbit stcp=P0^1;   //(rtck rck)storage register clock input 锁存（输出 595 的内容并保持）
sbit ds=P0^2;     //serial data input 串行数据输入
sbit shcp=P0^0; //(sck)shift register clock input 数据输入时钟信号（上升沿时将 ds 上的信号输入 595）
sbit oe=P0^3;     //output enable 输出使能，低电平有效
uchar code table[]={
0xFF,0x7F,0xFF,0x7F,0x03,0x7F,0xFB,0x03,0xBA,0xFB,0xB9,0xB7,0xD7,0xBF,0xD7,0xBF,
0xEF,0xBF,0xD7,0xBF,0xDB,0x5F,0xBB,0x5F,0x7E,0xEF,0xFE,0xF7,0xFD,0xF1,0xF3,0xFB,//欢
0xFF,0xFF,0xBE,0x7B,0xD9,0x81,0xEB,0xBB,0xFB,0xBB,0xFB,0xBB,0x0B,0xBB,0xEB,0x3B,
0xEA,0xBB,0xE9,0xAB,0xEB,0xB7,0xEF,0xBF,0xEF,0xBF,0xD7,0xB9,0xB8,0x03,0xFF,0xFF,//迎
0xFE,0xFF,0xDE,0xF7,0xEE,0xF3,0xF6,0xEF,0xF6,0xDF,0xFE,0xFB,0x00,0x01,0xFB,0xBF,
0xFB,0xBF,0xFB,0xBF,0xFB,0xBF,0xF7,0xBF,0xF7,0xBD,0xEF,0xBD,0xDF,0xC1,0xBF,0xFF,//光
0xEF,0x7F,0xEF,0x7F,0xAE,0xFB,0xAE,0x01,0xAD,0xFF,0xAB,0x7F,0xA7,0x9F,0xAF,0xDB,
0xA8,0x01,0xAB,0xBB,0xAB,0xBB,0xAB,0xBB,0xAB,0xBB,0xEB,0xBB,0xE8,0x03,0xEB,0xFB,//临
};
void delay(uchar z)    //延时函数
{
    uchar x,y;
```

```
        for(x=0;x<25;x++)
            for(y=0;y<z;y++);
    }
    void main()
    {
        while(1)
        {
            uchar i,j,k,l,m,buf;
            for(l=0;l<50;l++)   //每幅画面刷 50 次
            {
                for(k=0;k<16;k++)   //一共 16 行
                {
                    for(m=0;m<4;m++)   //每行 4 个字
                    {
                        for(j=0;j<2;j++)   //一个字一行有 2 字节
                        {
                            buf=table[32*m+k*2+j];//注意 table 中的值
                            for(i=0;i<8;i++)
                            {
                                ds=buf&0x80;   //将数据发至数据线,只输出最高位,屏蔽
其他位
                                shcp=0;
                                shcp=1;                  //将数据写入相应寄存器
                                buf<<=1;
                            }
                        }
                    }
                    hang=k;//选通行(如先送列值,会整体上移一行，即 2～16 至 1～15，1 至 16)
                    stcp=0;
                    stcp=1;//将数据写入输出锁存器
                    oe=0;   //开输出使能
                    delay(1);
                    oe=1;   //关闭显示
                }
            }
        }
    }
```

（2）名称：16×64 点阵屏横向动态显示汉字“古都西安欢迎您！”。

```
#include"reg52.h"
#define uchar unsigned char
#define uint unsigned int

#define hang P2 //a,b,c,d=p20,p21,p22,p33
sbit stcp=P0^1; //(rtck rck)storage register clock input 锁存（输出 595 的内容并保持）
sbit ds=P0^2;     //serial data input 串行数据输入
sbit shcp=P0^0; //(sck)shift register clock input 数据输入时钟信号（上升沿时将 ds 上的信号输入 595）
sbit oe=P0^3;     //output enable 输出使能，低电平有效
void delay(uchar z)
{
    uchar x,y;
    for(x=0;x<20;x++)
        for(y=0;y<z;y++);
}
uchar code table[]={
0xff,0xff,0xff,0xff,0xff,0xff,0xff,0xff,0xff,0xff,0xff,0xff,0xff,0xff,0xff,0xff,
0xff,0xff,0xff,0xff,0xff,0xff,0xff,0xff,0xff,0xff,0xff,0xff,0xff,0xff,0xff,0xff,
0xff,0xff,0xff,0xff,0xff,0xff,0xff,0xff,0xff,0xff,0xff,0xff,0xff,0xff,0xff,0xff,
0xff,0xff,0xff,0xff,0xff,0xff,0xff,0xff,0xff,0xff,0xff,0xff,0xff,0xff,0xff,0xff,
0xff,0xff,0xff,0xff,0xff,0xff,0xff,0xff,0xff,0xff,0xff,0xff,0xff,0xff,0xff,0xff,
0xff,0xff,0xff,0xff,0xff,0xff,0xff,0xff,0xff,0xff,0xff,0xff,0xff,0xff,0xff,0xff,
0xff,0xff,0xff,0xff,0xff,0xff,0xff,0xff,0xff,0xff,0xff,0xff,0xff,0xff,0xff,0xff,
0xff,0xff,0xff,0xff,0xff,0xff,0xff,0xff,0xff,0xff,0xff,0xff,0xff,0xff,0xff,0xff,
0xFE,0xFF,0xFE,0xFF,0xFE,0xFF,0xFE,0xFB,0x00,0x01,0xFE,0xFF,0xFE,0xFF,0xFE,0xEF,0xE0,0x07,0xEF,0xEF,0xEF,0xEF,0xEF,0xEF,0xEF,0xEF,0xEF,0xEF,0xE0,0x0F,0xEF,0xEF,//古
0xEF,0xFF,0xED,0x83,0x80,0xBB,0xED,0xBB,0xEB,0xB7,0x00,0xB7,0xF7,0xAF,0xED,0xB7,
0xC0,0xBB,0x9D,0xBD,0x5D,0xBD,0xC1,0x9D,0xDD,0xAB,0xDD,0xB7,0xC1,0xBF,0xDD,0xBF,
//都
0xFF,0xFF,0xFF,0xFB,0x00,0x01,0xFB,0xBF,0xFB,0xBF,0xFB,0xBB,0x80,0x01,0xBB,0xBB,
0xBB,0xBB,0xBB,0xBB,0xBB,0xBB,0xB7,0xCB,0xAF,0xFB,0xBF,0xFB,0x80,0x03,0xBF,0xFB,//西
0xFD,0xFF,0xFE,0xFF,0x80,0x01,0xBF,0xFD,0x7D,0xFB,0xFD,0xFF,0xFD,0xFB,0x00,0x01,
0xFB,0xDF,0xF7,0xDF,0xE7,0xDF,0xF9,0xBF,0xFE,0x7F,0xFD,0xBF,0xF3,0xCF,0xCF,0xEF,//安
0xFF,0x7F,0xFF,0x7F,0x03,0x7F,0xFB,0x03,0xBA,0xFB,0xB9,0xB7,0xD7,0xBF,0xD7,0xBF,
0xEF,0xBF,0xD7,0xBF,0xDB,0x5F,0xBB,0x5F,0x7E,0xEF,0xFE,0xF7,0xFD,0xF1,0xF3,0xFB,//欢
0xFF,0xFF,0xBE,0x7B,0xD9,0x81,0xEB,0xBB,0xFB,0xBB,0xFB,0xBB,0x0B,0xBB,0xEB,0x3B,
```

```
0xEA,0xBB,0xE9,0xAB,0xEB,0xB7,0xEF,0xBF,0xEF,0xBF,0xD7,0xB9,0xB8,0x03,0xFF,0xFF, //迎
    0xF6,0xFF,0xF6,0xFF,0xEC,0x03,0xED,0xFB,0xCB,0xB7,0xA6,0xBF,0x6E,0xAF,0xED,0xB3,
0xEB,0xBB,0xEE,0xBF,0xEF,0x7F,0xFD,0xFF,0xAE,0x7B,0xAF,0x6D,0x6F,0xED,0xF0,0x0F, //您
    0xFF,0xFF,0xFE,0x7F,0xFC,0x3F,0xFC,0x3F,0xFC,0x3F,0xFC,0x3F,0xFC,0x3F,0xFE,0x7F,
    0xFE,0x7F,0xFE,0x7F,0xFF,0xFF,0xFE,0x7F,0xFC,0x3F,0xFE,0x7F,0xFF,0xFF,0xFF,0xFF,//!
    0xff,0xff,0xff,0xff,0xff,0xff,0xff,0xff,0xff,0xff,0xff,0xff,0xff,0xff,0xff,0xff,
    0xff,0xff,0xff,0xff,0xff,0xff,0xff,0xff,0xff,0xff,0xff,0xff,0xff,0xff,0xff,0xff,
    0xff,0xff,0xff,0xff,0xff,0xff,0xff,0xff,0xff,0xff,0xff,0xff,0xff,0xff,0xff,0xff,
    0xff,0xff,0xff,0xff,0xff,0xff,0xff,0xff,0xff,0xff,0xff,0xff,0xff,0xff,0xff,0xff,
    0xff,0xff,0xff,0xff,0xff,0xff,0xff,0xff,0xff,0xff,0xff,0xff,0xff,0xff,0xff,0xff,
    0xff,0xff,0xff,0xff,0xff,0xff,0xff,0xff,0xff,0xff,0xff,0xff,0xff,0xff,0xff,0xff,
    0xff,0xff,0xff,0xff,0xff,0xff,0xff,0xff,0xff,0xff,0xff,0xff,0xff,0xff,0xff,0xff,
    0xff,0xff,0xff,0xff,0xff,0xff,0xff,0xff,0xff,0xff,0xff,0xff,0xff,0xff,0xff,0xff,
    };
    void main()
    {
        while(1)
        {
            uchar i,j,k,l,m,n,buf;
            for(n=0;n<12;n++)   //画面个数,32*n 表示当前画面起始位置
            {
                for(l=0;l<40;l++)   //每幅画面刷 30 次
                {
                    for(k=0;k<16;k++)   //一共 16 行
                    {
                        for(m=0;m<4;m++)   //每行 4 个字,32*m 表示取第几个字
                        {
                            for(j=0;j<2;j++)   //一个字一行有 2 字节
                            {
                                buf=table[32*n+32*m+k*2+j];//注意 table 中的值
                                for(i=0;i<8;i++)
                                {
                                    ds=buf&0x80;   //将数据发至数据线,只输出最高位,
屏蔽其他位
                                    shcp=0;
                                    shcp=1;                    //将数据写入相应寄存器
                                    buf<<=1;
                                }
```

```
                        }
                    }
                    hang=k;//选通行(如先送列值,会整体上移一行，即 2 ~ 16 至 1 ~ 15，
1 至 16)
                    stcp=0;
                    stcp=1;//将数据写入输出锁存器
                    oe=0;  //开输出使能
                    delay(1);
                    oe=1;  //关闭显示
                }
            }
        }
    }
}
```

（3）名称：16×64 点阵屏纵向滚动显示汉字“实训就业”。

```
#include"reg52.h"
#define uchar unsigned char
#define uint unsigned int
#define hang P2 //a,b,c,d=p20,p21,p22,p23
sbit stcp=P0^1; //(rtck rck)storage register clock input 锁存（输出 595 的内容并保持）
sbit ds=P0^2;    //serial data input 串行数据输入
sbit shcp=P0^0; //(sck)shift register clock input 数据输入时钟信号（上升沿时将 ds 上的信号输入 595）
sbit oe=P0^3;    //output enable 输出使能，低电平有效
uchar code table[]={
0xFD,0xFF,0xFE,0xFF,0x80,0x01,0xB7,0xFD,0x79,0x7B,0xFD,0x7F,0xEF,0x7F,0xF3,0x7F,
0xFB,0x7B,0x00,0x01,0xFE,0xFF,0xFE,0xBF,0xFD,0xDF,0xFB,0xEF,0xE7,0xF3,0x9F,0xFB,//实
0xFE,0xFB,0xBE,0xFB,0xCE,0xDB,0xEE,0xDB,0xFE,0xDB,0xFE,0xDB,0x0E,0xDB,0xEE,
0xDB,0xEE,0xDB,0xEE,0xDB,0xEE,0xDB,0xEE,0xDB,0xE9,0xDB,0xE5,0xFB,0xEB,0xFB,0xF7,
0xFB,//训
0xEF,0xBF,0xF7,0xAF,0xFD,0xB7,0x00,0xBF,0xFF,0xBB,0xC0,0x01,0xDD,0xBF,0xDD,0xAF,
0xDD,0xAF,0xC1,0xAF,0xF7,0xAF,0xD5,0xAF,0xB6,0xAD,0x77,0x6D,0xD6,0xF1,0xED,0xFF,
//就
0xFB,0xBF,0xFB,0xBF,0xFB,0xBF,0xFB,0xBF,0xBB,0xBB,0xDB,0xBB,0xDB,0xB7,0xEB,
0xB7,0xEB,0xAF,0xEB,0xAF,0xEB,0x9F,0xFB,0xBF,0xFB,0xBF,0xFB,0xBB,0x00,0x01,0xFF,
0xFF, //业
};
```

```
void delay(uchar z)    //延时函数
{
    uchar x,y;
    for(x=0;x<30;x++)
        for(y=0;y<z;y++);
}
void main()
{
    while(1)
    {
        uchar i,j,k,l,m,n,buf;
        for(n=0;n<16;n++)
        {
            for(l=0;l<30;l++)    //每幅画面刷 30 次
            {
                for(k=0;k<16;k++)    //一共 16 行
                {
                    for(m=0;m<4;m++)    //每行 4 个字
                    {
                        for(j=0;j<2;j++)    //一个字一行有 2 字节
                        {
                            buf=table[32*m+((k+n)%16)*2+j];//注意 table 中的值
                            for(i=0;i<8;i++)
                            {
                                ds=buf&0x80;    //将数据发至数据线,只输出最高位,
屏蔽其他位

                                shcp=0;
                                shcp=1;                    //将数据写入相应寄存器
                                buf<<=1;
                            }
                        }
                    }
                    hang=k;//选通行(如先送列值,会整体上移一行,即 2 ~ 16 至 1 ~ 15,
1 至 16)

                    stcp=0;
                    stcp=1;//将数据写入输出锁存器
                    oe=0;    //开输出使能
                    delay(1);
```

```
                        oe=1;   //关闭显示
                    }
                }
            }
        }
}
//end
```

6.5 基于单片机的智能温控系统的设计与实现

6.5.1 概　述

随着嵌入式技术、计算机技术、通信技术的不断发展与成熟。控制系统因其直观、方便、准确、适用广泛而被越来越广泛地应用于工业控制、空调系统、智能楼宇等。恒温控制系统，控制对象是温度。温度控制在日常生活及工作领域应用的相当广泛，比如温室、水池、发酵缸、电源等场所的温度控制，以往温度控制是由人工完成的且不够重视，但其实，很多场所温度都需要监控以防止发生意外。针对此问题，本系统设计一种可连续高精度调温的温度控制系统。该系统应用广泛，功能强大，小巧美观，便于携带，是一款既实用又廉价的控制系统。

本设计是对温度进行实时监测与控制，设计的温度控制系统实现了基本的温度控制功能：被控温度范围可以调整，初始范围 30 °C≤T≤40 °C。如果被测温度在 30 °C ~ 40 °C，则既不加热，也不报警；如果被测温度小于 30 °C，则既加热，又报警；如果被测温度大于 40 °C，则报警，不加热。（数码管显示温度，温度精确到整数）

6.5.2 方案设计

在这个系统的设计中，采用单片机+单总线 DS18B20 的方案，其中单片机采用 51 兼容系列的 STC89C52RC。首先数字温度传感器采集温度信号，并将采集到的数字信号由单片机读回，处理后并在数码管上显示。系统框图如图 6-40 所示。

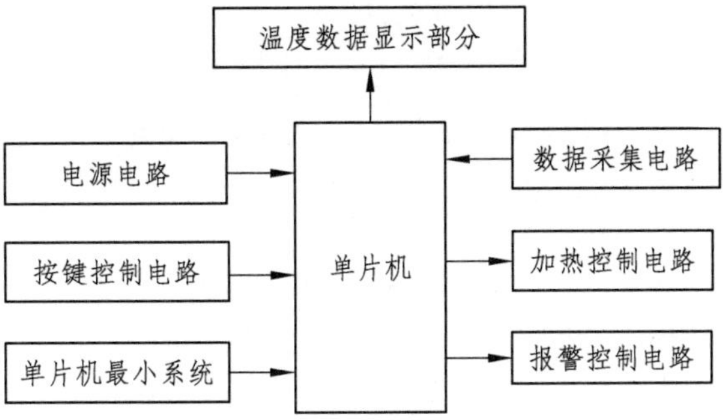

图 6-40　智能温控系统框图

6.5.3 详细硬件设计及元件介绍

1. 电源电路

本系统采用 9 V 转 5 V 的电源电路为各模块供电，具体电路如图 6-41 所示。

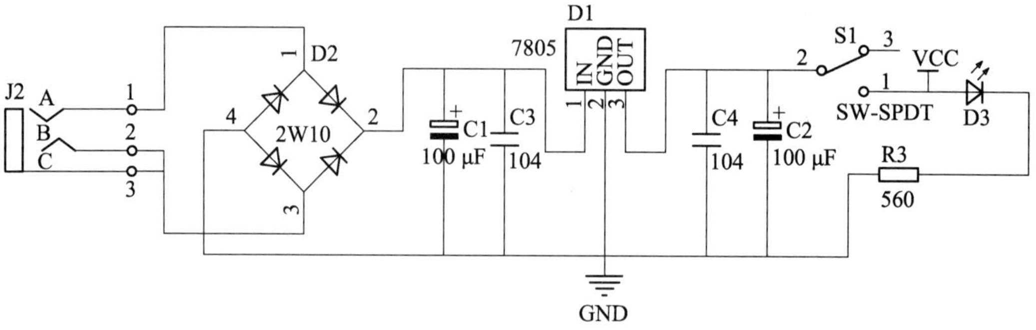

图 6-41　电源电路

2. 单片机最小系统

在基于单片机的应用系统中，其核心是单片机的最小系统，而单片机又是最小系统的核心，为了方便起见，采用的单片机型号是：STC89C52RC。其内部资源有：8KB FLASH，512B SRAM，4 个 8 位 I/O，2 个 TC，1 个 UART，带 ISP 和 IAP 功能，是近年来流行的 51 单片机。时钟电路采用 12 MHz 晶体，复位电路采用简单的 *RC* 复位电路。R_7=1 kΩ，R_6=10 kΩ，C_5=10 μF，复位电路、时钟电路如图 6-42 所示。

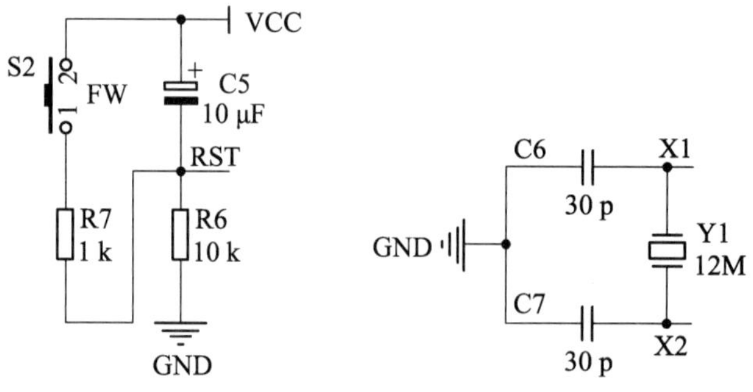

（a）复位电路　　（b）时钟电路

图 6-42　单片机最小系统组成电路

3. DS18B20 简介

DS18B20 是采用“1-wire”一线总线传输数据的集成温度传感器，信息经过单线接口送入 DS18B20 或从 DS18B20 送出，因此从中央处理器到 DS18B20 仅需连接一条线。可采用外部电源供电，也可采用总线供电方式，DS18B20 可以直接由数据线供电而不需要外部电源供电。

因为每一个 DS18B20 有唯一的系列号（silicon serial number），因此多个 DS18B20 可以存在于同一条单线总线上，这允许在许多地方放置温度灵敏器件。此特性的应用范围包括 HVAC

环境控制，建筑物、设备或机械内的温度检测。

1）DS18B20 与单片机接口

DS18B20 与单片机接口，如图 6-43 所示。

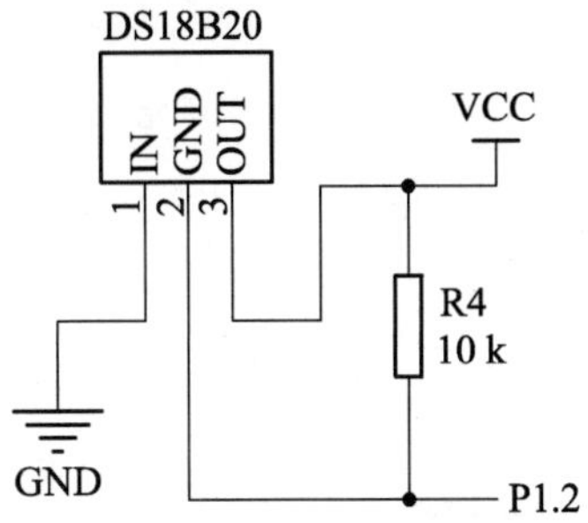

图 6-43　单片机与 DS18B20 的接口电路

2）DS18B20 的工作过程及时序

DS18B20 工作过程中的协议如下：

初始化、ROM 操作命令、存储器操作命令、数据处理。

（1）初始化。

单总线上的所有处理均从初始化开始。

（2）ROM 操作命令。

总线主机检测 DS18B20 的存在，便可以发出 ROM 操作命令，这些命令如下：

指令	操作代码
Read ROM（读 ROM）	[0X33]
Match ROM（匹配 ROM）	[0X55]
Skip ROM（跳过 ROM）	[0XCC]
Search ROM（搜索 ROM）	[0XF0]
Alarm search（告警搜索）	[0XCE]

（3）存储器操作指令。

指令	操作代码
Write Scratchpad（写暂存存储器）	[0X4E]
Read Scratchpad（读暂存存储器）	[0XBE]
Copy Scratchpad（复制暂存存储器）	[0X48]
Convert Temperature（温度转换）	[0X44]
Recall EPROM（重新调用）	[0XB8]
Read Power supply（读电源）	[0XB4]

（4）时序。

主机使用时间间隙(time slots)来读写 DS18B20 的数据位和写命令字的位。

① 初始化。

初始化时序如图 6-44 所示。

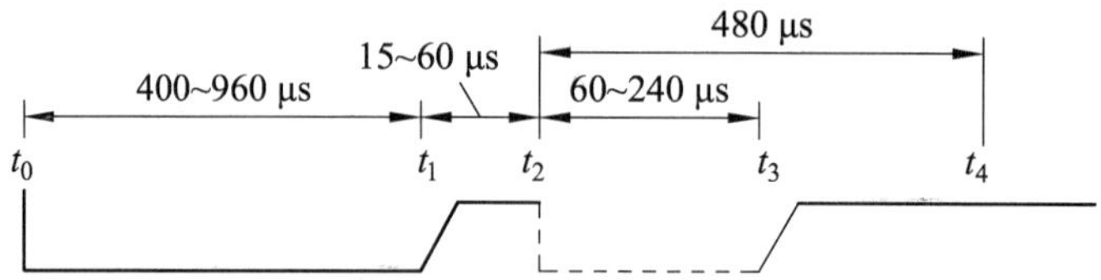

图 6-44　DS18B20 初始化时序

② 读一个字节的时序图，如图 6-45 所示。

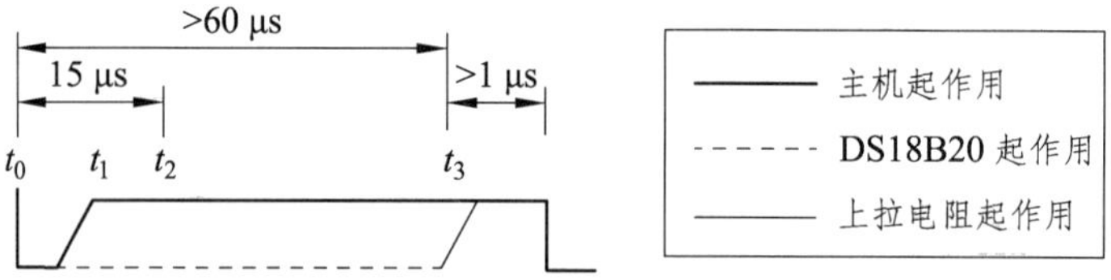

图 6-45　DS18B20 读一个字节的时序图

③ 写一个字节的时序图，如图 6-46 所示。

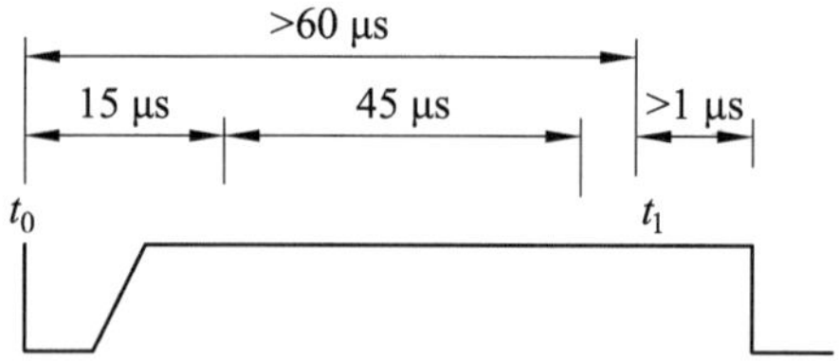

图 6-46　DS18B20 写一个字节的时序图

4. 按键电路

通过按键来调节事先设定好的温度控制值。S3、S4、S5 的功能设定如下：S3：上限/+；S4：下限/−；S5：确定。按键电路如图 6-47 所示。

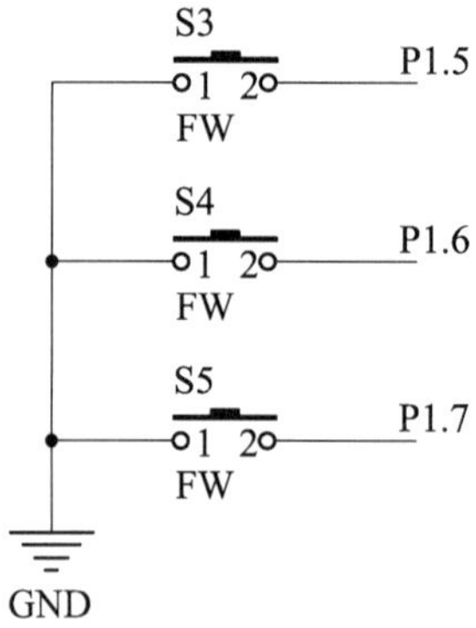

图 6-47　按键电路

5. 加热控制电路

加热控制电路是一个弱电控制强电的电路，由 PNP 型三极管驱动继电器工作。单片机通过给继电器控制信号，来控制加热装置进行相应的操作，具体驱动电路如图 6-48 所示。

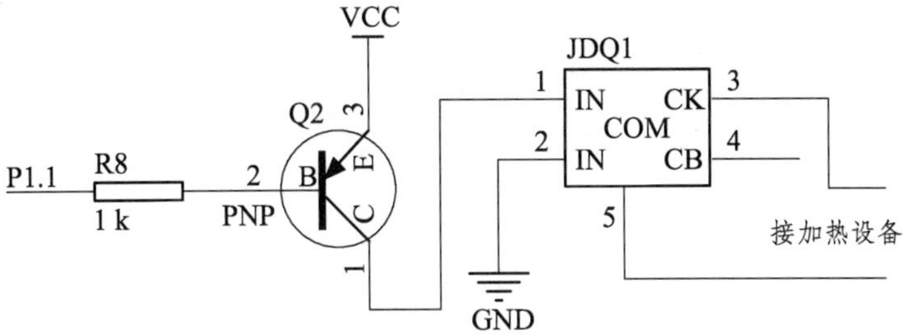

图 6-48　加热控制电路

6. 报警控制电路

报警控制电路是 PNP 型三极管驱动蜂鸣器发声(即报警),单片机通过给蜂鸣器控制信号，来控制蜂鸣器发声，具体驱动电路如图 6-49 所示。

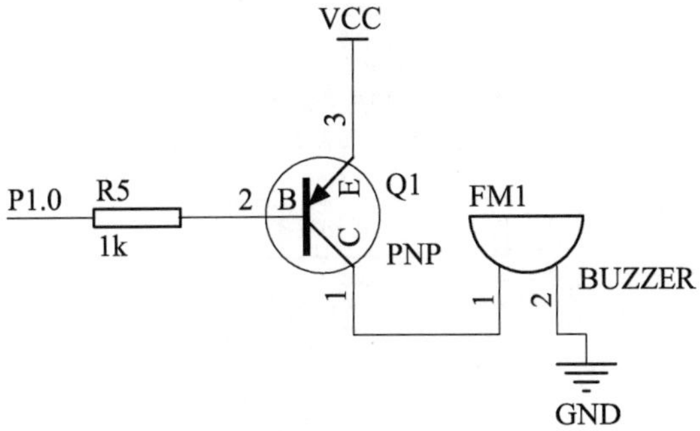

图 6-49　报警控制电路

7. 温度显示部分

该系统需要实时显示当前的温度。为了直观地观察温度变化的效果，设置 2 个显示位，用数码管即可。P0 口接的数码管显示温度的十位，P2 口接的数码管显示温度的个位，每个数码管需要接一个 200 ~ 1000 Ω 的电阻起分压作用。具体电路如图 6-50 所示。

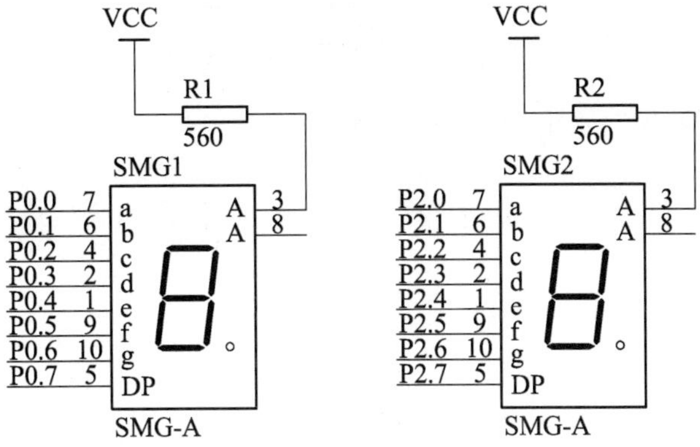

图 6-50　数码管显示电路

6.5.4　程序设计

主程序流程图，如图 6-51 所示。

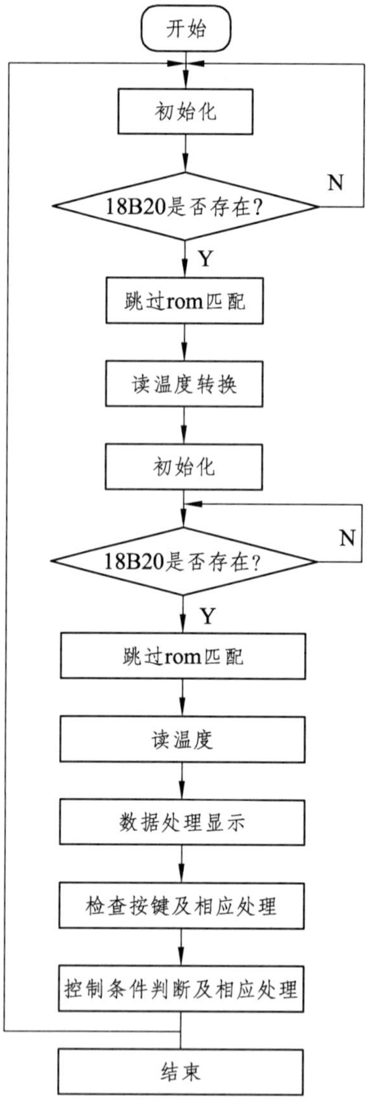

图 6-51　主程序流程图

单片机智能温控系统原理图，如图 6-52 所示。

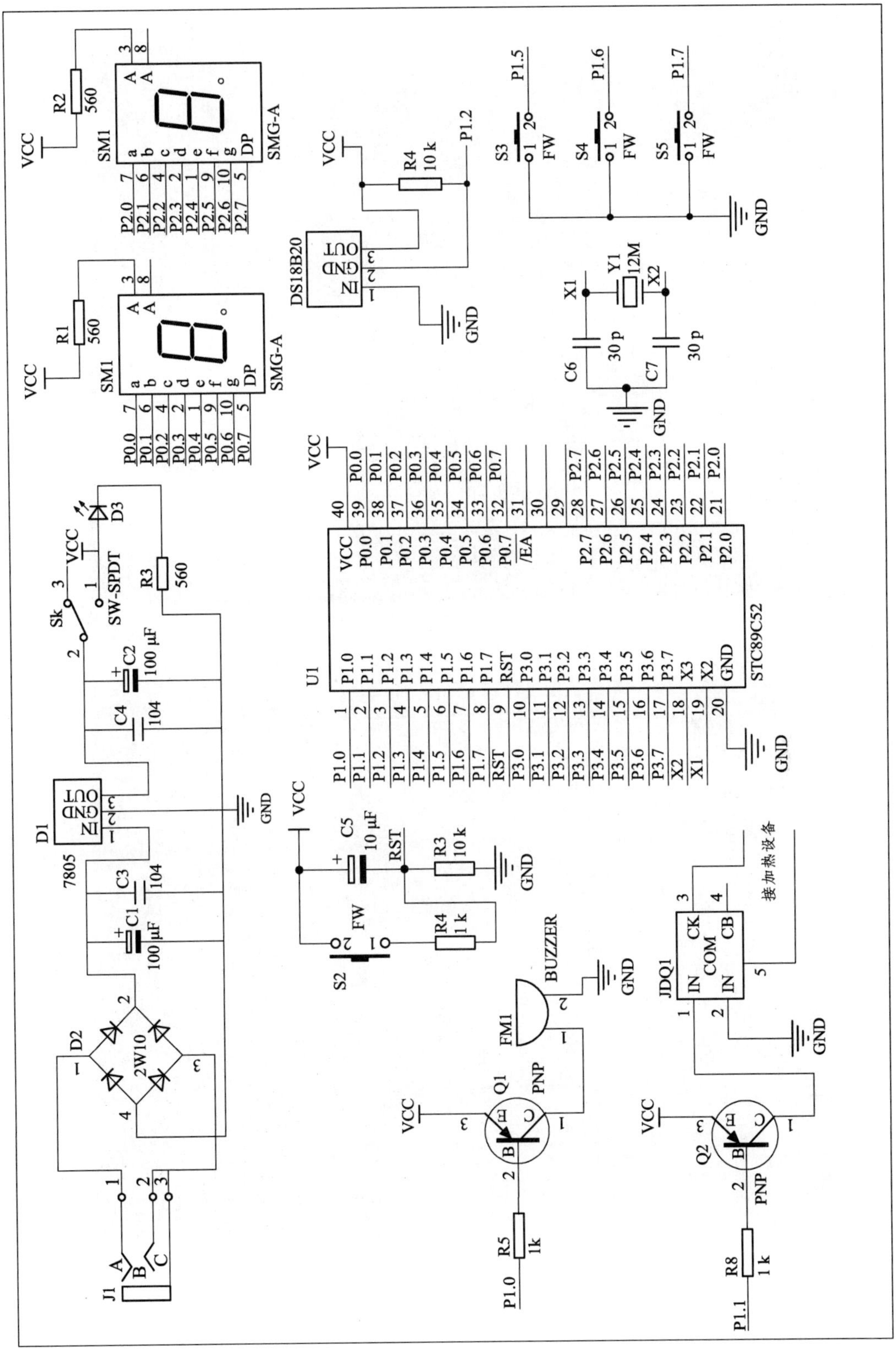

图 6-52 单片机智能温控系统原理图

电子智能温控系统实物图，如图 6-53 所示。

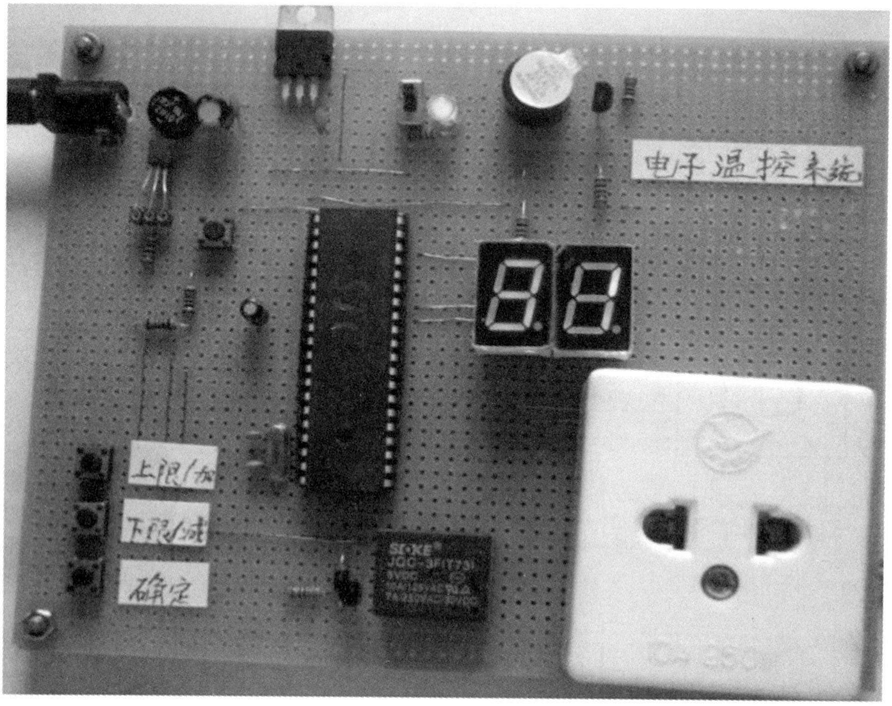

（a）正面

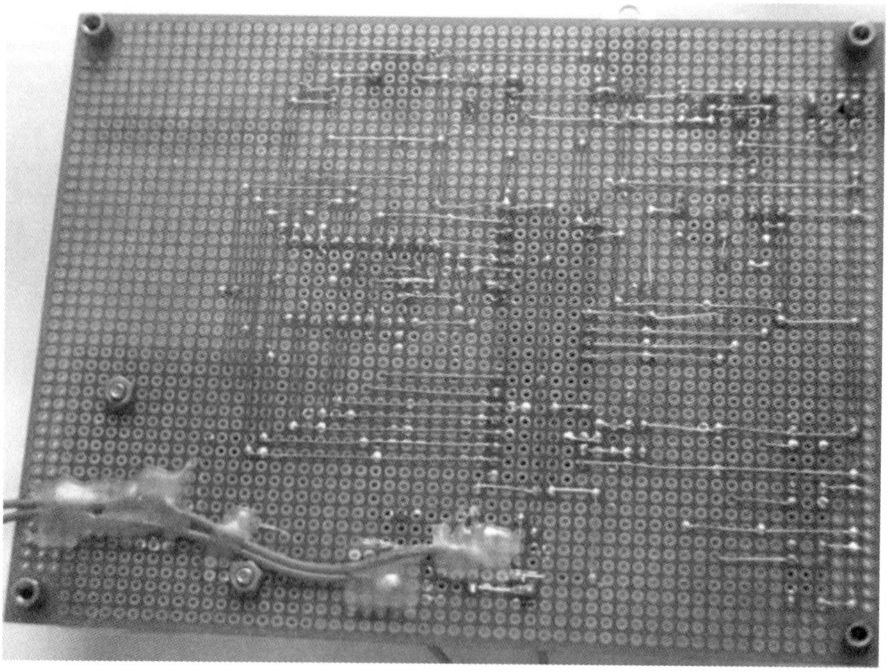

（b）反面

图 6-53　单片机智能温控系统实物

单片机智能温控系统元件清单，如表 6-9 所示。

表 6-9　电子智能温控系统模块元件

模块名称		电子元件名称	规格/型号	数量
电源模块		9 V 电源座	3.5 座	1
		电源开关	3 脚（拨动开关）	1
		硅桥	2A 圆形	1
		稳压管	7805	1
		发光二极管	红色	1
		电阻	560 Ω	1
		电容	100 μF/25 V	2
			104	2
最小系统	基本部件	单片机	STC89C52RC	1
		万用板	46X58（孔）	1
		单片机底座	DIP-40	1
	时钟电路	晶振	12 MHz	1
		电容	30 pF	2
	复位	按键	短柄	1
		电阻	1 kΩ	1
			10 kΩ	1
		电容	10 μF/25 V	1
数码管显示		数码管	共阳极	2
		电阻	560 Ω	2
数据采集		传感器	DS18B20	1
		电阻	10 kΩ	1
控制/报警部分		三极管	9012	1
		继电器	5 V	1
		二极管	1n4007	1
		电阻	1 kΩ	2
		蜂鸣器	5 V	1
		三极管	9012	1
		按键	短柄	3

电子智能温控系统程序代码：

```
#include<reg52.h>        //52 单片机头文件
#define uchar unsigned char      //宏定义
#define uint unsigned int      //宏定义
sbit DQ=P1^2;            //18b20 数据端口
sbit LEDj = P1^1;        //加热
sbit LEDb = P1^0;        //报警
```

```
sbit keyup=P1^5;           //上限/加+
sbit keydn=P1^6;           //下限/减-
sbit keydi=P1^7;           //确定
uint tmax=40;              //上限值
uint tmin=30;              //下限值
uint temp,temp1,shi,ge,i,j,x;  // 参量定义
uchar code table[]={0xC0,0xF9,0xA4,0xB0,0x99,
0x92,0x82,0xF8,0x80,0x90,0xff};    //显示数据表
void delay(uint z)         //延时函数
{
while(z--);
}
void sjcl()           //数据处理
{
   if(temp1>tmax)   //   如果温度大于最大值
   {
   LEDj=1;
   LEDb=0;
   }
   else if(temp1>=tmin&&temp1<=tmax) //如果温度介于最大值与最小值之间
   {
   LEDb=1;
   }
   else if(temp1<tmin)     //如果温度小于最小值
   {
   LEDj=0;
   LEDb=0;
   }
}
void csh()       //初始化函数
{
       uchar x;
       DQ=1;
       delay(8);
       DQ=0;
       delay(80);
       DQ=1;
       delay(10);
       x=DQ;
```

```
    delay(5);
}
  void writeonechar(uchar dat) //写一个字节
  {
       uchar i=0;
   for(i=0;i<8;i++)
   {
     DQ=0;
     DQ=dat&0x01;
     delay(5);
     DQ=1;
     dat>>=1;
   }
     delay(5);
  }
  unsigned char Readonechar() //读一个字节
  {
    uchar i=0;
    uchar dat=0;
    for(i=0;i<8;i++)
  {
     DQ=0;
     dat>>=1;
    DQ=1;
    if(DQ==1)
    dat|=0x80;
    delay(5);
  }
    return(dat);
  }
  unsigned int ReadWD()     //读温度
  {
    uchar c=0;
    uint d=0;
    uint t=0;
    csh();
    writeonechar(0xCC);
    writeonechar(0x44);
    delay(200);
```

```
    csh();
    writeonechar(0xCC);
    writeonechar(0xBE);
    c=Readonechar();
    d=Readonechar();
    d<<=8;
    t=c+d;
    return(t);
}
void xs(uchar shi,uchar ge) //显示函数
{
        P0=table[shi];
        P2=table[ge];
}
void key()     //按键处理
{
      if(keyup==0)     //如果 keyup 按下
      {
            for(j=0;j<100;j++)
            {
                  shi=tmax/10;
                  ge=tmax%10;
                  xs(shi,ge);
                  delay(10000);
                  shi=10;
                  ge=10;
                  xs(shi,ge);
                  delay(10000);
                  if(keydi==0)
                  break;
                  if(keyup==0)        //再次如果 keyup 按下
                  {
                     tmax++;
                     while(keyup==0);
                  }
                  if(keydn==0)        //此时如果 keydn 按下
                  {
                     tmax--;
                     while(keydn==0);
```

```
                }
                }
            }
            else if(keydn==0)     //如果 keydn 按下
            {
                for(j=0;j<100;j++)
                {
                  shi=tmin/10;
                  ge=tmin%10;
                  xs(shi,ge);

                  delay(10000);
                  shi=10;
                  ge=10;
                  xs(shi,ge);

                  delay(10000);
                  if(keydi==0)
                  break;
                  if(keyup==0)     //此时如果 keyup 按下
                {
                  tmin++;
                  while(keyup==0);
                }
                if(keydn==0)
                {
                  tmin--;
                  while(keydn==0); //再次如果 keydn 按下
                }
            }
        }
}
void main()          //主函数
{
        while(1)       //大循环
        {
        if(x==0)       //判断 18B20 是否存在，为 0 存在
        {
            temp=ReadWD();   //读温度
```

```
            temp1=temp>>4;
            shi=temp1/10;
            ge=temp1%10;
        }
        key();              //调用按键扫描
        sjcl();             //调用数据处理
        xs(shi,ge);         //调用数据显示
        }
    }

//end
```

6.6 基于 51 单片机的液位控制系统设计与实现

6.6.1 概　述

本节基于 STC89C52RC 单片机的开发系统，利用其数据处理功能实现对电阻式液位传感器得到的信号的处理，实现对液位的显示，并且对测得的液位根据实际需要对被控对象进行相应的处理，达到自动控制的目的。本节设计旨在对 51 单片机各个资源，如外部中断、定时计数器、输入输出端口的灵活运用和掌握。在对这些资源进行整合利用后，实现了液位测量系统从软件到硬件整个的系统设计过程，实现了预期的功能。

控制器将传感器采集到的电压信号处理以后，转换成为液位高度，送给八段动态数码管显示。控制模块是在将得到的液位值与液位上限和液位下限比较之后，作出相应的动作。当液位低于液位下限时，控制报警的端口启动报警装置，同时，控制进水开关的装置动作，打开进水开关；当液位高于液位上限时，停止进水，同时，控制进水工作指示灯的端口动作，启动报警装置。当液位在被控范围内，不进水、也不报警。

6.6.2 方案设计

在这个系统的设计中，最主要的就是传感器的信号采集，A/D 转换、深度转换、单片机的送显控制部分。在最初的传感器选择时，有考虑过使用磁致伸缩法、核辐射法、光纤传感器法和雷达法等液位测量方法，但是考虑到设计成本及其精度和实现的难易程度问题，最终选择了这种易于实现又可以节约成本的电阻式传感器，它得到的是一种 0 ~ 5 V 的电压信号。因此只需要寻找到这种电压与液位之间的关

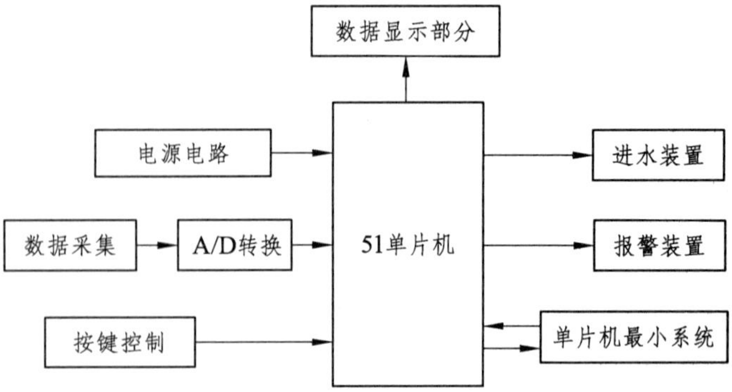

图 6-54　液位控制器系统框图

系，那么就可以初步实现液位高度的获得：首先，要自己测得在液位一定时传感器的电压，描述出它的电压与高度之间的曲线，再根据这条曲线，编写转换函数，将转换后的数据送数码管显示。然后，根据得到的数据判断液位与预期的液位之间的关系，确定相应的操作，即需要不需要打开进出水开关，即只需要在水位过低时加水即可，水位过高时进行报警。系统框图如图 6-54 所示。

6.6.3 详细硬件设计及元件介绍

1. 电源电路

本系统采用 9 V 转 5 V 的电源电路为各模块供电，具体电路如图 6-55 所示。

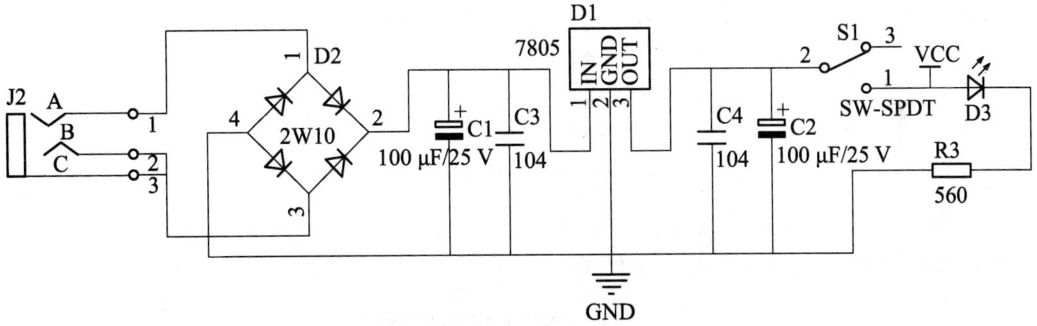

图 6-55　电源电路

2. 单片机最小系统（复位、时钟电路）

在基于单片机的应用系统中，其核心是单片机的最小系统，而单片机又是最小系统的核心，为了方便起见，采用的单片机型号是：STC89C52RC，内部资源有：8KB FLASH，512B SRAM，4 个 8 位 I/O，2 个 TC，1 个 UART，带 ISP 和 IAP 功能。是近年来流行的低端 51 单片机。时钟电路采用 12 MHz 晶体，复位电路采用简单的 *RC* 复位电路。R_{13}=1 kΩ，R_{12}=10 kΩ，C=10 μF，复位电路、时钟电路如图 6-56 所示。

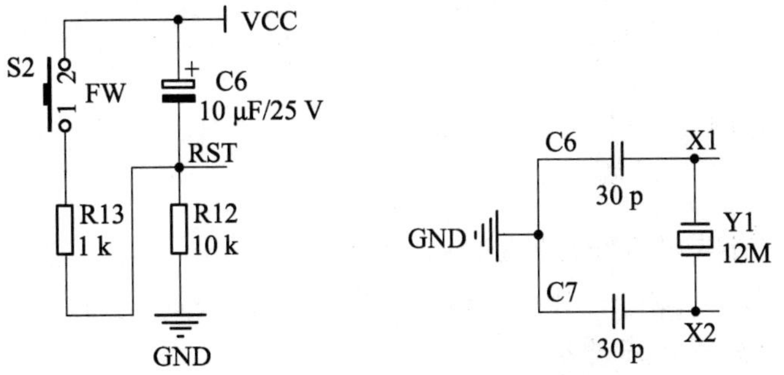

（a）复位电路　　（b）时钟电路

图 6-56　单片机最小系统电路

3. ADC0804 简介及与单片机接口电路

1）ADC0804 的简介

ADC0804 是使用非常普遍的 8 位 A/D 转换器，由于其具有 TTL 或 CMOS 标准接口，故可以直接与单片机接口。

2）ADC0804 与单片机接口电路

ADC0804 与单片机接口电路，如图 6-57 所示。

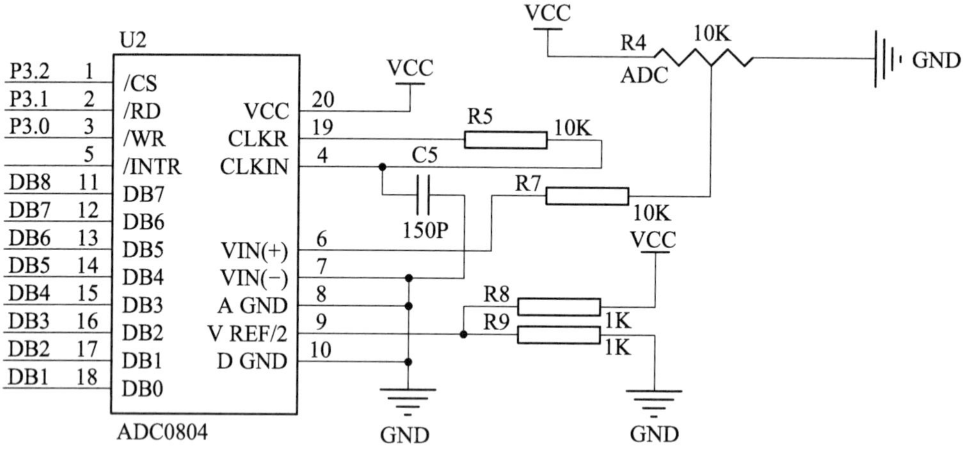

图 6-57　单片机与 ADC0804 接口电路

3）ADC0804 的工作过程及时序

ADC0804 的工作过程及时序，如图 6-58 所示。

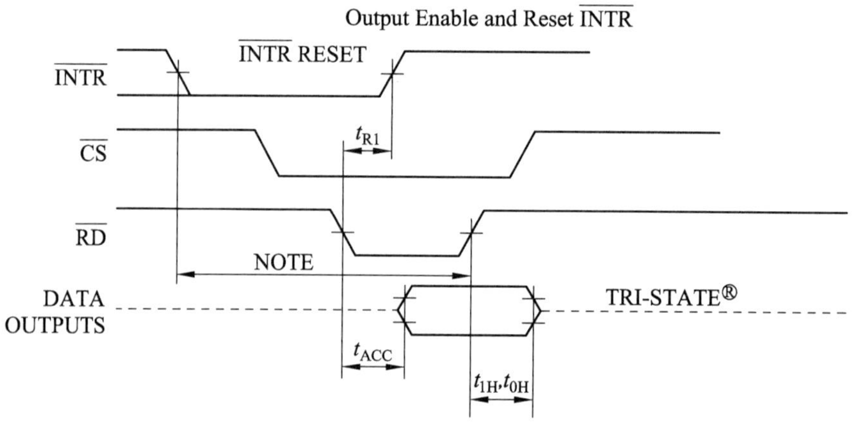

图 6-58　ADC0804 工作时序图

4. 按键电路

通过按键来调节事先设定好的液位控制值。S3，S4，S5 的功能设定如下：S3：上限/+；S4：下限/−；S5：确定。按键电路如图 6-59 所示。

5. 进水控制电路

进水控制电路是一个弱电控制强电的电路，由 PNP 型三极管驱动继电器，单片机通过给继电器控制信号，来控制进水装置进行相应的操作。具体驱动电路如图 6-60 所示。

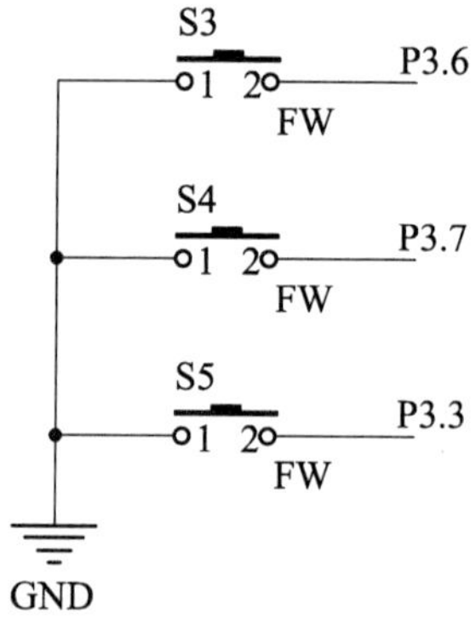

图 6-59　按键电路

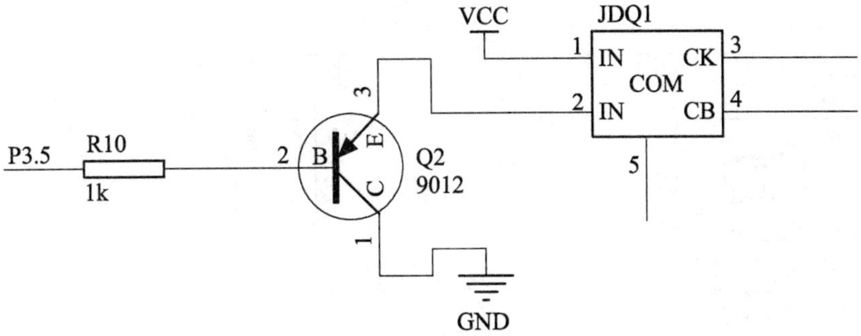

图 6-60　进水的控制电路

6. 报警控制电路

报警电路主要是为外界发出一段报警提示，由 PNP 型三极管驱动蜂鸣器发出报警，具体驱动电路如图 6-61 所示。

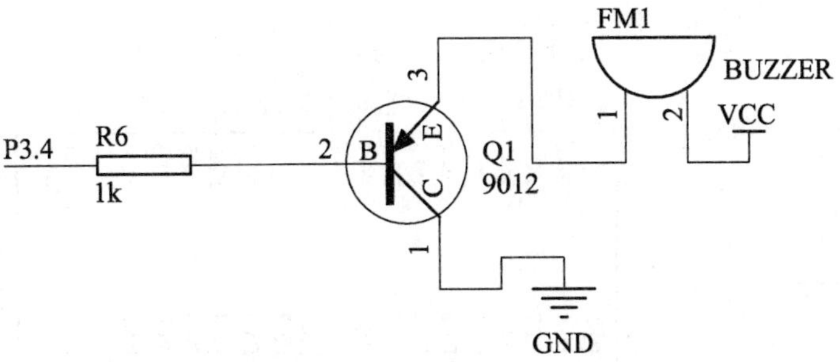

图 6-61　报警控制电路

7. 液位显示部分

本设计需要实时显示当前的水位高低，从实际情况看，该功能不是必须的。为了直观地观察水位的变化效果，设置两个显示位，用数码管即可。P0 口接的数码管显示水位高度的十位，P2 口接的数码管显示水位高度的个位，每个数码管需要接一个 200 ~ 1000 Ω 的电阻起分压作用。具体电路如图 6-62 所示。

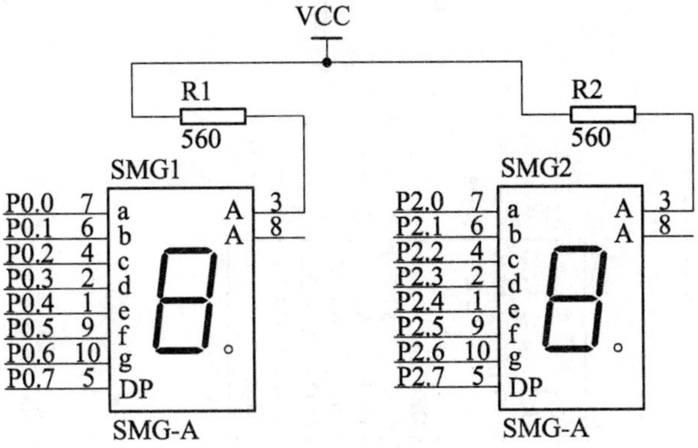

图 6-62　数码管显示电路

8. 液位控制系统总体原理图

液位控制系统总体原理图，如图 6-63 所示。

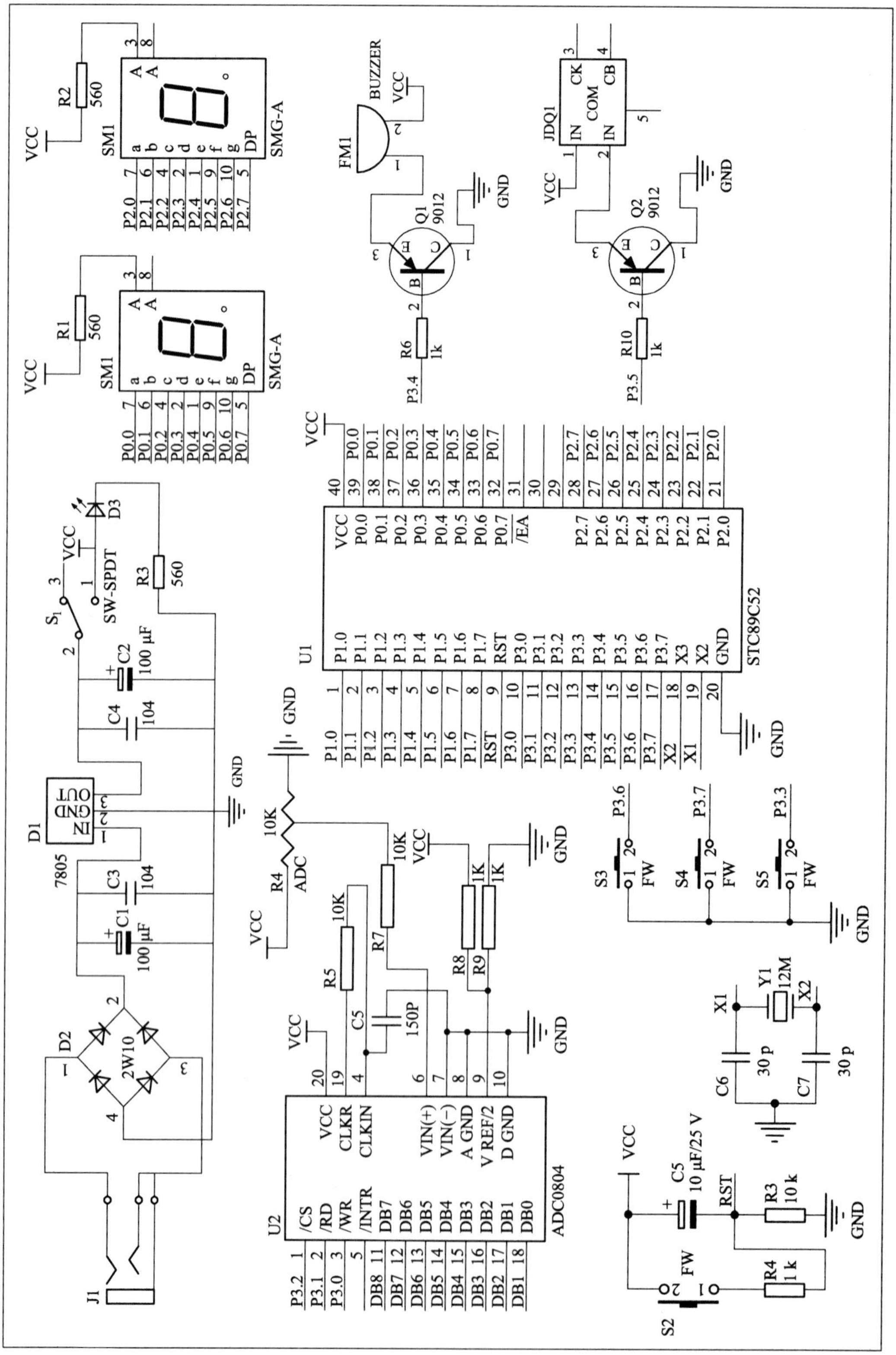

图 6-63 液位控制系统总体原理图

9. 液位控制系统元件清单

液位控制系统元件清单，如表 6-10 所示。

表 6-10 液位控制系统元件清单

模块名称		电子元件名称	规格	数量
电源模块		9 V 电源座	3.5 座	1
		电源开关	3 脚（拨动开关）	1
		硅桥	2A 圆形	1
		稳压管	7805	1
		发光二极管	红色	1
		电阻	560 Ω	1
		电容	100 μF/25 V	2
			104	2
最小系统	基本部件	单片机	STC89C52RC	1
		万用板	46X58（孔）	1
		单片机底座	DIP-40	1
	时钟电路	晶振	12 MHz	1
		电容	30 pF	2
	复位	按键	短柄	1
		电阻	1 kΩ	1
			10 kΩ	1
		电容	10 μF/25 V	1
数码管显示		数码管	共阳极	2
		电阻	560 Ω	2
数据采集		滑动传感器	10 kΩ	1
		电容	150 pF	1
		电阻	1 kΩ/10 kΩ	2/2
		模/数转化芯片	ADC0804	1
		管座	DIP-20	1
控制/报警部分		三极管	9012	2
		继电器	5 V	1
		二极管	1N4007	2
		电阻	1 kΩ	2
		蜂鸣器	5 V	1
		按键	短柄	3

10. 液位控制系统项目实物图

液位控制系统项目实物图，如图 6-64 所示。

（a）正面

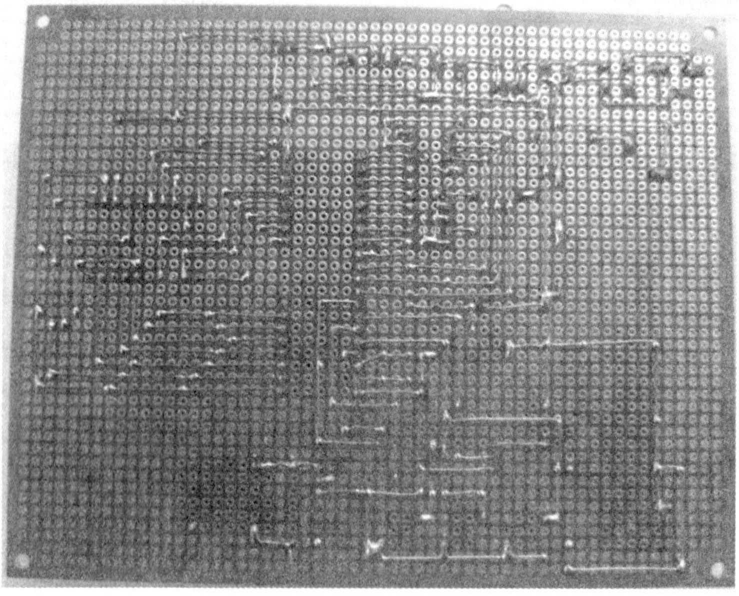

（b）反面

图 6-64 液位控制系统实物

6.6.4 程序设计

1. 主程序流程图

主程序流程图，如图 6-65 所示。

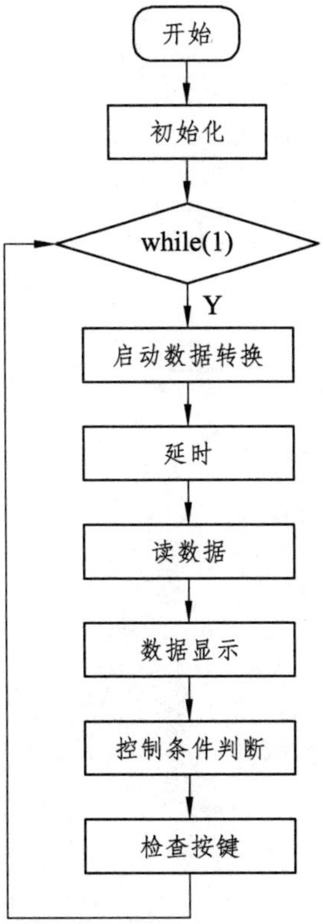

图 6-65　主程序流程图

2. 程序代码

```
#include<reg52.h>
sbit cs=P3^2;                //使能端
sbit rd=P3^1;                //读端口
sbit wr=P3^0;                //写端口
sbit LEDbj=P3^4;             //报警
sbit LEDjs=P3^5;             //加水
sbit keyup=P3^6;             //上限/加+
sbit keydn=P3^7;             //下限/减-
sbit keydi=P3^3;             //确定
unsigned int smax=40;        //水位上限值
unsigned int smin=20;        //水位下限值
unsigned int num,shi,ge;
char code table[]={
0xC0,0xF9,0xA4,0xB0,0x99,
0x92,0x82,0xF8,0x80,0x90,0xff};//7 段数码管段码表共阳极
void delay(int z) //显示延时程序
{
```

```
	int x,y;
	for(x=z;x>0;x--)
		for(y=20;y>0;y--);
}
void init()                    //初始使能端为低电平
{
	cs=0;
}
void start()                   //启动数据转换
{
	wr=1;
	wr=0;
	wr=1;
}
void display(shi,ge)        //显示函数
{
	P0=table[shi];
	P2=table[ge];
}
void sjcl()            //水位数据处理
{
	if(num>smax)
	{
	LEDjs=1;
	LEDbj=0;
	}
	else if(num>=smin&&num<=smax)
	{
	LEDbj=1;
	}
	else if(num<smin)
	{
	LEDjs=0;
	LEDbj=0;
	}
}
void key()        //按键处理
{	int j;
```

```
if(keyup==0)
{
for(j=0;j<100;j++)
{
shi=smax/10;
ge=smax%10;
display(shi,ge);
delay(1000);
shi=10;
ge=10;
display(shi,ge);
delay(1000);
if(keydi==0)
break;
if(keyup==0)
{
smax++;
while(keyup==0);
}
if(keydn==0)
{
smax--;
while(keydn==0);
}
}
}
else if(keydn==0)
{
for(j=0;j<100;j++)
{
shi=smin/10;
ge=smin%10;
display(shi,ge);
delay(1000);
shi=10;
ge=10;
display(shi,ge);
delay(1000);
```

```
        if(keydi==0)
        break;
        if(keyup==0)
        {
        smin++;
        while(keyup==0);
        }
        if(keydn==0)
        {
        smin--;
        while(keydn==0);
        }
        }
        }
}
void main()        //主函数
{
        init();        //初始化
        while(1)
        {
        start();        //启动数据转换
        delay(500);
        rd=0;
        num=P1;        //读转换值
        num=num/5;
        if(num>50)
        num=50;
        shi=num/10;
        ge=num%10;
        display(shi,ge);    //调用显示函数
        sjcl();             //调用数据处理函数
        key();              //调用按键处理函数
        delay(100);
        rd=1;
        delay(100);
        }
}    //end
```

6.7 基于单片机的数字万年历的设计与实现

6.7.1 概　述

万年历在一些公共场合经常可以看到，其设计原理并不复杂，使用单片机制作万年历是可行的。结合 RTC 芯片可以产生比较准确时间信息。

6.7.2 设计方案

采用“单片机+RTC+1602”的方案，其中单片机采用 51 兼容系列，RTC 为 DS1302，LCD1602 是液晶显示模块，设计框图如图 6-66 所示。

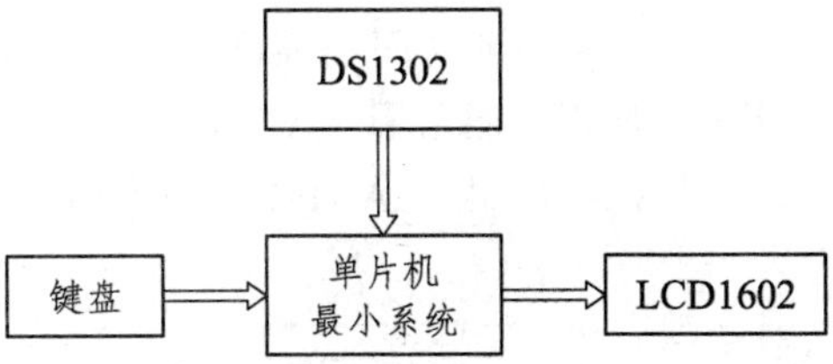

图 6-66　数字万年历设计框图

6.7.3 详细硬件设计及元件介绍

1. 电源电路

本系统采用 9 V 转 5 V 的电源电路为各模块供电，具体电路如图 6-67 所示。

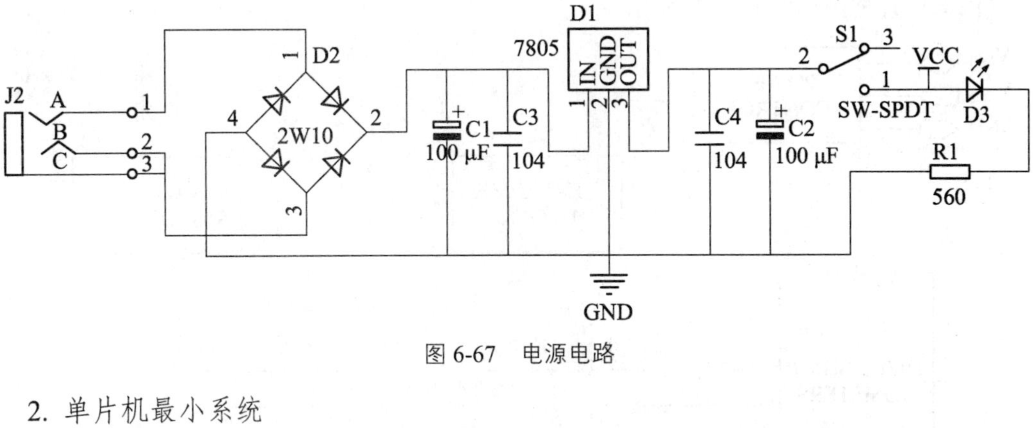

图 6-67　电源电路

2. 单片机最小系统

在基于单片机的应用系统中，其核心是单片机的最小系统，而单片机又是最小系统的核心，为了方便起见，采用的单片机型号是：STC89C52RC，内部资源有：8KB FLASH，512B SRAM，4 个 8 位 I/O，2 个 TC，1 个 UART，带 ISP 和 IAP 功能。是近年来流行的低端 51 单片机。时钟电路采用 12 MHz 晶体，复位电路采用简单的 *RC* 复位电路。R_4=1 kΩ，R_3=10 kΩ，C=10 μF，复位电路、时钟电路如图 6-68 所示。

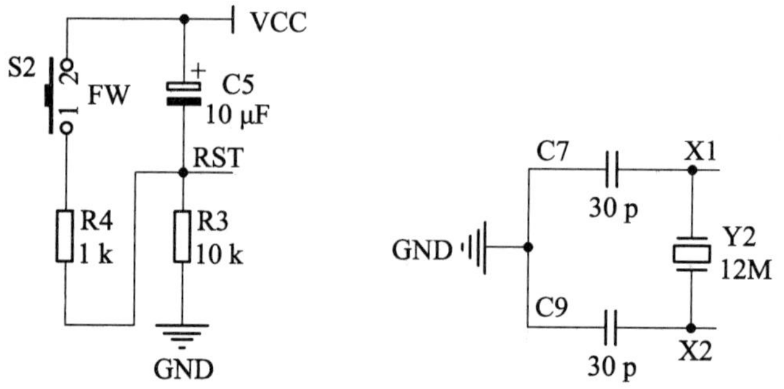

（a）复位电路　　（b）时钟电路

图 6-68　单片机最小系统组成电路

3. 实时时钟芯片

像万年历之类的计时装置，必须要保证时间的准确性。传统的依靠单片机内部的定时、计数器实现万年历的方法误差很大，所以只能采用 RTC 芯片。这种芯片有很多种，如 DS12887，PCF8563，DS1302 等。此处选择 DS1302，由 MAXIM 公司推出，其应用电路见原理图，引脚图如图 6-69 所示。

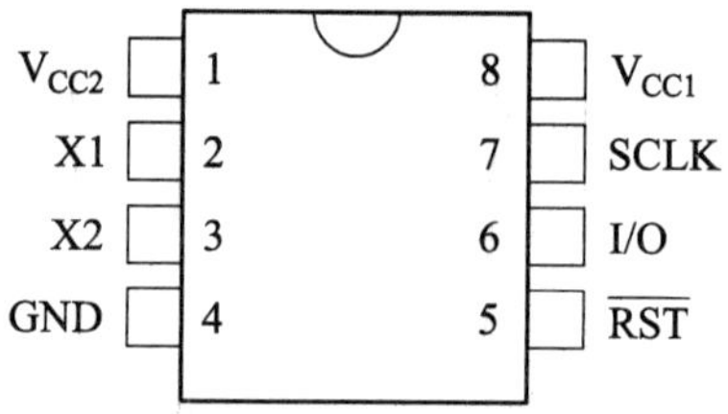

图 6-69　DS1302 引脚图

其内部原理框图如图 6-70 所示。

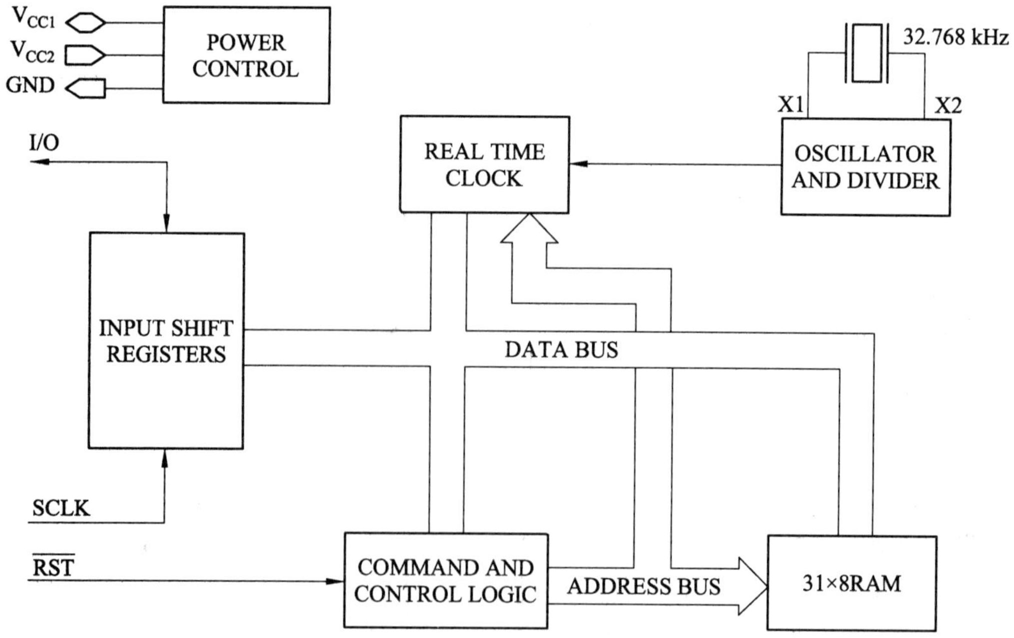

图 6-70　DS1302 内部结构图

读写时序如图 6-71 所示。

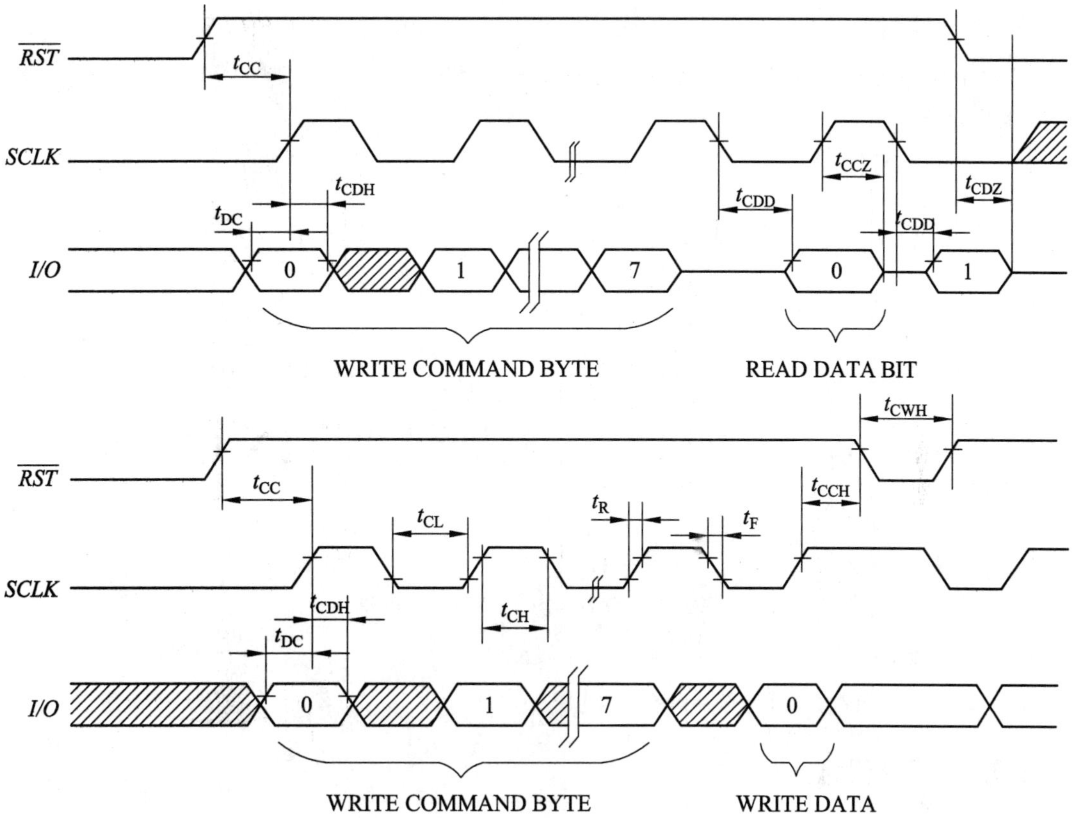

图 6-71　DS1302 读写时序图

1302 的稳定性不是很好，所以在电路设计和编程方面需要注意的有：晶体采用 32 KHz；在 DIO，SCLK，RST 引脚接入上拉电阻；因为这三个引脚内部有下拉电阻。后备电源在 VCC1 上，需要的话接入一个纽扣电池即可实现不掉电运行；数据格式是 BCD 码。时钟电路如图 6-72 所示。

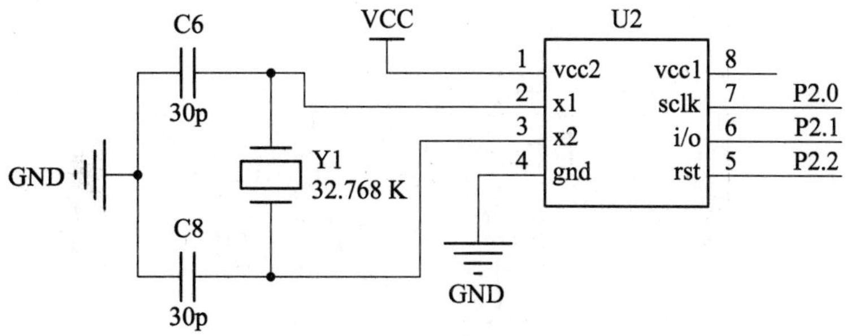

图 6-72　时钟电路图

4. 显示模块

采用 LCD1602，它是一种液晶显示模块，可以显示 2 行西文字符，每行 16 个。其应用电路见总体原理图。

LCD1602 有特定的操作时序，根据时序编程即可。LCD1602 采用 8 位数据线，通过调整可变电阻可以调整显示对比度。LCD1602 与单片机的接口电路如图 6-73 所示。

5. 按键控制电路

按键电路主要是万年历调节电路，用于调年、月、日、星期、时、分、秒。具体电路如图 6-74 所示。

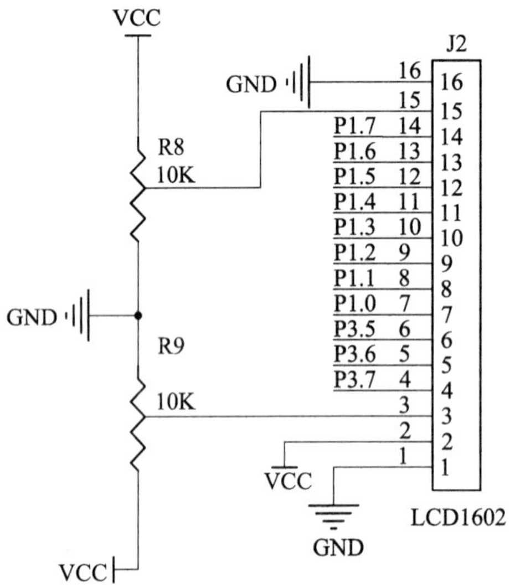

图 6-73 LCD1602 与单片机的接口电路

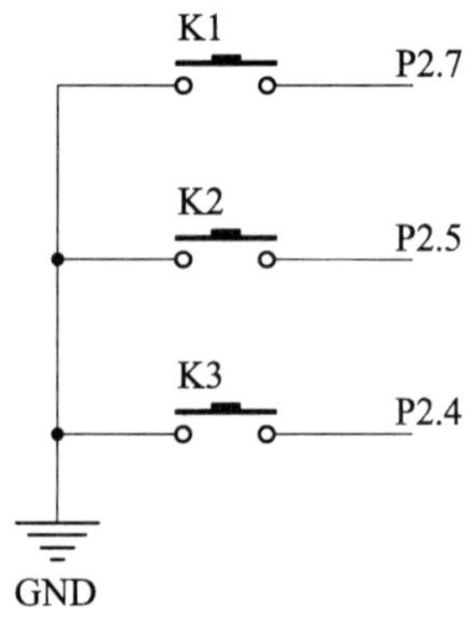

图 6-74 按键调节电路

6.7.4 程序设计

（1）完整程序可划分为以下几个部分：

① DS1302 的读写操作。初始化 1302，从指定的寄存器读数据，处理数据，向指定的寄存器写数据。

② LCD1602 的写操作。初始化 1602，向 1602 写显示数据，写命令。

③ 检查按键并执行对应的动作。K1 是选择时间信息和确认，K2 和 K3 是加 1 和减 1。

（2）流程图如图 6-75 所示。

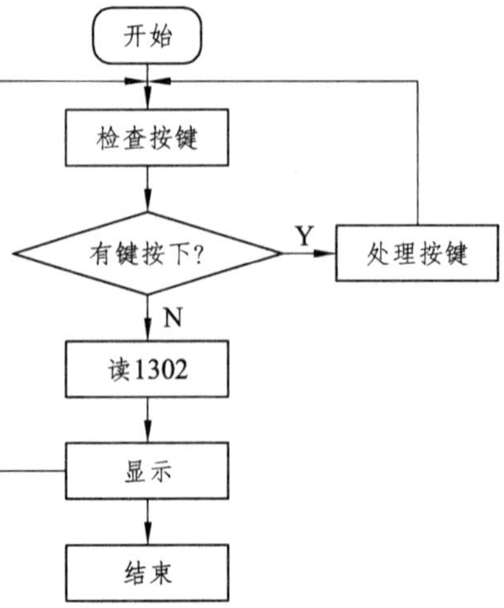

（a）主程序流程图

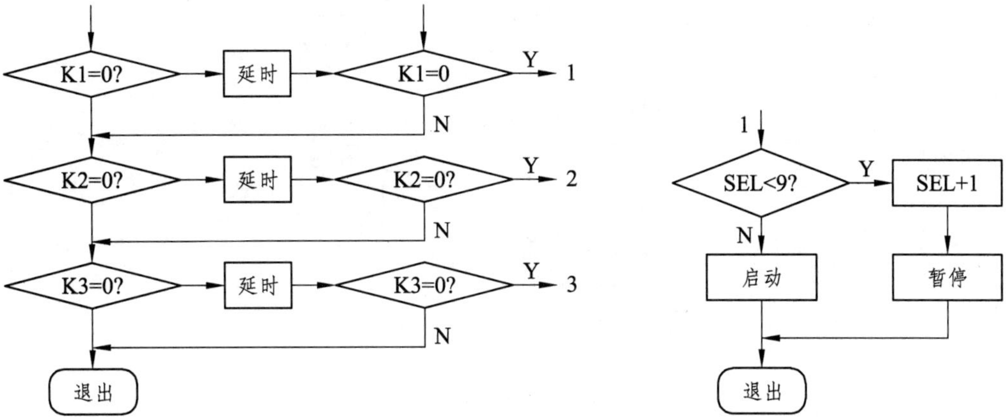

（b）按键处理子函数流程图

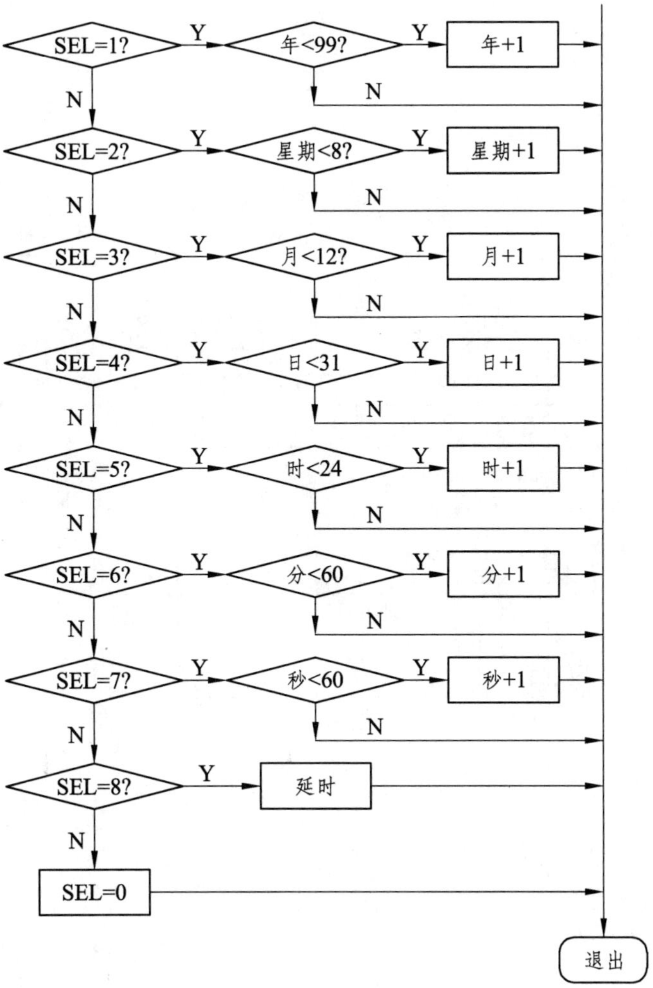

（c）时间信息加子函数流程图

图 6-75　流程图

时间信息加子函数的流程图可参考图 6-75（c）所示。

整体原理图，如图 6-76 所示。

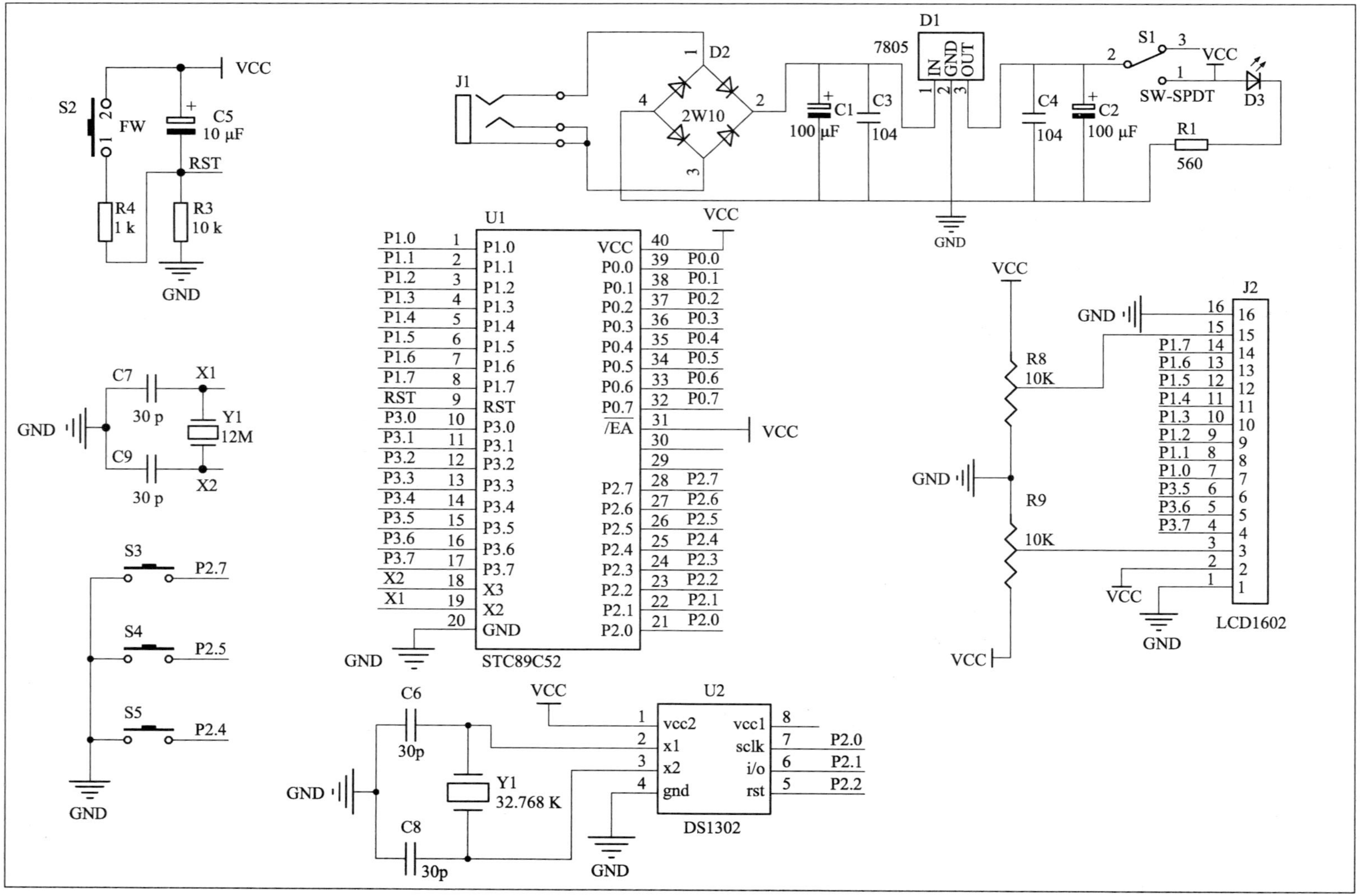

图 6-76　数字万年历原理图

数字万年历实物图，如图 6-77 所示。

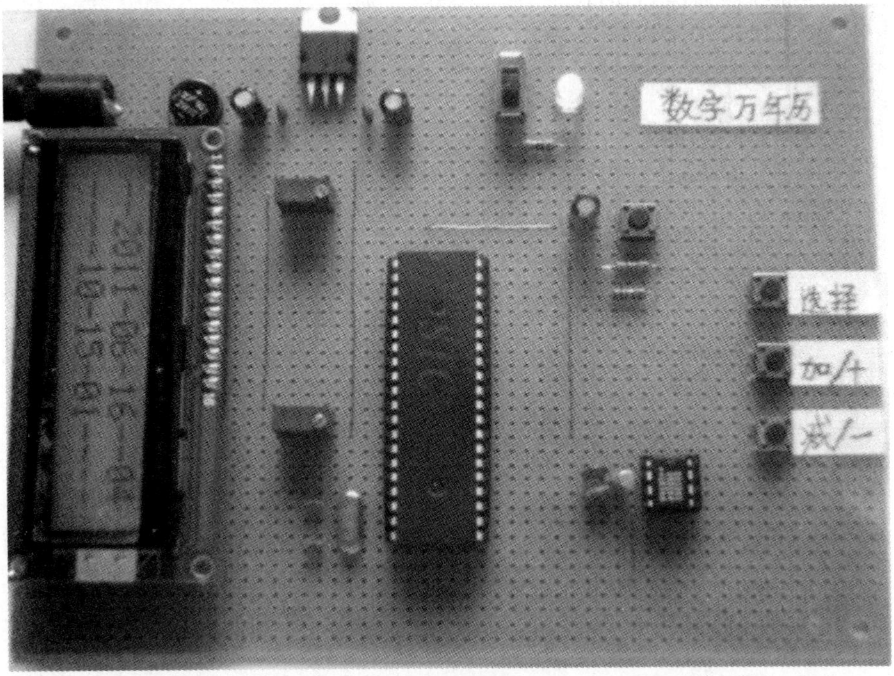

（a）正面

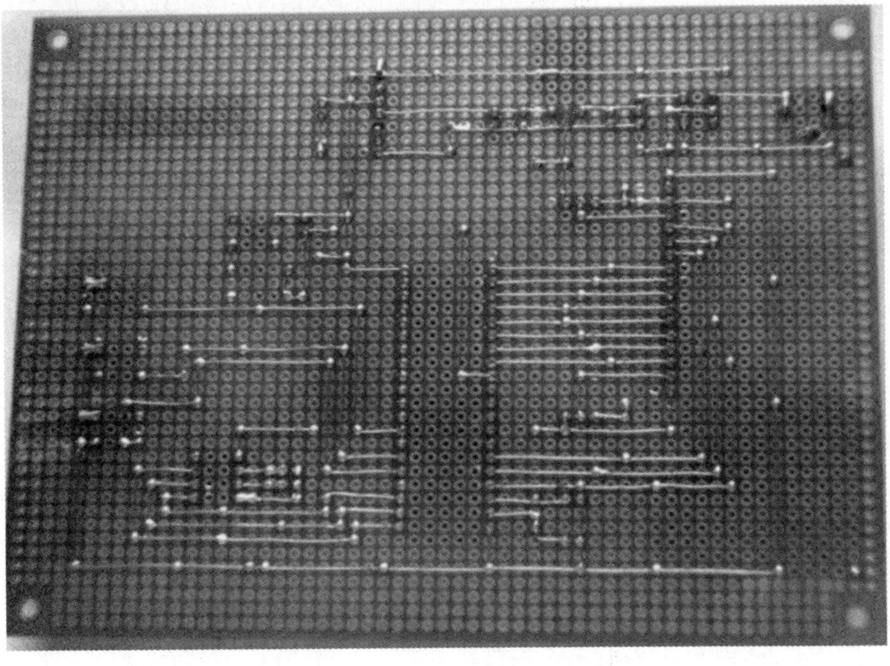

（b）反面

图 6-77　数字万年历实物

数字万年历元件清单，如表 6-11 所示。

表 6-11　数字万年历元件清单

<table>
<tr><th colspan="2">模块名称</th><th>电子元件名称</th><th>规格</th><th>数量</th></tr>
<tr><td colspan="2" rowspan="8">电源模块</td><td>9 V 电源座</td><td>3.5 座</td><td>1</td></tr>
<tr><td>电源开关</td><td>3 脚（拨动开关）</td><td>1</td></tr>
<tr><td>硅桥</td><td>2A 圆形</td><td>1</td></tr>
<tr><td>稳压管</td><td>7805</td><td>1</td></tr>
<tr><td>发光二极管</td><td>红色</td><td>1</td></tr>
<tr><td>电阻</td><td>560 Ω</td><td>1</td></tr>
<tr><td rowspan="2">电容</td><td>100 μF/25 V</td><td>2</td></tr>
<tr><td>104</td><td>2</td></tr>
<tr><td rowspan="9">最小系统</td><td rowspan="3">基本部件</td><td>单片机</td><td>STC89C52RC</td><td>1</td></tr>
<tr><td>万用板</td><td>46X58（窟窿）</td><td>1</td></tr>
<tr><td>单片机底座</td><td>DIP-40</td><td>1</td></tr>
<tr><td rowspan="2">时钟电路</td><td>晶振</td><td>12 MHz</td><td>1</td></tr>
<tr><td>电容</td><td>30 pF</td><td>2</td></tr>
<tr><td rowspan="4">复位</td><td>按键</td><td>短柄</td><td>1</td></tr>
<tr><td rowspan="2">电阻</td><td>1 kΩ</td><td>1</td></tr>
<tr><td>10 kΩ</td><td>1</td></tr>
<tr><td>电容</td><td>10 μF/25 V</td><td>1</td></tr>
<tr><td colspan="2" rowspan="2">显示模块</td><td>液晶屏</td><td>LCD1602</td><td>1</td></tr>
<tr><td>排阻（电阻）</td><td>560 Ω</td><td>1</td></tr>
<tr><td colspan="2" rowspan="4">时钟模块</td><td>时钟芯片/DIP-8 座</td><td>DS1302</td><td>1/1</td></tr>
<tr><td>晶振</td><td>32.768 kHz</td><td>1</td></tr>
<tr><td>电容</td><td>20 pF</td><td>2</td></tr>
<tr><td>电阻</td><td>10 kΩ</td><td>3</td></tr>
<tr><td colspan="2" rowspan="2">控制部分</td><td>电阻（电位器）</td><td>10 kΩ</td><td>2</td></tr>
<tr><td>按键</td><td>短柄</td><td>5</td></tr>
</table>

程序代码：

```
#include<reg52.h>
typedef unsigned char uint8; //宏定义

#define clrdp 0x01                  //清屏
#define enmode 0x06         //进入模式设置，写入一个数据后自动+1，整屏不移动
#define curback 0x02                //光标回 0
#define ondp       0x0f             //开屏，开光标，闪烁
```

```
#define offdp     0x08                   //关屏
#define movd    0x14                     //移动设置，光标自动向右移动
#define funset 0x38                      //功能设置，8 位总线，2 行显示，5*7
#define bus P0                           //数据线
#define contw 0x8e                 //控制寄存器
#define secw 0x80                //写秒寄存器
#define secr 0x81               //读
#define minw 0x82              //分
#define minr 0x83
#define hourw 0x84            //小时
#define hourr 0x85
#define datw    0x86          //日期
#define datr     0x87
#define monthw 0x88           //月
#define monthr 0x89
#define dayw      0x8a        //星期
#define dayr      0x8b
#define yearw    0x8c        //年
#define yearr    0x8d
sbit K1=P2^7;                //选择，确认
sbit K2=P2^5;                //加
sbit K3=P2^4;                //减
//1602 接口
//sbit BKL=P2^7;       //背光
sbit RS=P3^5;          //数据/指令选择，1：数据，0：指令
sbit RW=P3^6;          //读写选择，1：读，0：写
sbit EN=P3^7;          //使能，下降沿有效
//1302 接口
sbit DIO=P2^1;       //数据输入输出端
sbit RST=P2^2;       //片选
sbit SCK=P2^0;       //时钟输入
bit flag=0;
uint8 sel;
uint8 time[7]={0};             //开始的时间：2010-09-01-1468
uint8 time_disp[32]={0};                     //处理后的时间
void init_1602(void);          //初始化 1602
void write_com(uint8 comd);        //写命令
void write_dat(uint8 wdata);          //写数据
void delay(void);                   //延时
```

```
void long_dleay(void);                //长延时
void init_1302(void);
uint8 read_1302(uint8 addr);          //读指定寄存器的内容
void write_1302(uint8 addr,uint8 wdata); //向指定寄存器写内容
void disp(void);                            //显示
void read_time(void);                  //读时间
void sepr_time(void);                     //分析时间信息
void chk_key(void);                    //检查按键
uint8 bcd_dec(uint8 wdata);          //十进制转 BCD
uint8 dec_bcd(uint8 wdata);          //BCD 转十进制

void main(void)
{
//   BKL=0;
   init_1302();                         //初始化 1602 和 1302
   init_1602();
   while(1)
   {
    chk_key();                          //检查按键
    read_time();                        //读时间
    sepr_time();                        //分析时间信息
    disp();                             //显示时间
   }
}
//初始化 1302
void init_1302(void)
{
 write_1302(contw,0);                //关闭写保护
 write_1302(secw,0);                 //启动 1302
}
//写 1302 寄存器
void write_1302(uint8 addr,uint8 wdata)
{
 uint8 i;
 SCK=0;
 RST=1;
 for(i=0;i<8;i++)
 {
  DIO=addr&0x01;                       //低电平时释放数据
```

```
  SCK=1;
  SCK=0;
  addr>>=1;
 }                                    //指定操作的寄存器地址
 for(i=0;i<8;i++)
 {
  DIO=wdata&0x01;
  SCK=1;
  SCK=0;
  wdata>>=1;
 }
 RST=0;
}
//读寄存器
uint8 read_1302(uint8 addr)
{
 uint8 i;
 uint8 temp;

 SCK=0;
 RST=1;

 for(i=0;i<8;i++)
 {
  DIO=addr&0x01;
  SCK=1;
  SCK=0;
  addr>>=1;
 }

 for(i=0;i<8;i++)
 {
 temp>>=1;
  if(!DIO)
  {
   temp&=0x7f;
  }
  else
  {
   temp|=0x80;
```

```
    }
    SCK=1;
    SCK=0;
  }
    RST=0;
    return temp;
}
//读 1302 的时间寄存器
void read_time(void)
{
  uint8 i;
  uint8 temp;

  for(i=0;i<7;i++)
    {
      temp=read_1302(0x81+i*2);        //读
      time[i]=temp;                    //保存
    }
    time[0]&=0x7f;                     //
}
//显示时间
void disp(void)
{
  uint8 i;
  write_com(0x80);                 //第一行
  for(i=0;i<16;i++)
  {
    write_dat(time_disp[i]);
  }
  write_com(0xc0);                 //第二行
  for(i=16;i<32;i++)
  {
    write_dat(time_disp[i]);
  }
}
//分离时间信息
void sepr_time(void)
{
  time_disp[0]='-';
```

```
  time_disp[1]='-';
  time_disp[2]='2';
  time_disp[3]='0';
  time_disp[4]=(time[6]>>4)+0x30; //年
  time_disp[5]=(time[6]&0x0f)+0x30;
  time_disp[6]='-';
  time_disp[7]=(time[4]>>4)+0x30; //月
  time_disp[8]=(time[4]&0x0f)+0x30;
  time_disp[9]='-';
  time_disp[10]=(time[3]>>4)+0x30; //日
  time_disp[11]=(time[3]&0x0f)+0x30;
  time_disp[12]='-';
  time_disp[13]='-';
  time_disp[14]=(time[5]>>4)+0x30; //星期
  time_disp[15]=(time[5]&0x0f)+0x30;                    //第一行显示，年月日星期
  time_disp[16]='-';
  time_disp[17]='-';
  time_disp[18]='-';
  time_disp[19]='-';
  time_disp[20]=(time[2]>>4)+0x30; //时
  time_disp[21]=(time[2]&0x0f)+0x30;
  time_disp[22]='-';
  time_disp[23]=(time[1]>>4)+0x30; //分
  time_disp[24]=(time[1]&0x0f)+0x30;
  time_disp[25]='-';
  time_disp[26]=(time[0]>>4)+0x30; //秒
  time_disp[27]=(time[0]&0x0f)+0x30;
  time_disp[28]='-';
  time_disp[29]='-';
  time_disp[30]='-';
  time_disp[31]='-';
}
//初始化 1602
void init_1602(void)
{
  write_com(offdp);
  write_com(funset);
  write_com(enmode);
  write_com(movd);
```

```
  write_com(ondp);
  write_com(clrdp);
}
//向 1602 写命令
void write_com(uint8 comd)
{
  RS=0;
  RW=0;
  bus=comd;
  EN=1;
  EN=0;
  delay();
}
//向 1602 写数据
void write_dat(uint8 wdata)
{
    RS=1;
    RW=0;
    bus=wdata;
    EN=1;
    EN=0;
    delay();
}
//延时
void delay(void)
{
  uint8 t;
  for(t=0;t<250;t++);
}
//长延时
void long_delay(void)
{
  uint8 t;
  for(t=0;t<200;t++)
  {
    delay();
  }
}
```

```
//检查按键
void chk_key(void)
{
 uint8 buf;
 uint8 temp;
 if(!K1)                          //选择/确认
  {
     long_delay();
     if(!K1)                      //确认按下
     {
       if(flag)                   //不在修改时间状态中
       {
        if((sel>=0)&&(sel<8))
         {
          sel++;                  //
         }
        else if(sel==8)
        {
         temp=read_1302(secr);        //读
         temp&=0x7f;
         write_1302(secw,temp);           //启动 1302
         sel=0;                           //无效
         flag=0;
        }
        else
        {
         sel=8;
        }
      }
      else
      {
         temp=read_1302(secr);        //读秒
         temp|=0x80;
          write_1302(secw,temp);        //暂停 1302
          flag=1;
      }
     }
   }
  else if(!K2)                          //加
```

```
{
  long_delay();
  if(!K2)
   {
     switch(sel)
     {
      case 1:temp=read_1302(yearr);       //读年
             buf=bcd_dec(temp);        //转换
           if(buf<99)
             {
                buf++;
                temp=dec_bcd(buf);               //转换
                write_1302(yearw,temp);        //写入
             }
             break;

      case 2:temp=read_1302(dayr);        //读星期
             buf=bcd_dec(temp);
           if(buf<7)
             {
              buf++;
           temp=dec_bcd(buf);
              write_1302(dayw,temp);
             }
             break;

      case 3:temp=read_1302(monthr);           //读月
             buf=bcd_dec(temp);
           if(buf<12)
             {
              buf++;
              temp=dec_bcd(buf);
              write_1302(monthw,temp);
             }
             break;

      case 4:temp=read_1302(datr);             //读日
             buf=bcd_dec(temp);
           if(buf<31)
             {
```

```
            buf++;
            temp=dec_bcd(buf);
            write_1302(datw,temp);
          }
          break;

case 5:temp=read_1302(hourr);           //读小时
          buf=bcd_dec(temp);
        if(buf<23)
          {
            buf++;
            temp=dec_bcd(buf);
            write_1302(hourw,temp);
          }
          break;

case 6:temp=read_1302(minr);            //读分
          buf=bcd_dec(temp);
        if(buf<59)
          {
            buf++;
            temp=dec_bcd(buf);
            write_1302(minw,temp);
          }
          break;

case 7:temp=read_1302(secr);            //读秒
    temp&=0x7f;
    buf=bcd_dec(temp);
    if(buf<59)
          {
            buf++;
            temp=dec_bcd(buf);
          temp|=0x80;
            write_1302(secw,temp);
          }
          break;

default:break;
```

```
        }
      }
    }
    else if(!K3)                          //减
     {
       long_delay();
        if(!K3)
        {
         switch(sel)
         {
          case 1:temp=read_1302(yearr);
                 buf=bcd_dec(temp);
                  if(buf>0)
                   {
                    buf--;
                    temp=dec_bcd(buf);
                    write_1302(yearw,temp);
                   }
                  break;

          case 2:temp=read_1302(dayr);
                 buf=bcd_dec(temp);
                if(buf>1)
                 {
                  buf--;
                  temp=dec_bcd(buf);
                  write_1302(dayw,temp);
                 }
                break;

          case 3:temp=read_1302(monthr);
                 buf=bcd_dec(temp);
                if(buf>1)
                 {
                  buf--;
                  temp=dec_bcd(buf);
                  write_1302(monthw,temp);
                 }
                break;
```

```
case 4:temp=read_1302(datr);
        buf=bcd_dec(temp);
       if(buf>1)
        {
         buf--;
         temp=dec_bcd(buf);
         write_1302(datw,temp);
        }
        break;

case 5:temp=read_1302(hourr);
        buf=bcd_dec(temp);
       if(buf>0)
        {
         buf--;
         temp=dec_bcd(buf);
         write_1302(hourw,temp);
        }
        break;

case 6:temp=read_1302(minr);
        buf=bcd_dec(temp);
       if(buf>0)
        {
         buf--;
         temp=dec_bcd(buf);
         write_1302(minw,temp);
        }
        break;

 case 7:temp=read_1302(secr);
         temp&=0x7f;
         buf=bcd_dec(temp);
        if(buf>0)
         {
          buf--;
          temp=dec_bcd(buf);
          temp|=0x80;
          write_1302(secw,temp);
```

```
                    }
                    break;
                default: break;
            }
          }
       }
  }
  //十进制转 BCD
  uint8 dec_bcd(uint8 wdata)
  {
   uint8 temp;
   uint8 i;
   uint8 j;

   i=wdata/10;              //得商
   j=wdata%10;              //余数
   temp=i;
   temp=temp<<4;
   temp=temp|j;
   return temp;
  }
  //BCD 转十进制
  uint8 bcd_dec(uint8 wdata)
  {
   uint8 temp;
   uint8 i;
   uint8 j;
   i=wdata>>4;               //高半字节
   j=wdata&0x0f;             //低半字节
   temp=i*10+j;
   return temp;
}
//end
```

6.8 基于单片机的洗衣机控制系统设计与实现

6.8.1 概 述

洗衣机是利用电能产生机械作用来洗涤衣物的清洁电器，按其额定洗涤容量分为家用和集体用两类。我国规定，洗涤容量在 6 kg 以下的属于家用洗衣机。家用洗衣机主要由箱体、洗涤脱水桶（有的洗涤和脱水桶分开）、传动电机和控制系统等组成，有的还装有加热装置。洗衣机一般专指使用水作为主要的清洗液体，有别于使用特制清洁溶液，以及通常由专人负责的干洗。本节采用两位数码管显示电机正反转的时间，直流电机模拟洗衣机的电机。

6.8.2　方案设计

1. 功能要求与描述

（1）可以模拟强洗和弱洗，并有指示灯指示。

（2）具有定时功能，时间数据显示在数码管上。

（3）洗涤时间可以调整。

2. 方案框图

使用普通的 51 单片机就可以实现要求的功能，方案设计框图如图 6-78 所示。

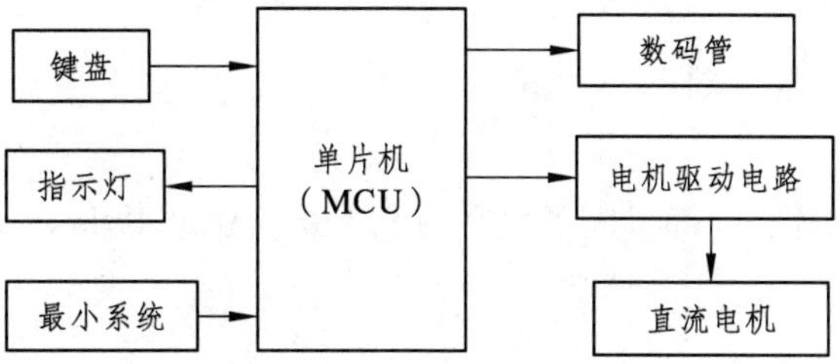

图 6-78　洗衣机控制系统设计框图

6.8.3　详细硬件设计及元件介绍

1. 电源电路

本系统采用 9 V 转 5 V 的电源电路为各模块供电，具体电路如图 6-79 所示。

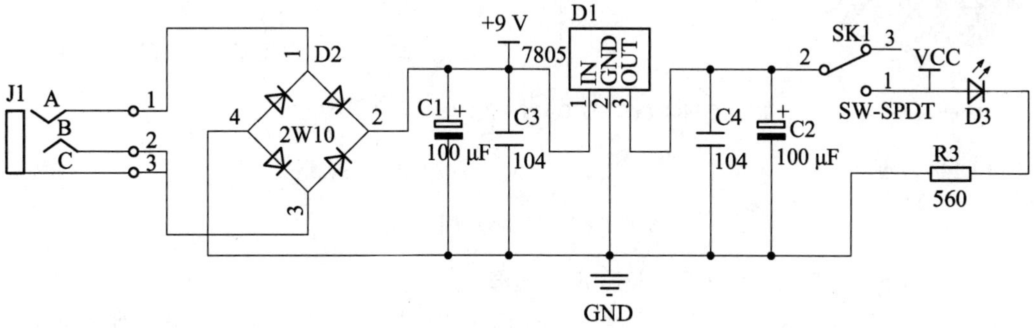

图 6-79　电源电路

2. 单片机最小系统（复位、时钟电路）

在基于单片机的应用系统中，其核心是单片机的最小系统，而单片机又是最小系统的核心，为了方便起见，采用的单片机型号是：STC89C52RC，内部资源有：8KB FLASH，512B

SRAM，4 个 8 位 I/O，2 个 TC，1 个 UART，带 ISP 和 IAP 功能，是近年来流行的低端 51 单片机。时钟电路采用 12 MHz 晶体，复位电路采用简单的 *RC* 复位电路。R_5=1 kΩ，R_4=10 kΩ，C_6=10 μF，复位电路、时钟电路如图 6-80 所示。

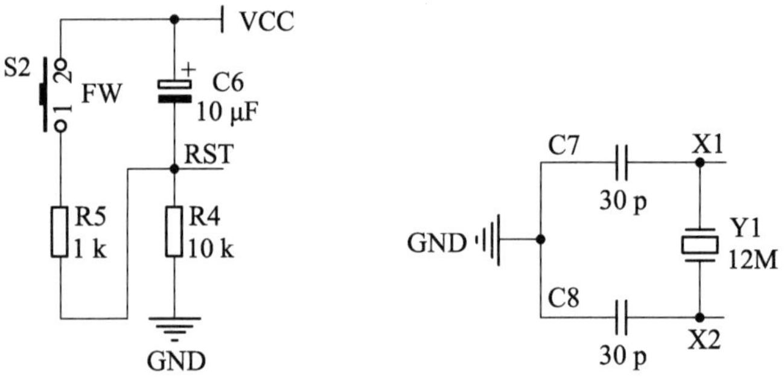

（a）复位电路　　（b）时钟电路

图 6-80　单片机最小系统电路

3. L298N 简介及与单片机接口电路

1）L298N 的简介

L298 为 H 桥驱动芯片，内部集成了两个 H 桥，最大驱动电压 46 V，电流 4 A，如图 6-81 所示。

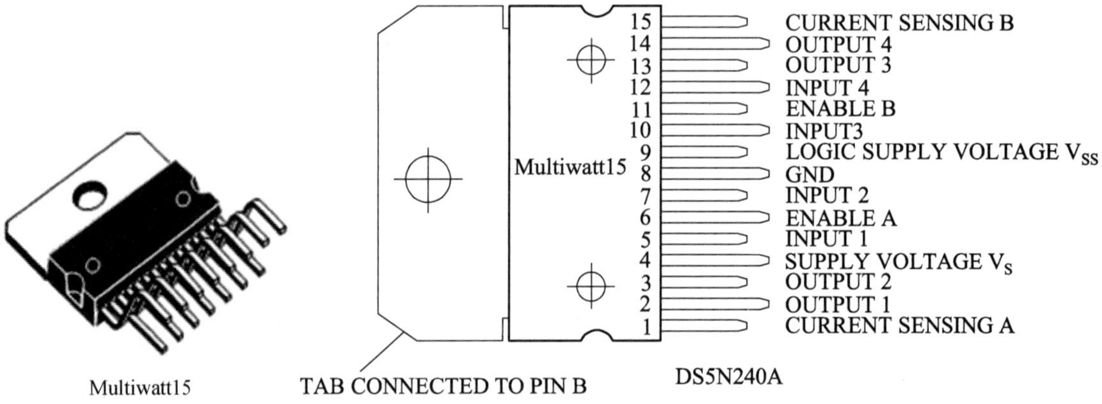

（a）L298 实物图　　（b）L298 引脚图

图 6-81　L298N 实物图和引脚图

2）L298N 的引脚介绍（以下对管脚定义解释）

（1）1 号管脚为 A 桥的电流输出端。需要构成闭环控制系统时，在该端与地之间连接一个小电阻形成电流反馈，如果不需要闭环控制，直接接地。15 号管脚的意义相同。

（2）2、3 号引脚和 13、14 号引脚为两桥的输出端，接电机。注意加入合适的续流二极管，防止击穿 L298。

（3）4 号引脚为电机的驱动电压，连接合适的电容，最大电压 46 V。

（4）5、7 号引脚为 A 桥的输入端。

（5）6 号引脚为 ENA，A 桥的使能端。

（6）10、12 号引脚为 B 桥的输入端。

（7）11 号引脚为 ENB，B 桥的使能端。

（8）9 号引脚为逻辑电源，连接合适的电容，最大 7 V，一般 5 V。

3）L298N 的内部原理框图

L298N 的内部原理框图，如图 6-82 所示。

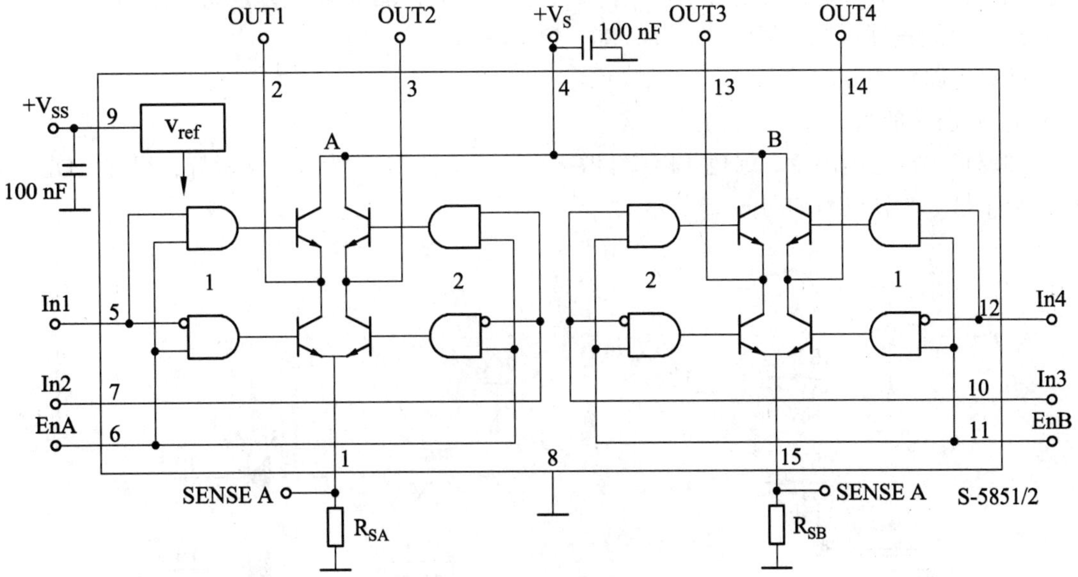

图 6-82　L298N 的内部原理框图

4）L298N 与单片机接口电路

L298N 与单片机接口电路，如图 6-83 所示。

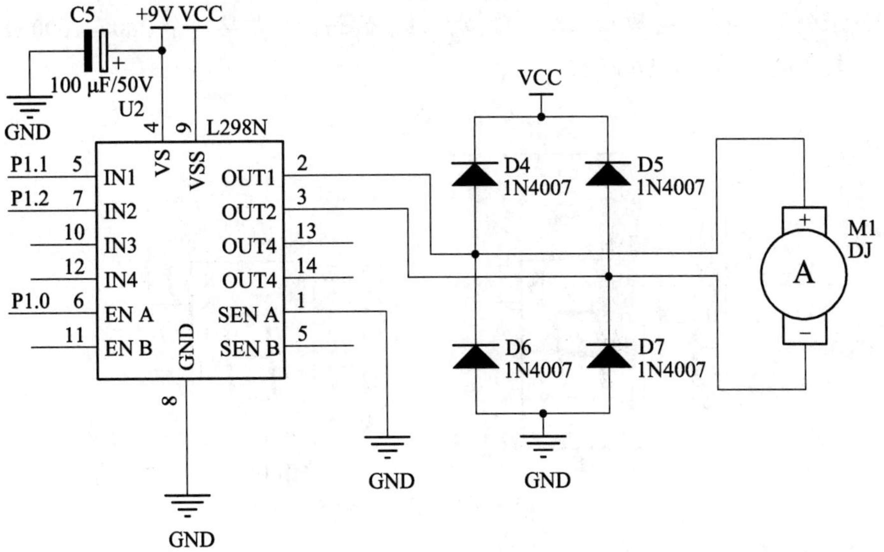

图 6-83　单片机与 L298N 接口电路

需要注意的是，电机为感性负载，所以应在电机出线与电源和地之间加入续流二极管，特别是比较大的电机，否则电机产生的自感电压可能击穿驱动芯片。续流二极管的型号选择也有要求，一般选择快恢复二极管，而不选择肖特基二极管。本系统只使用了一个 H 桥，与单片机的连接方式为：

ENA→P1.0　　IN1→P1.1　　IN2→P1.2

5）按键电路

通过按键来调节事先设定好的液位控制值。S1，S2，S3 的功能设定如下：

S1：时间选择；S2：强弱洗选择；S3：启动/停止。

按键电路如图 6-84 所示。

6）强弱洗的指示灯

强弱指示灯电路由黄、绿色 LED 灯做指示：黄灯（DH）为强洗指示灯；绿灯（DL）为弱洗指示灯。具体电路如图 6-85 所示。

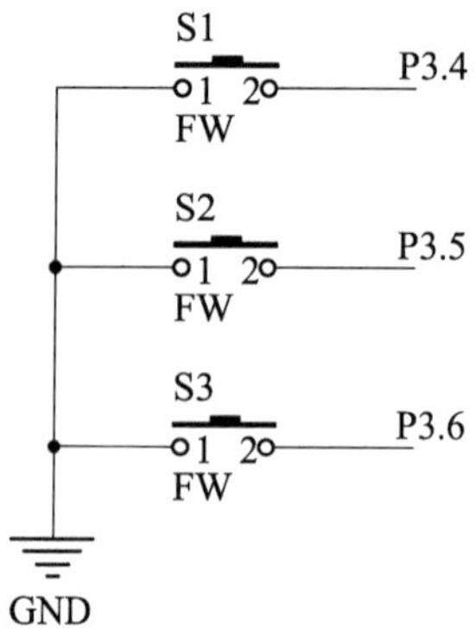

图 6-84　键盘电路

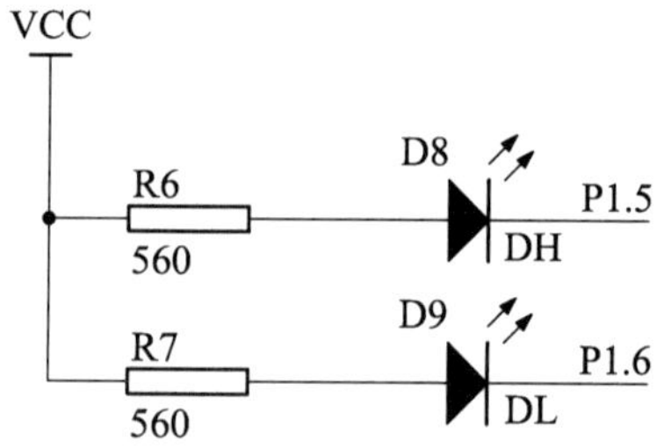

图 6-85　强弱指示灯电路

7）洗涤数据显示

为了直观地观察洗涤时间的变化效果，设置两个显示位数据显示，用数码管即可。P0 口接数码管显示分位，P2 口接数码管显示秒位，每个数码管需要接一个 200 ~ 1000 Ω 的电阻起分压作用。具体电路如图 6-86 所示。

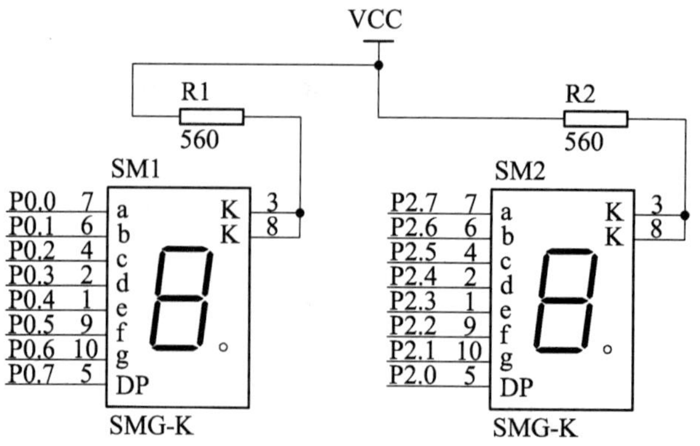

图 6-86　数码管显示电路

8）洗衣机控制系统原理图

洗衣机控制系统原理图，如图 6-87 所示。

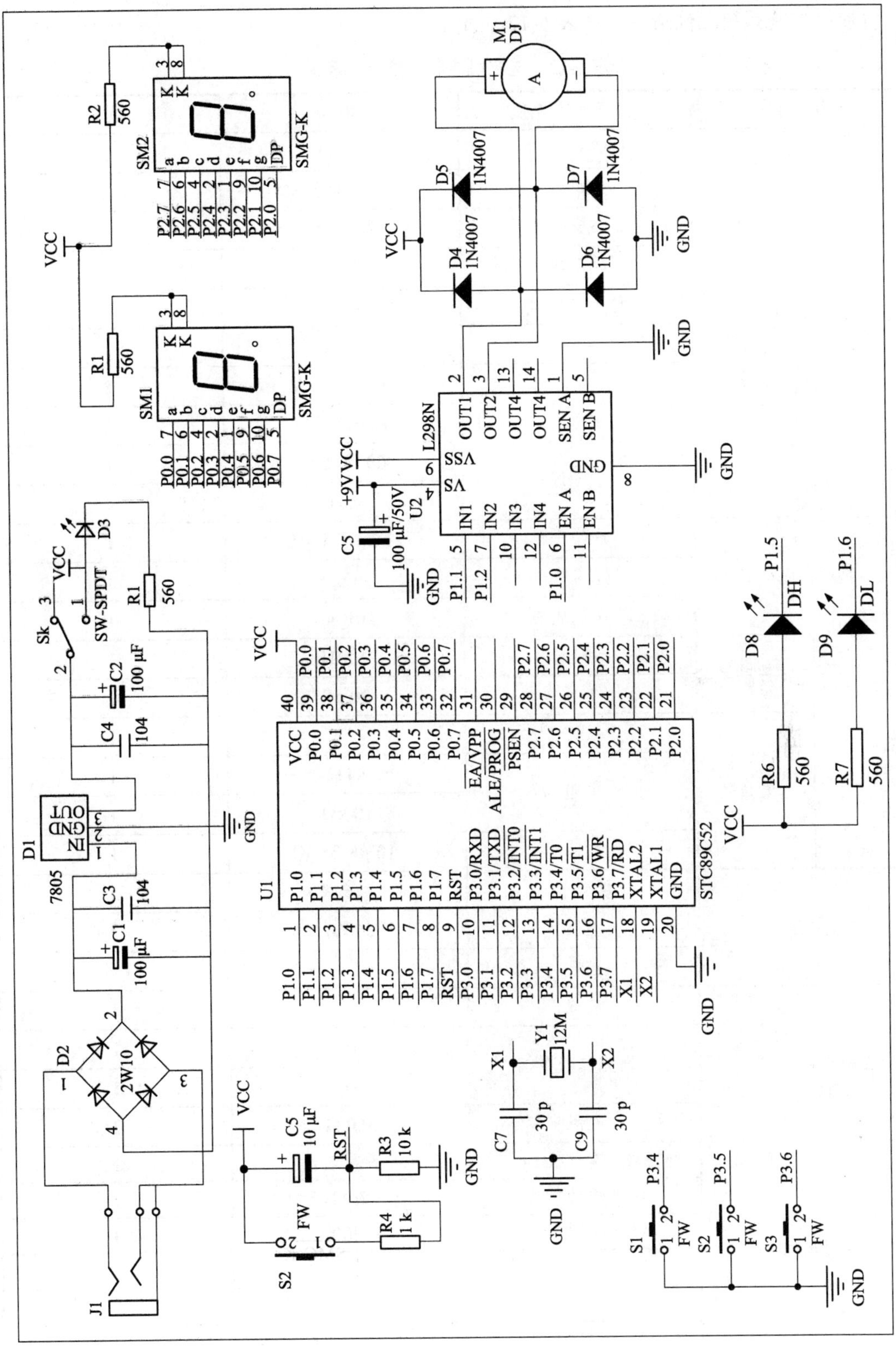

图 6-87　洗衣机控制系统原理图

9）洗衣机控制系统元件清单

洗衣机控制系统元件清单，如表 6-12 所示。

表 6-12 洗衣机控制系统元件清单

模块名称		电子元件名称	规格	数量
电源模块		9 V 电源座	3.5 座	1
		电源开关	3 脚（拨动开关）	1
		硅桥	2A 圆形	1
		稳压管	7805	1
		发光二极管	红色	1
		电阻	560 Ω	1
		电容	100 μF/25 V	2
			47 μF/25 V	1
			100 μF/50 V	1
			104	4
最小系统	基本部件	单片机	STC89C52RC	1
		万用板	46X58	1
		单片机底座	DIP-40	1
	时钟电路	晶振	12 MHz	1
		电容	30 pF	2
	复位	按键		1
		电阻	1 kΩ	1
			10 kΩ	1
		电容	10 μF/25 V	1
数码管显示		数码管	共阳极	2
		电阻	560 Ω	2
		排针		1 排
控制电路元件		按键		3
		发光二极管	黄	1
			绿	1
		电阻	560 Ω	2
直流电机驱动电路		直流电机	带减速	1
		电机驱动芯片	L298N	1
		续流二极管	1n4001	4
		排针		1
		杜邦头	2 孔	1
		杜邦芯		2

10）洗衣机控制系统实物图

洗衣机控制系统实物图，如图 6-88 所示。

（a）正面

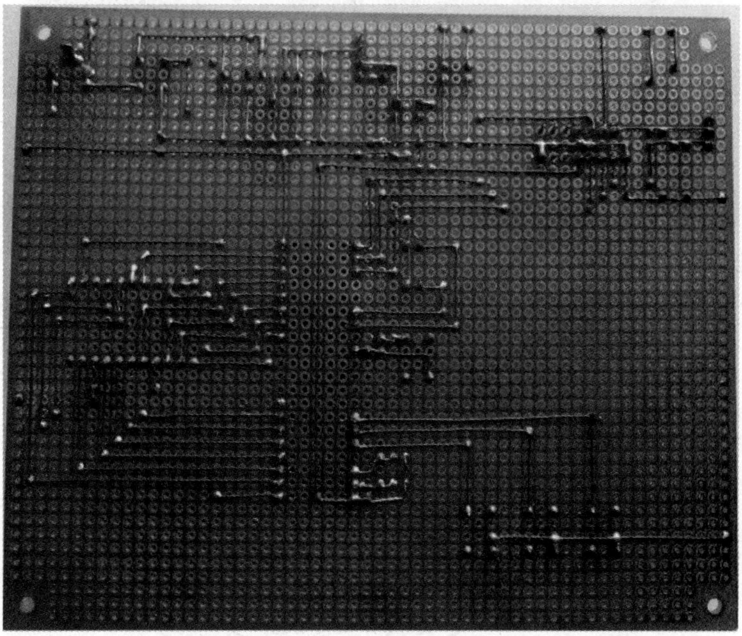

（b）反面

图 6-88　洗衣机控制系统实物

6.8.4　程序设计

1. 主程序流程图

按照上面的分析，系统的程序划分为：

（1）主程序，负责初始化，检查按键。

（2）按键扫描程序，扫描按键。

（3）定时器的中断。

（4）显示。

2. 主程序的流程图

主程序的流程图，如图 6-89（a）所示。

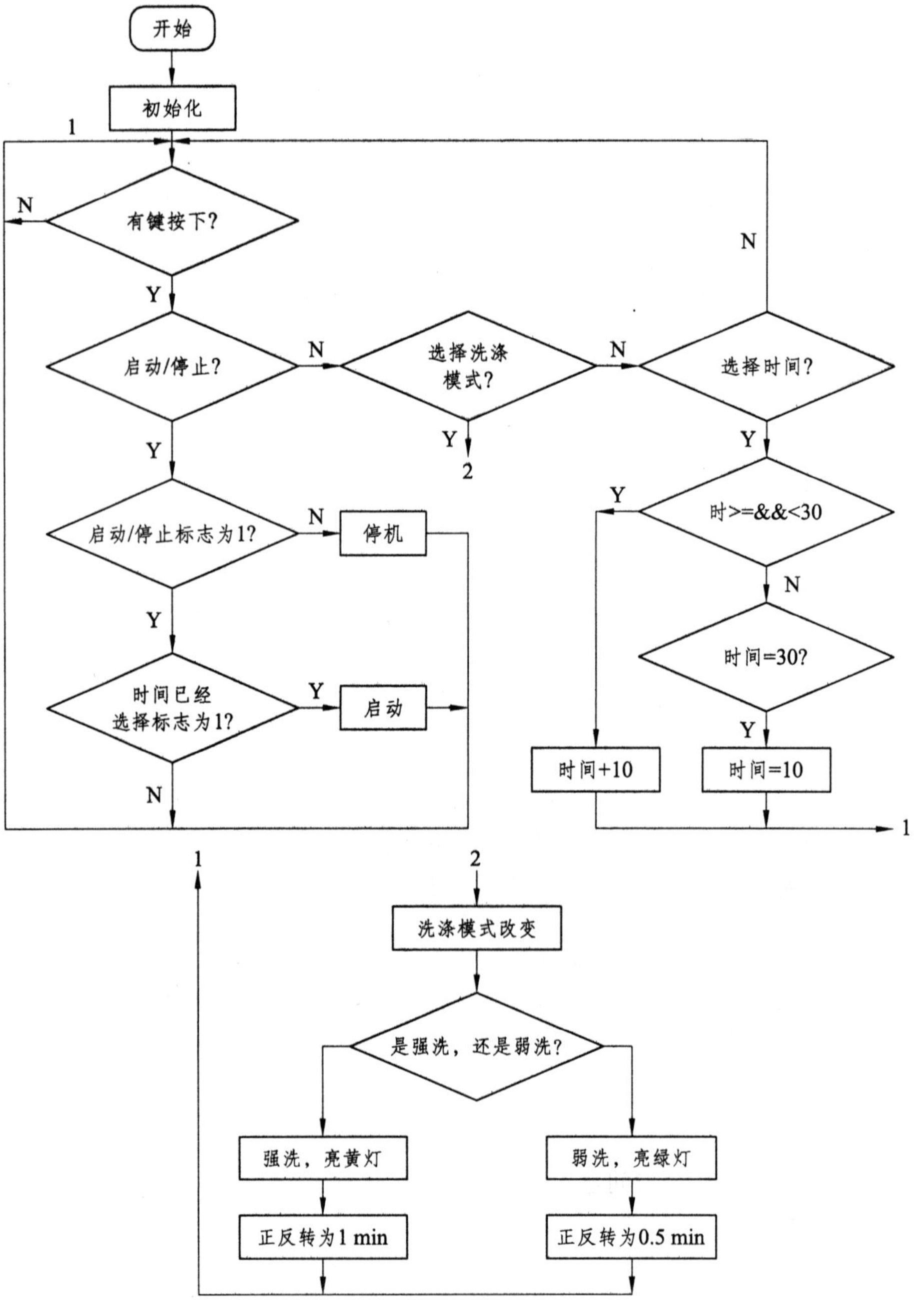

（a）

中断服务子程序流程图如图 6-89（b）所示。

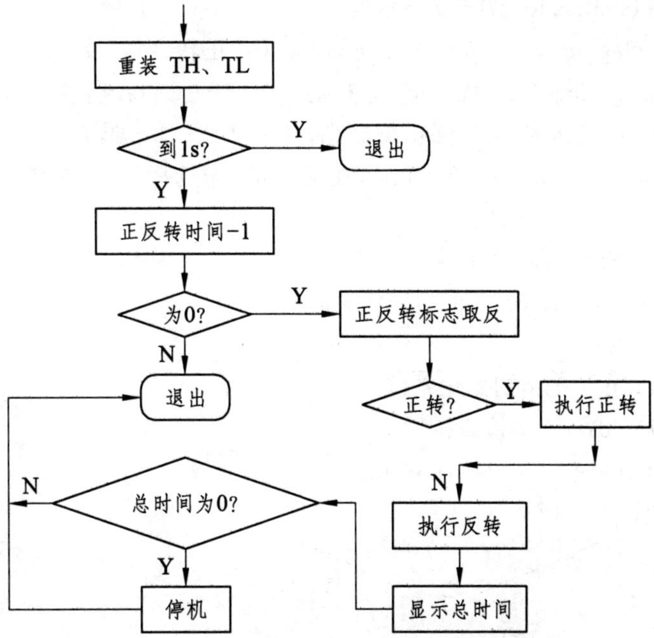

（b）中断服务子程序流程图

图 6-89　流程图

3. 程序代码

```
#include<reg52.h>
typedef unsigned char uint8;
#define FRESH_MAX 60            //强洗的时间
#define FRESH_MIN 30            //弱洗的时间
#define SEC        20           //1 秒
#define STARTSTOP 0X10          //启动/停止
#define QIANGRUO 0X20           //强洗/弱洗选择
#define TIME 0X40               //时间选择
#define NOKEY 0X00              //无键按下
sbit ENA=P1^0;
sbit IN1=P1^1;
sbit IN2=P1^2;          //L298 的接口
sbit K1=P3^6;           //启动/停止
sbit K2=P3^5;           //强弱洗选择
sbit K3=P3^4;           //时间选择
sbit LEDq=P1^5;   //强洗指示灯，黄灯
sbit LEDr=P1^6;   //弱洗指示灯，绿灯
uint8 code tab[10]={
```

```
0xc0,0xf9,0xa4,0xb0,0x99,
0x92,0x82,0xf8,0x80,0x90};//LED 显示码
bit bdata rotate_flag=0;          //转动方向标志，0：正转，1：反转
bit bdata start_stop_flag=0;  //启动/停止标志，0：停止，1：启动
bit bdata qiang_ruo_flag=0;     //强弱洗标志，0：强洗，1：弱洗
bit bdata time_sel_flag=0;      //时间选择标志，0：未选择，1：选择
uint8 time_total=0;     //总时间
uint8 time_const=SEC; //计时 1 秒
uint8 time_fresh=FRESH_MAX;   //洗涤时间
uint8 ruoxi_time=2;
void init_sys(void);          //初始化系统
uint8 scan_key(void);         //检查按键
void delay10ms(void);          //延时 10 ms
void main(void)
{
    uint8 key_v;
    init_sys();          //初始化
    while(1)
    {
        key_v=scan_key(); //检查按键
        if(key_v!=NOKEY)
        {
            if(key_v==STARTSTOP)        //是启动/停止键按下
            {
                if(start_stop_flag)        //启动
                {
                    if(time_sel_flag)         //已经选择了时间
                    {
                    ET0=1;
                    TR0=1;                     //启动
                    ENA=1;
                    IN1=1;
                    IN2=0;
                    }
                }
                else
                {
                    time_sel_flag=0;
                    start_stop_flag=0;
```

```
                    rotate_flag=0;
                    TR0=0;
                    ET0=0;
                    time_total=0;
                    ENA=0;                    //停止
                }
            }
                else if(key_v==TIME)     //选择时间
                {
                    if((time_total>=0)&&(time_total<30))
                    {
                    time_total+=10;
                    }
                    else if(time_total==30)
                    {
                    time_total=10;
                    }
                    P0=tab[time_total/10];
                    P2=tab[time_total%10];        //显示
                }
                else if(key_v==QIANGRUO) // 选择强弱洗
                {
                if(qiang_ruo_flag)
                {
                ruoxi_time=2;
                }
            }
        }
    }
}
//名称：init_sys(void)
//功能：初始化
void init_sys(void)
{
    TMOD=0x01;
    TH0=0X3C;
    TL0=0XB0;
    IE=0X82;
    P0=tab[time_total/10];
```

```
        P2=tab[time_total%10];
        ENA=0;
    }
    //名称：void int_timer0(void) interrupt 1
    //功能：T0 中断服务子函数
    void int_timer0(void) interrupt 1
    {
        TH0=0X3C;
        TL0=0XB0;
        time_const--;                          //1 s
        if(time_const==0)
        {
            time_const=SEC;
            time_fresh--;
            if(time_fresh==0)                  //准备反转
            {
                rotate_flag=!rotate_flag;
                ENA=0;
                delay10ms();
                delay10ms();
                if(!qiang_ruo_flag)            //强洗
                {
                    time_fresh=FRESH_MAX;
                    time_total--;
                }
                else                           //弱洗
                {
                    time_fresh=FRESH_MIN;      //到 30 s
                    ruoxi_time--;
                    if(ruoxi_time==0)          //到
                    {
                    ruoxi_time=2;
                    time_total--;
                    }
                }
                if(!rotate_flag)               //正转
                {
                    ENA=1;
                    IN1=1;
```

```
                IN2=0;
            }
            else                    //反转
            {
                ENA=1;
                IN1=0;
                IN2=1;
            }
            P0=tab[time_total/10];
            P2=tab[time_total%10];    //显示
            if(time_total==0)
            {
                time_sel_flag=0;
                start_stop_flag=0;
                rotate_flag=0;
                ENA=0;                    //到时间停止
                IE=0;
                TR0=0;
            }
        }
    }
}
//名称：uint8 scan_key(void)
//功能：检查按键，有，返回特定数值，无，返回 0
uint8 scan_key(void)
{
    uint8 key_value;
    if(!K1)
    {
        delay10ms();
        if(!K1)
        {
        while(!K1);               //等待释放
        delay10ms();
        start_stop_flag=!start_stop_flag;
        return key_value=STARTSTOP; //启动/停止
        }
        }
        else if(!K2)
```

```
            {
            delay10ms();
            if(!K2)
            {
            while(!K2);
            delay10ms();
            qiang_ruo_flag=!qiang_ruo_flag;
            if(qiang_ruo_flag)
            {
            time_fresh=FRESH_MAX;
            LEDq=0;
            LEDr=1;
            }
            else
            {
            time_fresh=FRESH_MIN;
            ruoxi_time=2;
            LEDq=1;
            LEDr=0;
            }
            return key_value=QIANGRUO; //强弱洗选择
            }
            }
            else if(!K3)
            {
            delay10ms();
            if(!K3)
            {
            while(!K3);
            delay10ms();
            time_sel_flag=1;
            return key_value=TIME;          //时间
            }
        }
        else
        {
            return key_value=NOKEY;      //无按键按下
        }
    }
```

```
//名称：void delay10ms(void)
//功能：延时 10ms
void delay10ms(void)
{
    uint8 t;
    uint8 t1;
    for(t=30;t>0;t--)
    {
    for(t1=200;t1>0;t1--);
    }
}

//end
```

第 7 章
硬件电路板制作

通过前面的单片机课题与实践项目部分的学习，已经初步学会了使用单片机及简单的编程。如果需要设计一个电子产品，不能在使用万用板通过手工布线的方式来完成产品的设计，此时就需要学习设计硬件电路板。

本章以电子温度计的硬件电路板制作为例，讲述硬件电路板的制作过程。

7.1 建立 PCB 项目文件与原理图文件

本书使用 Altium Designer 6 作为制图软件，Altium Designer 6 是 Altium 公司于 2005 年底推出的 Protel 的新版本，它是业界第一款一体化电子设计产品。

7.1.1 认识 Altium Designer 6

1. *启动* Altium Designer 6

双击桌面 Altium Designer 6 图标，或单击“开始”→“所有程序”→“Altium Designer 6”。启动时界面如图 7-1 所示。

图 7-1　Altium Designer 6 启动界面

2. Altium Designer 6 窗口界面

Altium Designer 6 窗口界面，如图 7-2 所示。

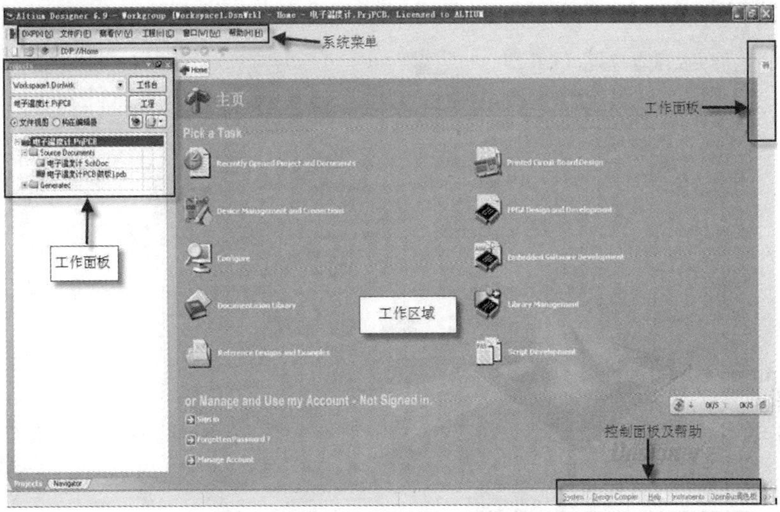

图 7-2　Altium Designer 6 主窗口界面

7.1.2　创建一个 PCB 设计项目

Altium Designer 6 是一款面向工程设计的软件，其文件与实际设计中的一个工程项目很相似，所以其文件类型也引入工程文件类型。一般地，进行一个电路的设计首先要建立一个工程文件，然后在这个工程文件下进行相应的设计。

Altium Designer 6 支持的工程类型有六种：PCB 工程、FPGA 工程、Core 工程、嵌入式系统工程、集成元件库工程和 Script 工程。其对应的工程文件后缀为：*.PrjPCb、*.PrjFPg、*.PrjCor、*.PrjEmb、*.PrjPkg、*.PrjScr。

1. 建立 PCB 项目

在设计时，以“电子温度计”工程为例。具体执行步骤：【文件】|【新建】|【工程】|【PCB 工程】，操作步骤如图 7-3 所示。然后点击“PCB 工程”，新建 PCB 工程如图 7-4 所示。

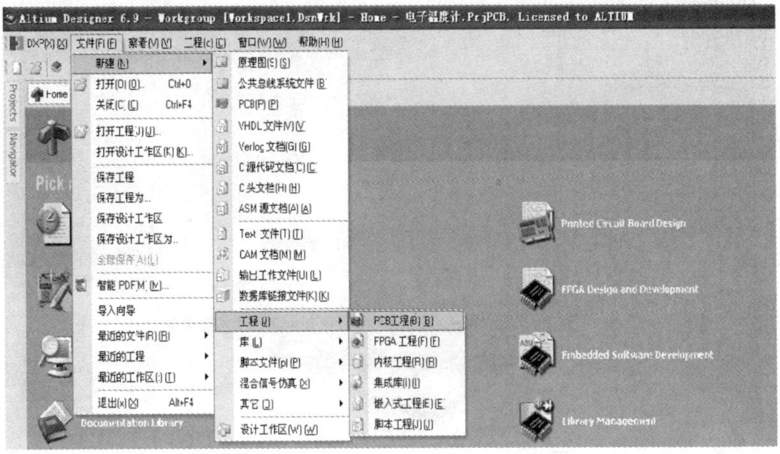

图 7-3　建立 PCB 工程的步骤

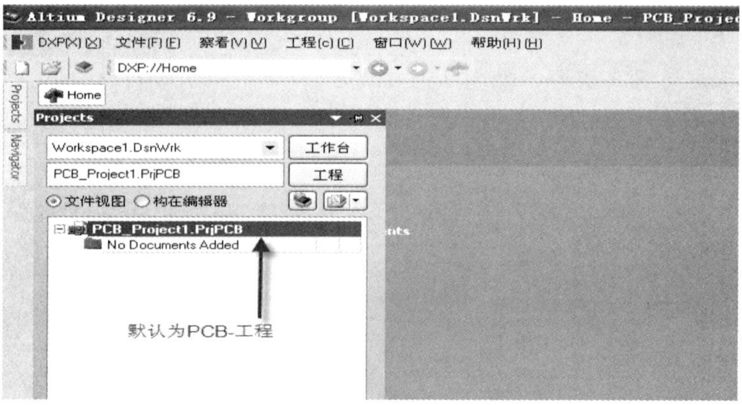

图 7-4　新建 PCB 工程

2. 保存 PCB 项目

在新建的 PCB 工程上右键单击，选择“保存工程为…”；在弹出的对话框中，选择保存工程路径及修改工程名称，然后点击【保存】按钮进行保存，如图 7-5 与图 7-6 所示。

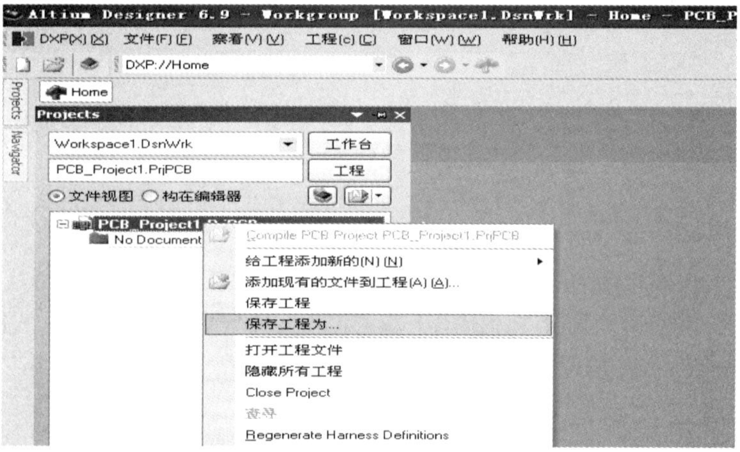

图 7-5　保存 PCB 工程的步骤

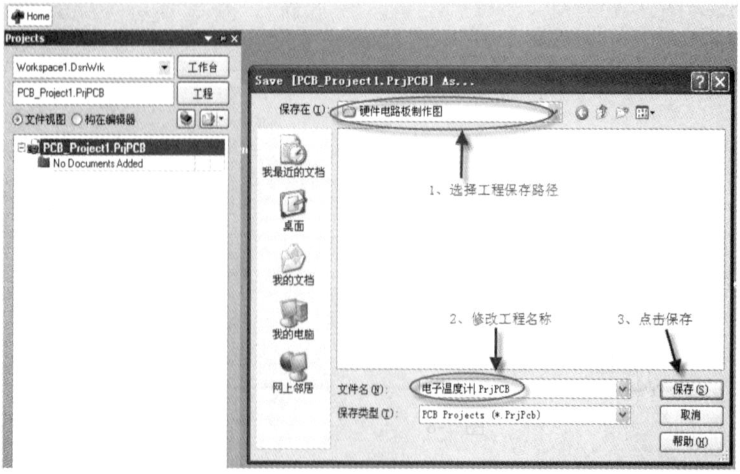

图 7-6　PCB 工程的保存窗口

7.1.3 为工程添加原理图文件

在整个电子产品设计过程中，电路原理图的设计是最根本的基础。一般情况下，只有先设计好电路原理图才能将元件的电气特性和电路连接信息传到 PCB 文件，从而设计出印制电路板。

（1）给“电子温度计”PCB 工程添加原理图文件并保存文件。具体操作步骤：在“电子温度计”工程上右击；【给工程添加新的文件】|【Schematic】；操作步骤如图 7-7 所示。

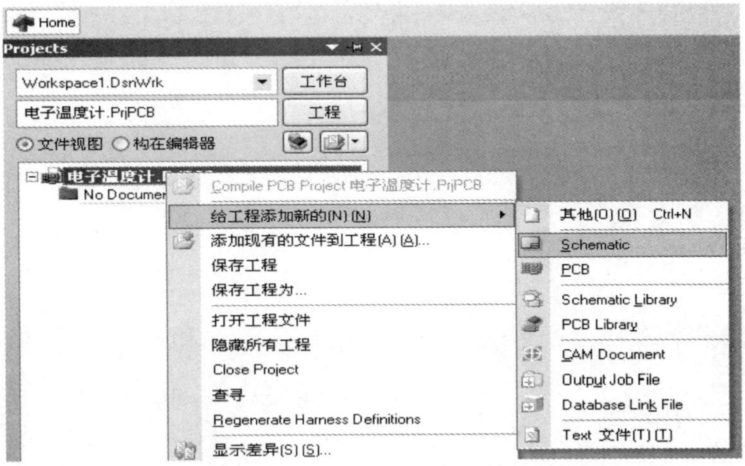

图 7-7 新建原理图文件的路径

（2）在新建的原理图文件上右击，在弹出的对话框中：① 选择原理图保存路径；② 修改原理图名称为“电子温度计.SchDoc”；③ 点击[保存]。如图 7-8 所示。

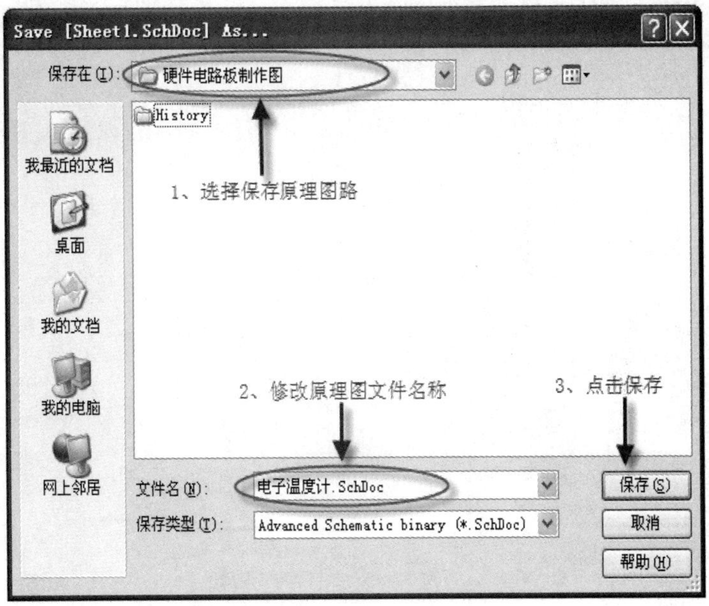

图 7-8 保存原理图文件

（3）打开原理图文件，如图 7-9 所示。

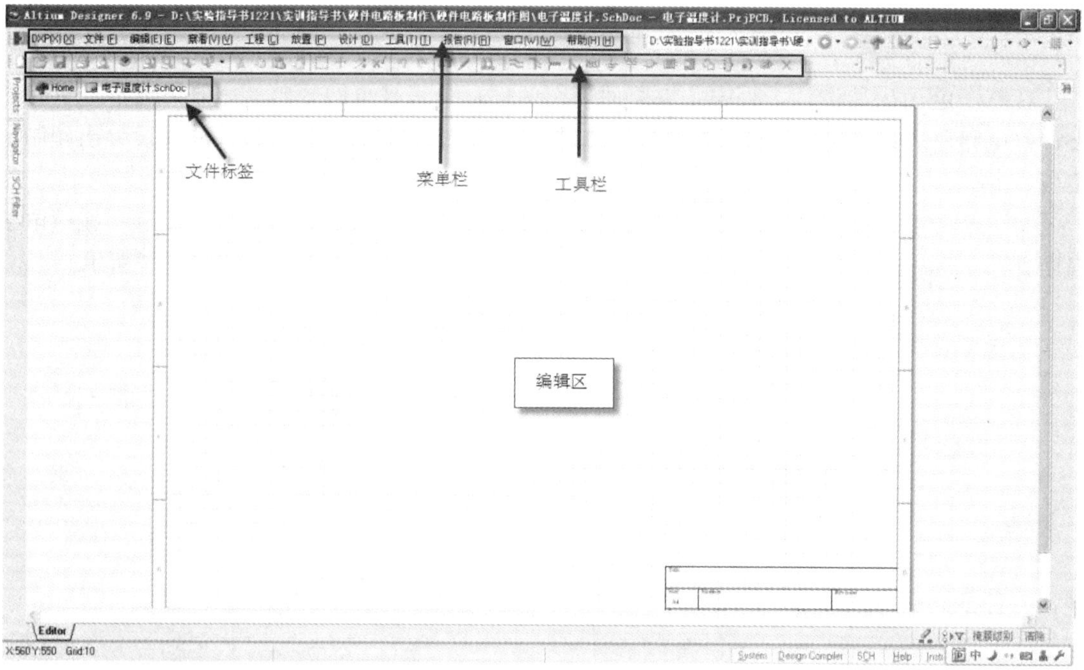

图 7-9　原理图编辑环境

（4）图纸设置。

在原理图的绘制过程中，根据所要求设计的电路图的复杂程度，首先应对原理图图纸进行相应的设置。图纸设置的内容主要有图纸大小、方向、颜色、字体、标题栏和边框等。

在进入电路原理图编辑环境时，Altium Designer 6 系统会自动给出默认的图纸相关参数。大多数情况下使用默认参数的图纸就可以，如果需要修改图纸的大小、方向等参数时，可以在原理图编辑区右键单击【选择选项】|【图纸】。如图 7-10 所示。

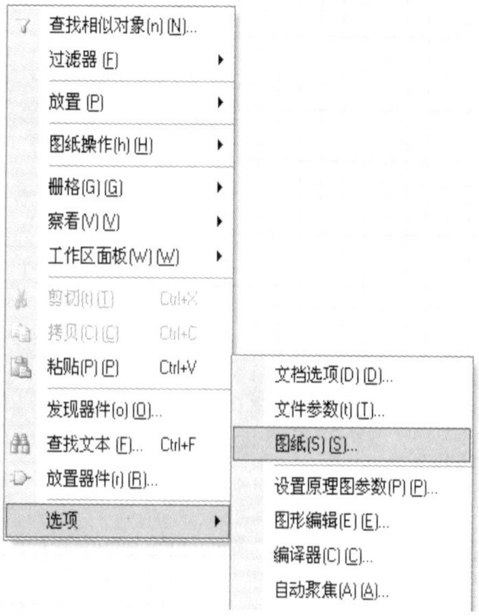

图 7-10　打开图纸设计窗口图

选择单击【图纸】就会弹出图纸参数设置窗口，如图 7-11 所示。

常用的设计参数有：

① 模板文件选择；

② 图纸方向；

③ 边界与图纸颜色；

④ 栅格设置；

⑤ 图纸类型。

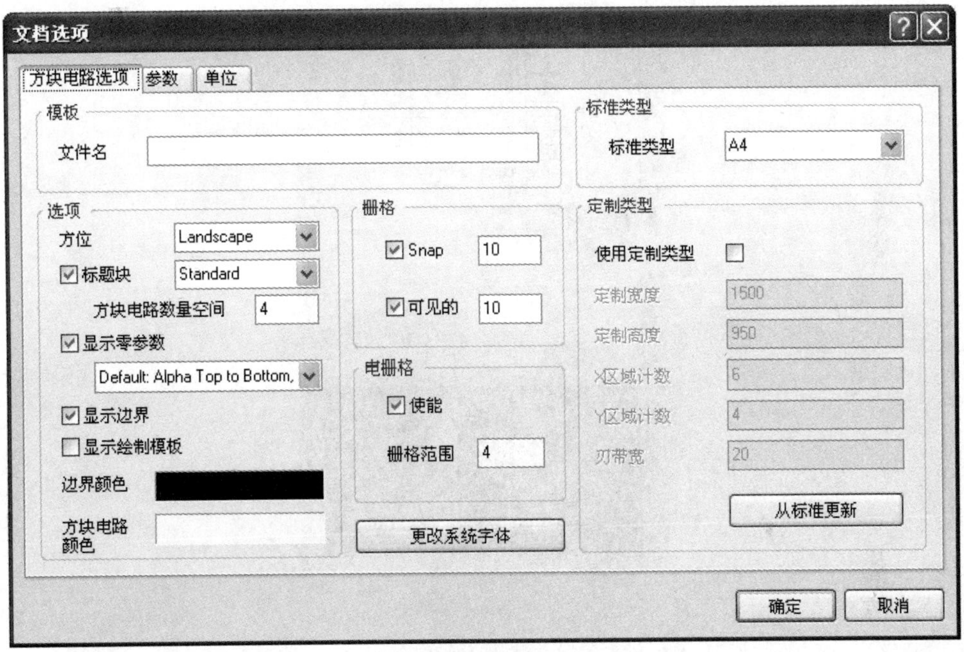

图 7-11　图纸参数设计对话框

（5）绘制原理图。

打开之前建立好的“电子温度计.PrjPCB”和“电子温度计.SchDoc”文件在原理图编辑环境中绘制电路原理图。具体步骤大体上分为设置原理图图纸、放置图元并设置图元参数、连线及检查。

① 设置原理图图纸：此时，设计电路原理图时，选用默认的图纸。

② 放置图元：

a. 单击原理图设计环境由部分工作面板“库”，弹出库面板图，如图 7-12 所示。

b. 通过原理库中选择需要的图元并用鼠标拖放到原理图编辑区，并调整位置。如图 7-14 所示。

c. 设置图元参数。双击图元，按照一定的顺序设置图元的参数，如图 7-15 所示。

③ 连线：

执行工具栏“放置线”按钮，如图 7-13 所示，在连接元件的时候，导线一定要连接到元件引脚的外侧端点，此时将会出现一个红色的斜十字叉，表示该元件已经和导线物理连接。然后移动光标进行连接。为了使原理图连线看起来不是很乱，在此使用网络标号“Net1”，网络标号相同表示物理连接，最后完成原理图的绘制，如图 7-16 所示。

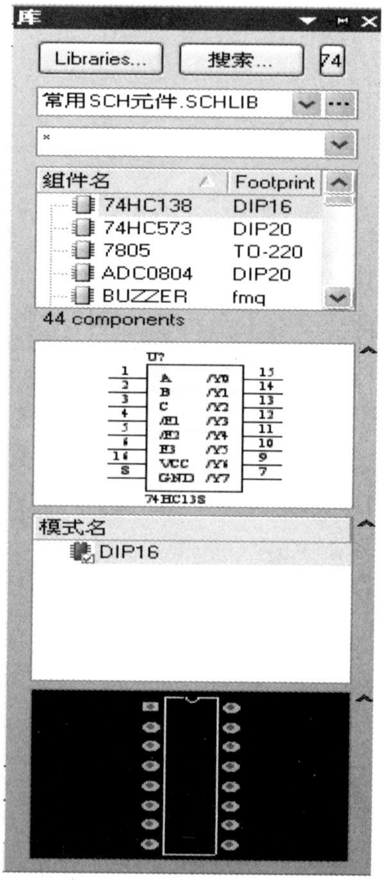

图 7-12　库面板

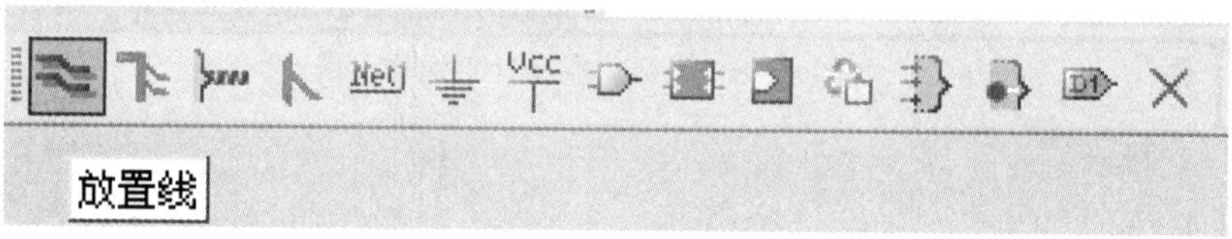

图 7-13　常用绘图工具

④ 检查错误。

通过编译原理图文件，来查看原理图是否有错误。具体操作步骤：菜单命令【工程】|【Compile Document 电子温度计.SchDoc】。如图 7-17 所示。

编译完毕后，需要查看编译结果。具体操作步骤：工作面板（管理标签）【System】|【Messages】，如图 7-18 所示。其中，图（a）为查看编译信息路径，图（b）为编译信息显示本。

⑤ 为原理图元件添加封装。

以单片机添加封装为例，双击单片机芯片原理图元件，弹出窗口如图 7-19 所示。

选择【Models for U1-STC89C52】单击【添加】按钮，弹出窗口如图 7-20 所示。

选择【Footprint】单击【确定】按钮，弹出窗口如图 7-21 所示。

选择【浏览】在弹出的窗口选择单片机的封装 DIP40，如图 7-22 所示，单击【确定】。其他元件的封装添加类同，按以上步骤操作添加即可。

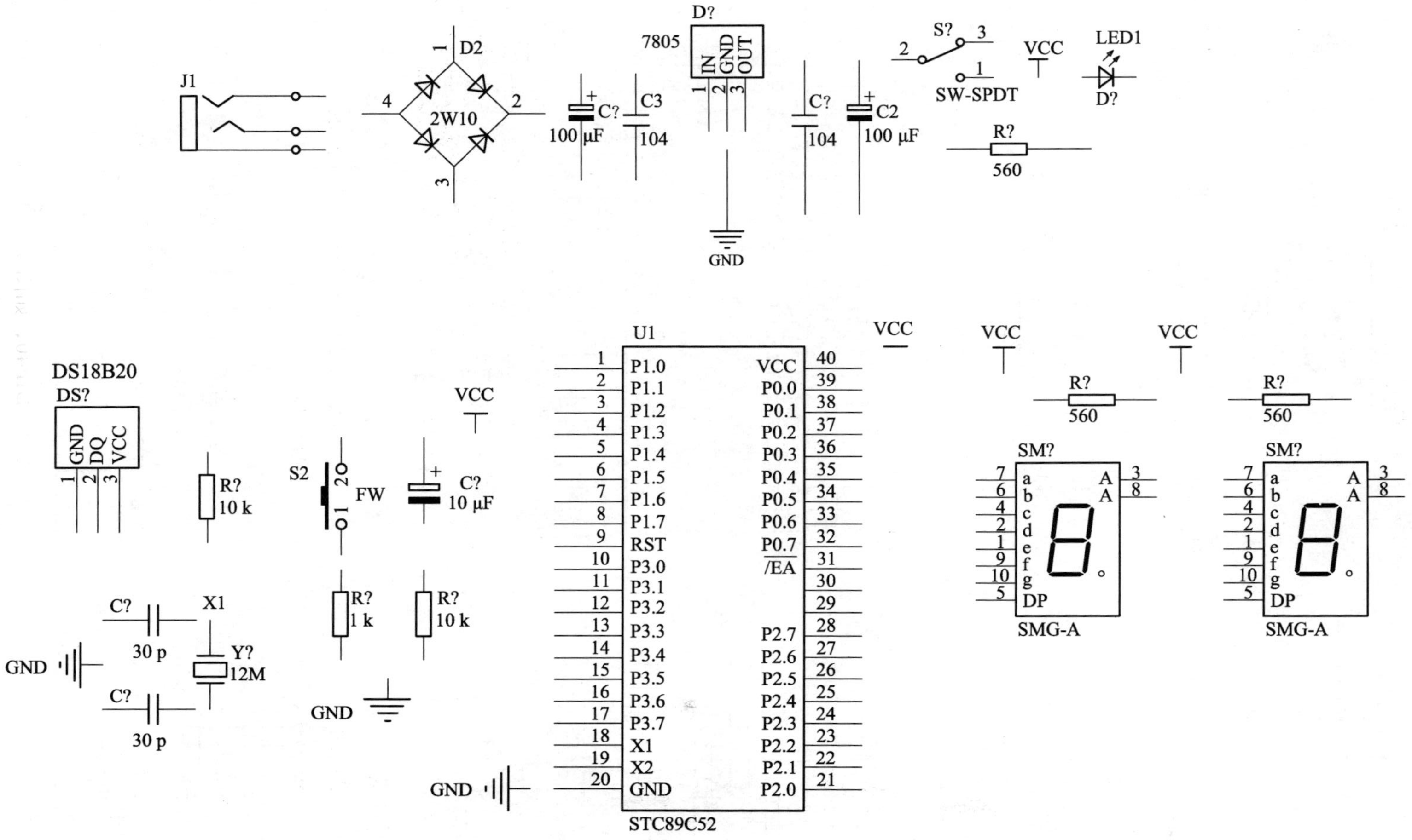

图 7-14　原理图中放置好元件

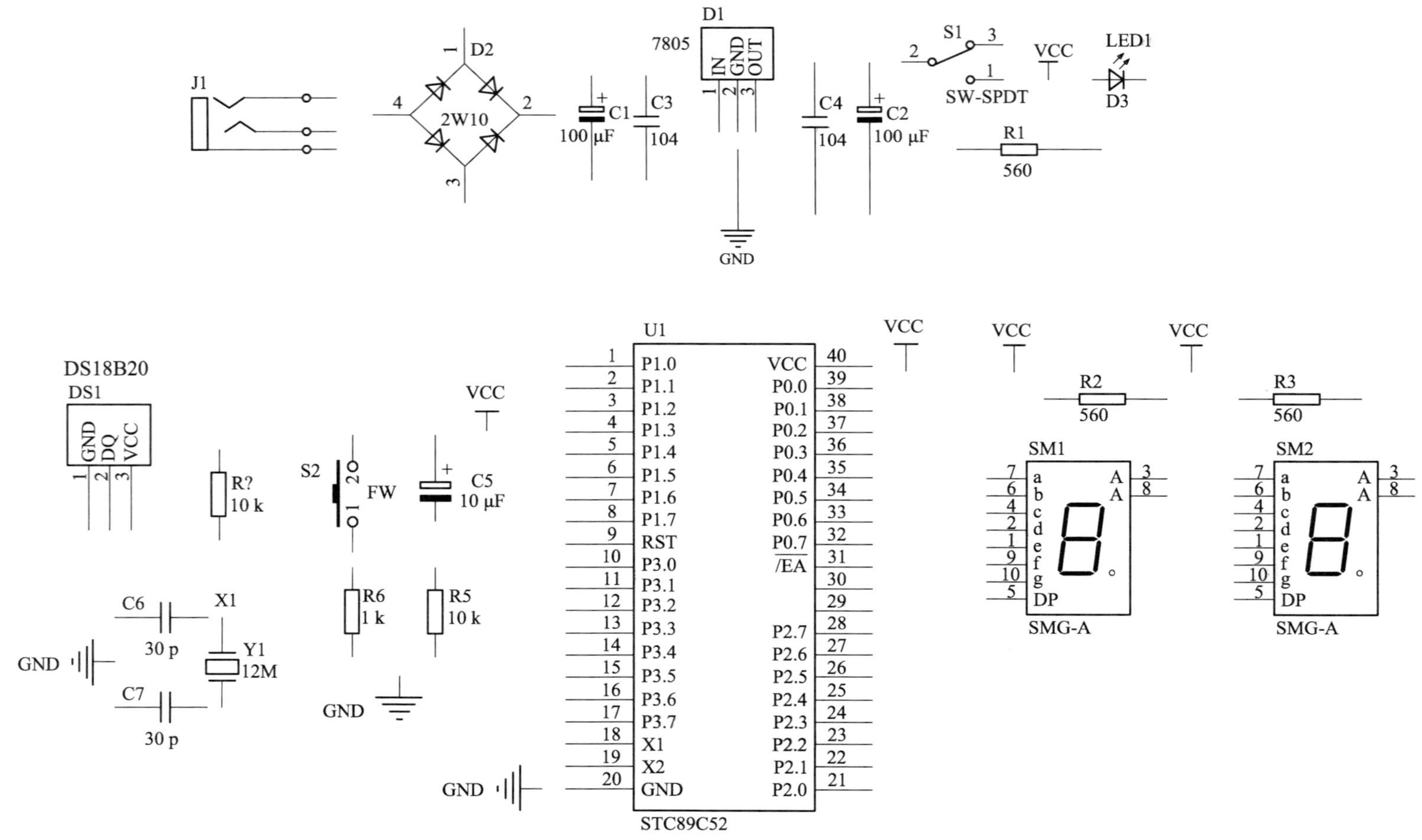
J1
D2
2W10
C1
100 µF
C3
104
D1
7805
IN
GND
OUT
GND
C4
104
C2
100 µF
S1
SW-SPDT
VCC
LED1
D3
R1
560
U1
STC89C52
P1.0
P1.1
P1.2
P1.3
P1.4
P1.5
P1.6
P1.7
RST
P3.0
P3.1
P3.2
P3.3
P3.4
P3.5
P3.6
P3.7
X1
X2
GND
VCC
P0.0
P0.1
P0.2
P0.3
P0.4
P0.5
P0.6
P0.7
/EA
P2.7
P2.6
P2.5
P2.4
P2.3
P2.2
P2.1
P2.0
DS18B20
DS1
GND
DQ
VCC
R?
10 k
S2
FW
C5
10 µF
R6
1 k
R5
10 k
C6
30 p
C7
30 p
X1
Y1
12M
R2
560
R3
560
SM1
SM2
SMG-A
DP

图 7-15　更改元件参数

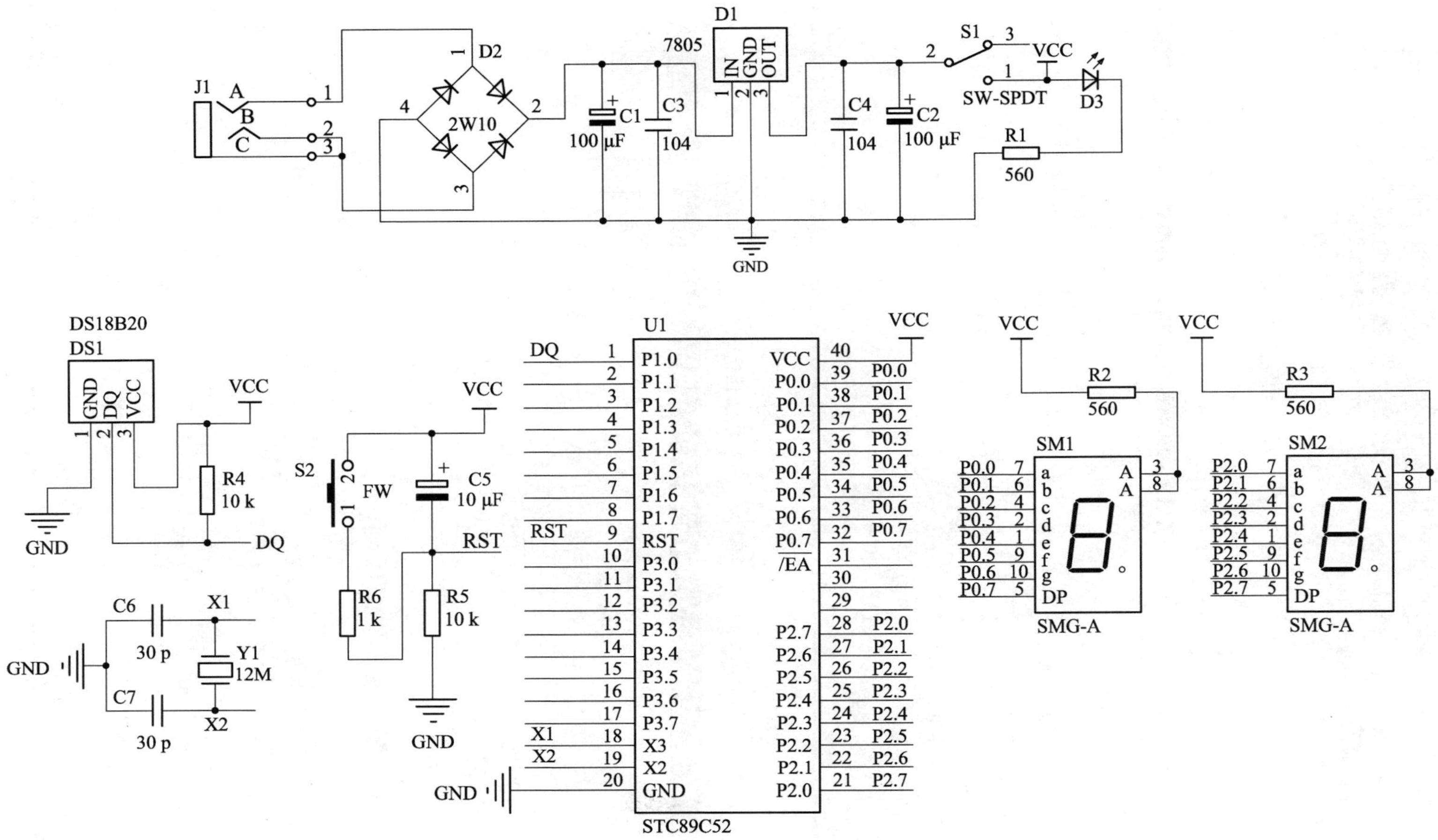

图 7-16　连线完成的原理图

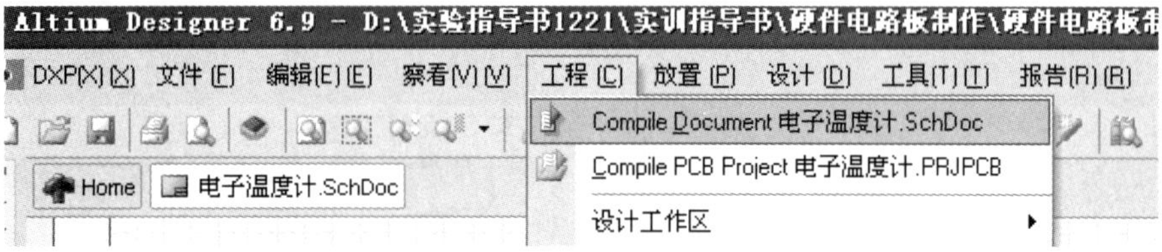

图 7-17　编译原理图文件

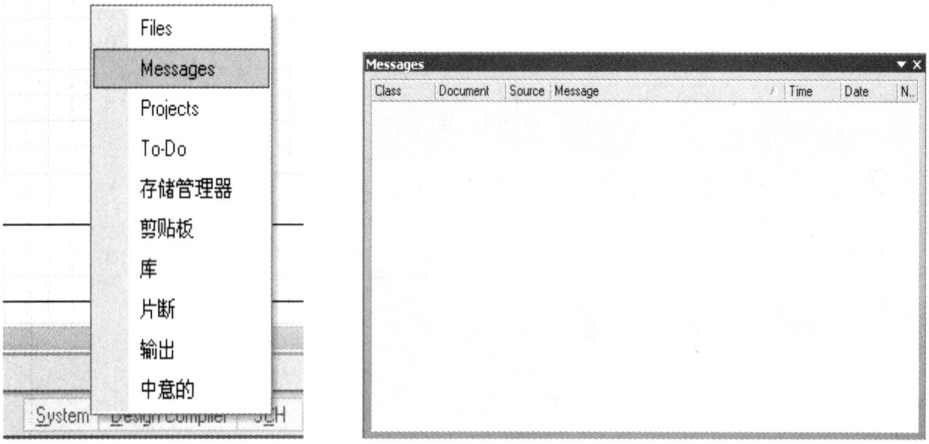

（a）　　　　（b）

图 7-18　查看编译信息

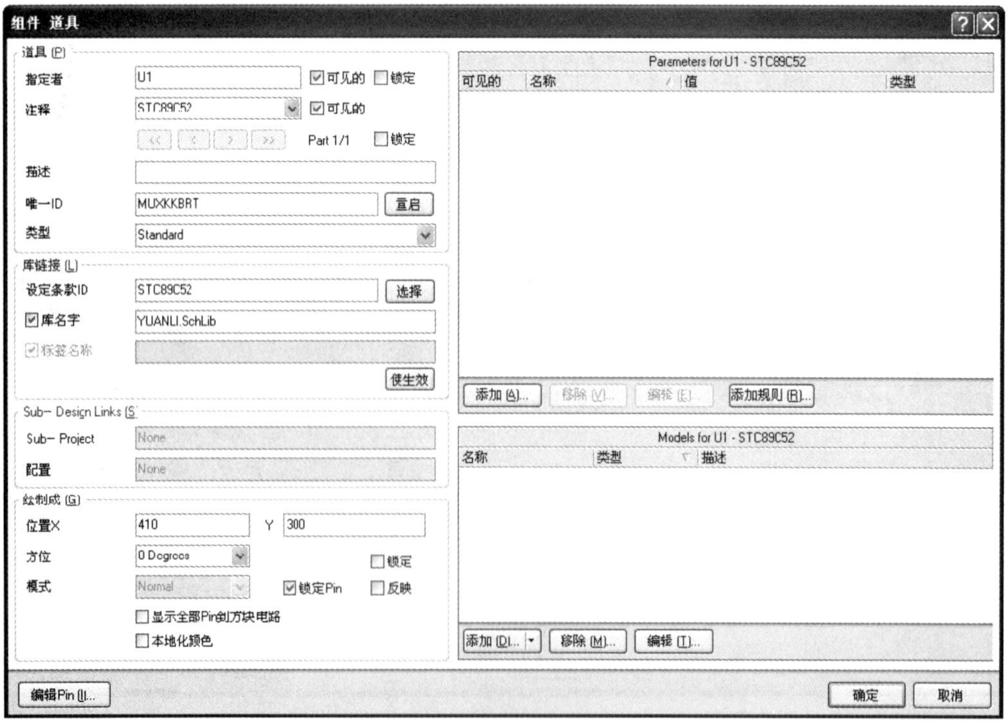

图 7-19　组建道具对话框

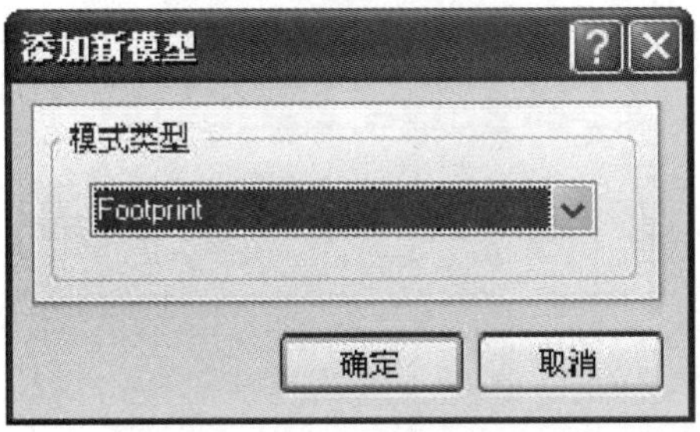

图 7-20　添加新模式对话框

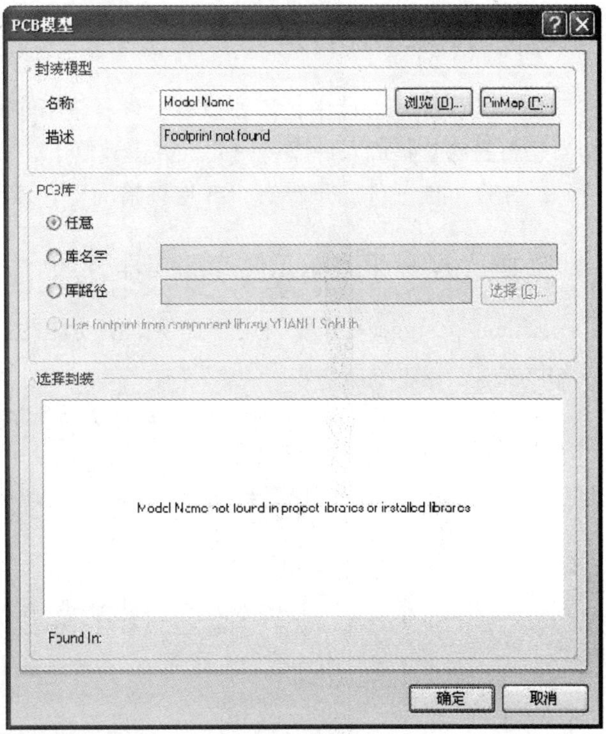

图 7-21　PCB 模型封装

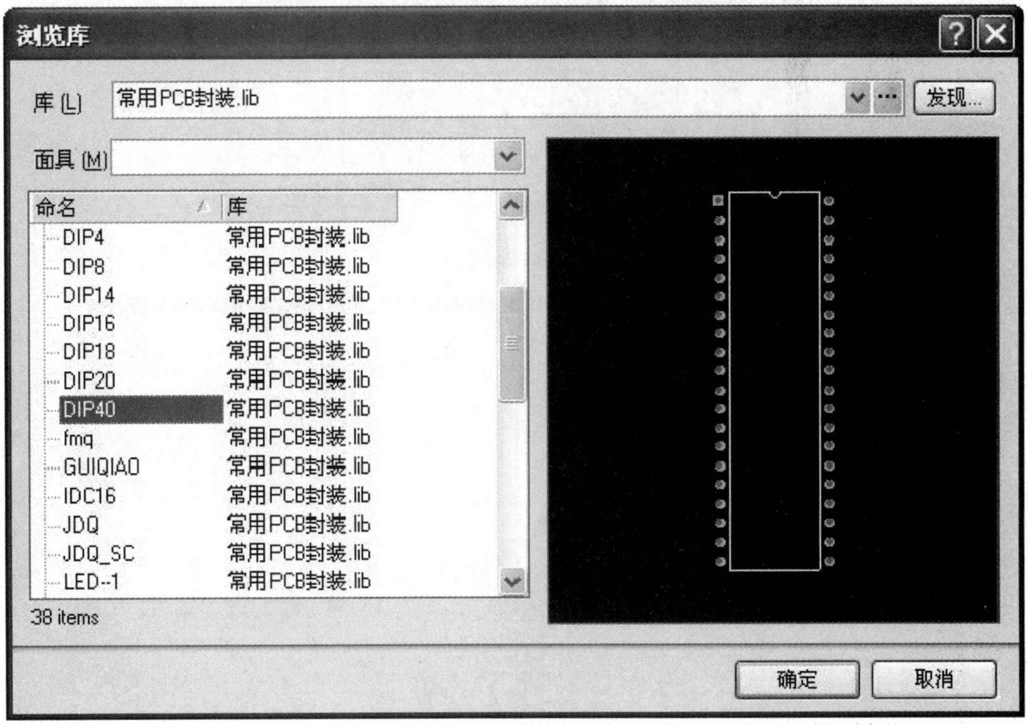

图 7-22　预览库选择封装

7.2 原理图元件库的创建

在电子产品的设计中，需要放置元件，进行原理图设计。Altium Designer 6 系统提供了相当完整的内置集成元件库。因此，大多数情下，可以直接使用已有的元件即可。但对于某些特殊的元件可能元件库里没有，在这种情况下，就需要自己绘制元件，以满足设计需要。

7.2.1 打开原理图元件库编辑器

Altium Designer 6 系统为用户提供了多功能的元件库编辑器，执行菜单命令【File】|【New】|【Library】，操作路径如图 7-23 所示。

执行菜单命令【File】|【New】【Library】|【Schematic Library】，弹出的菜单如图 7-24 所示。

建立原理图库后，进行保存。

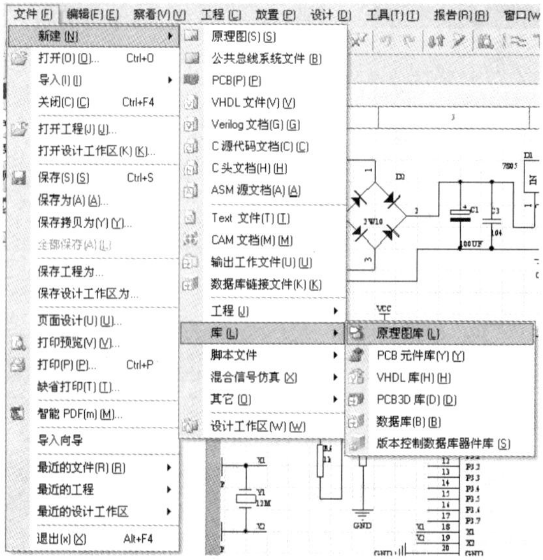

图 7-23　建立原理图元件库

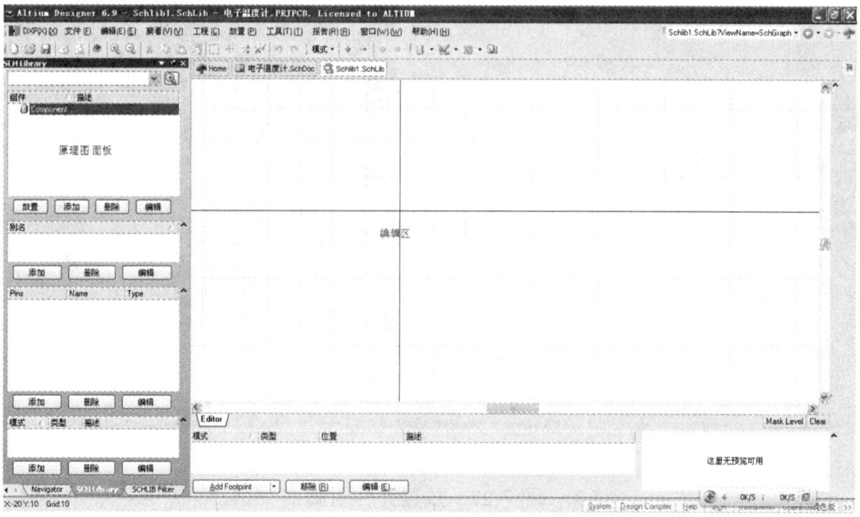

图 7-24　原理图元件库编辑器

原理图元件库编辑环境与原理图编辑环境界面非常相似，不同之处是原理图元件库编辑窗口是由十字坐标组成，有四个区域。一般在绘制元件时，其原点就放置在编辑窗口原点处，在第四象限进行元件编辑。

7.2.2 举　例

（1）选择菜单栏命令【放置】|【矩形】，如图 7-25 所示。执行该命令后，出现元件图如图 7-26 所示。

图 7-25　打开设计元件菜单栏

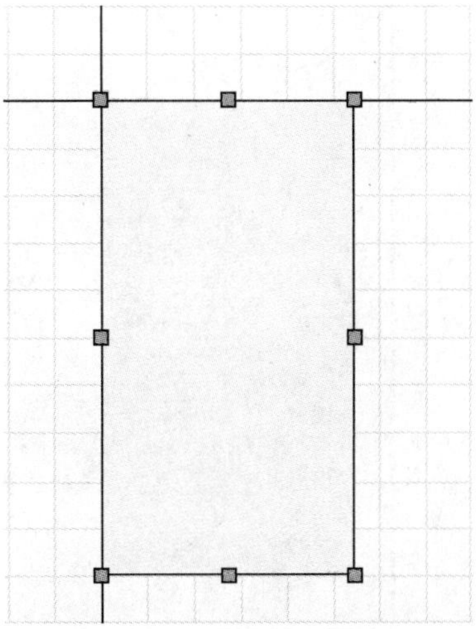

图 7-26　放置的新元件

（2）为元件添加引脚。

① 执行菜单命令【放置】|【引脚】，进行元件引脚放置，如图 7-27 所示。

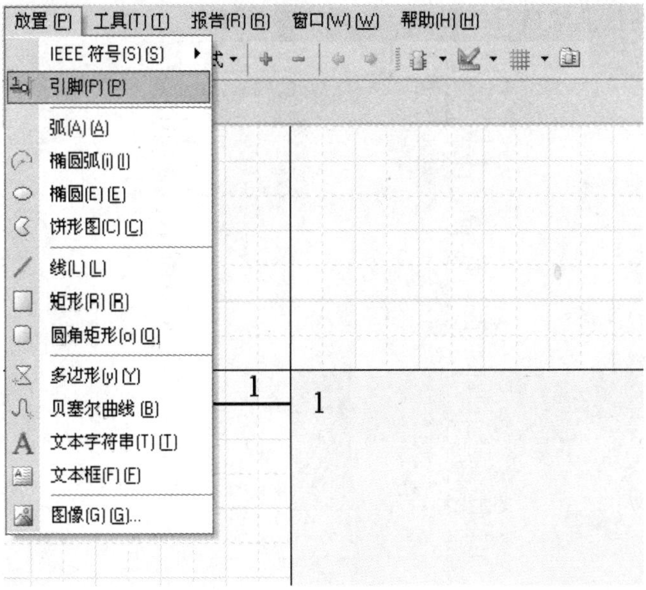

图 7-27　放置元件引脚

② 在放置好的引脚需要改变它的名称和其他参数，双击需要改变的引脚进行参数修改，如图 7-28 所示。

为了简单到位的说明问题，此处只改引脚名称。例如图 7-28 中将 1 号引脚显示名称改为 P1.0。利用此方法依次放置与改变引脚的名称。

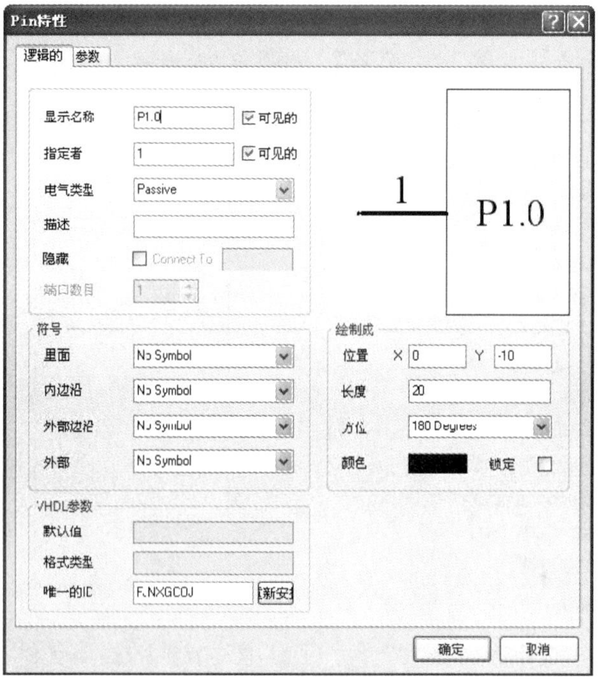

图 7-28　元件引脚修改窗口

③ 编辑元件属性。

在原理图元件面板上编辑元件属性，如图 7-29 所示。

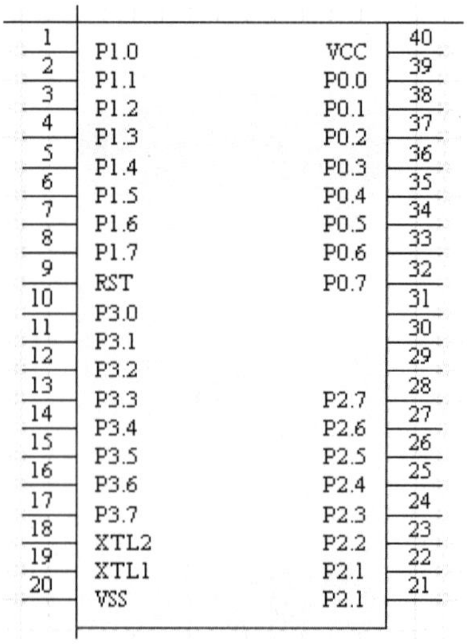

图 7-29　原理图元件

点击“编辑”按钮进行元件属性编辑，在此：a. 将该元件的类型设置为“U？”；b. 元件注释为“STC89C52”；c. 元件名称为“STC89C52”。如图 7-30 所示，单击【确定】按钮即可。

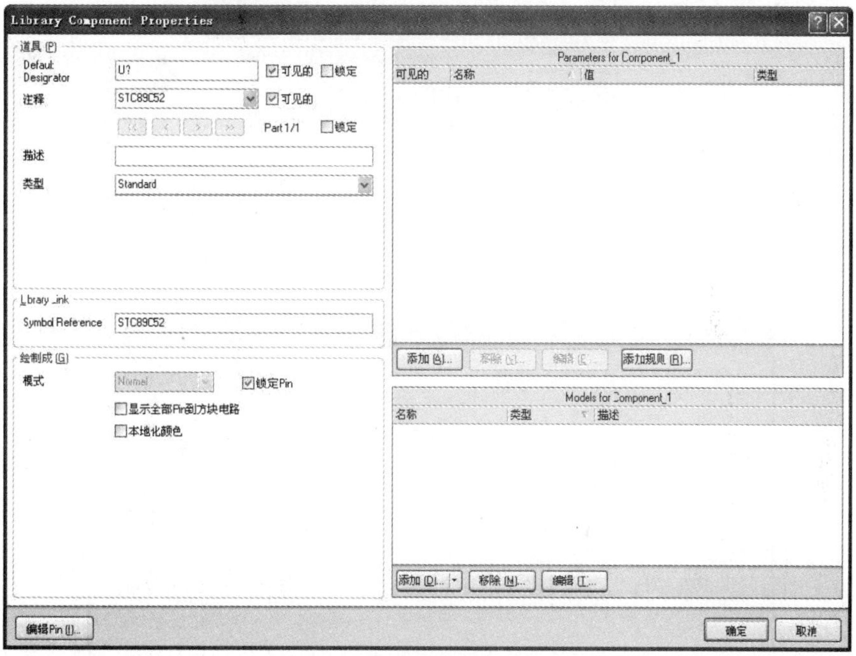

图 7-30　元件属性修改对话框

7.3　由原理图文件生成 PCB 文件

PCB 板为印制电路板或印刷电路板，PCB 板的设计是将电路原理设计转为物理实现的过程。常将 PCB 板分成 3 类：单层板、双层板、多层板。

在由原理图文件生成 PCB 文件时，应该先建立 PCB 文件。具体步骤：

（1）新建 PCB 文件：【电子温度计.PRJPCB】|【给工程添加新的[N]】|【PCB】，如图 7-31 所示。

（2）保存 PCB 文件，如图 7-32 所示。

右击【PCB1.PcbDoc】|【保存】，弹出保存路径与文件名选择窗口如图 7-33 所示。打开 PCB 文件如图 7-34 所示。

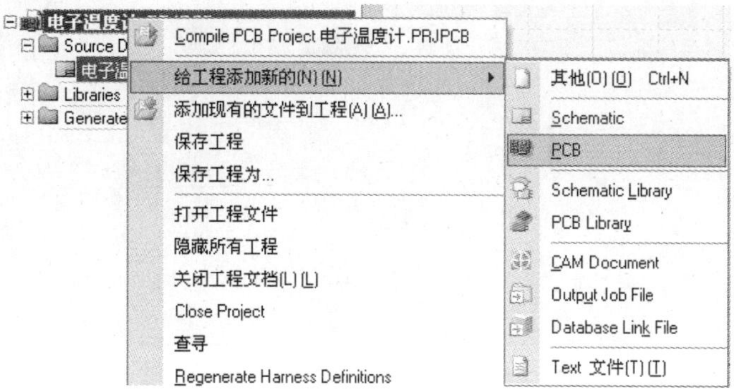

图 7-31　新建 PCB 文件

图 7-32　保存选择图

图 7-33　PCB 文件保存

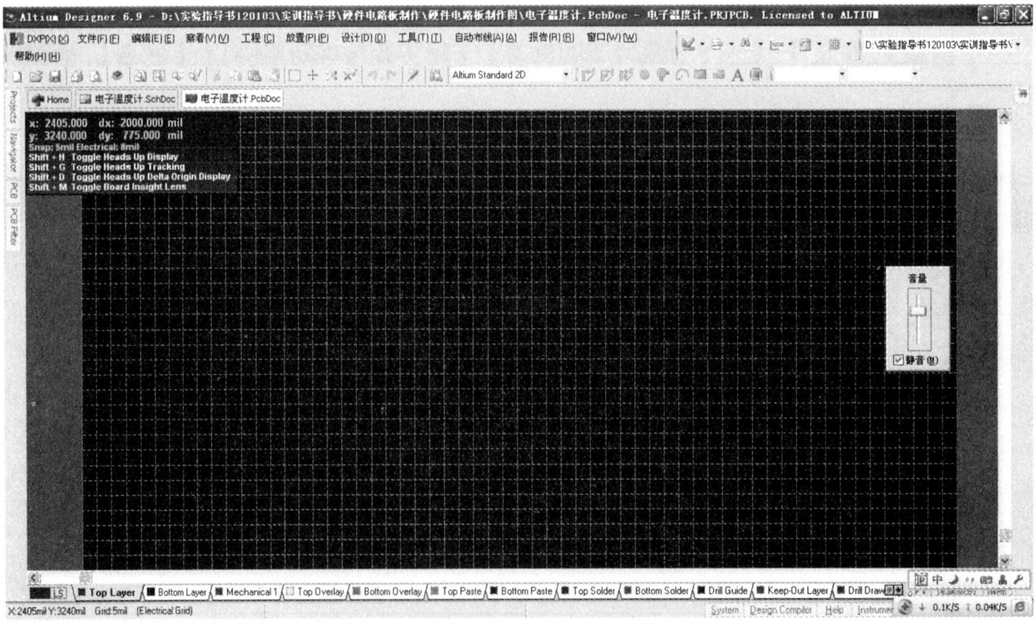

图 7-34　PCB 编辑界面

（3）由原理图生产 PCB 文件。

由原理图更新 PCB 文件是创建 PCB 文件至关重要的一步。更新的具体执行：

① 打开原理图文件，菜单栏【设计】|【Upade PCB Document 电子温度计.PcbDoc】，如图 7-35 所示。单击后弹出窗口如图 7-36 所示。

② 单击【使更改生成】按钮，系统将对原理图中的所有信息进行检测，如果所有变动都有效，【检查】状态会出出现符号，检查结果如图 7-37 所示。

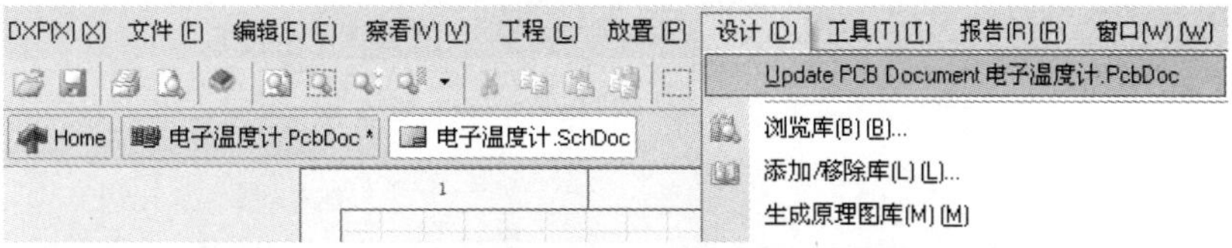

图 7-35　设计生成 PCB 文件

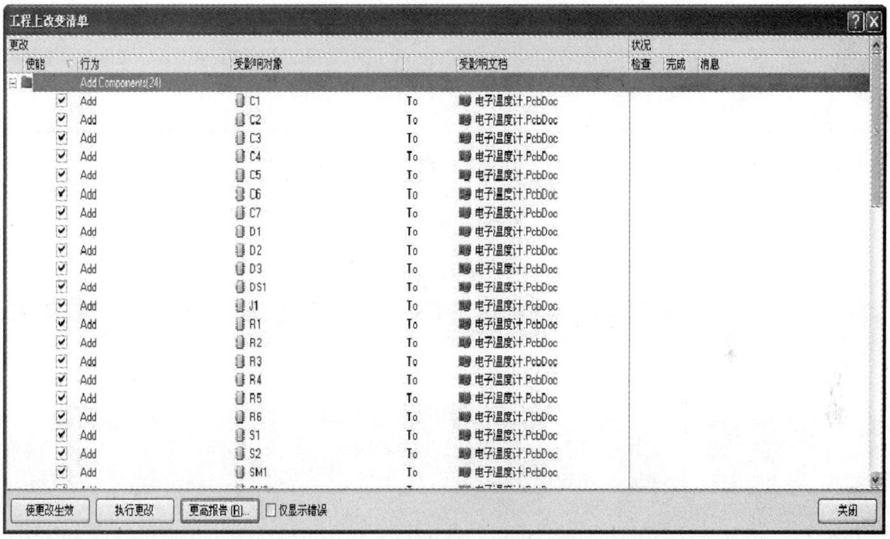

图 7-36　工程上改变清单

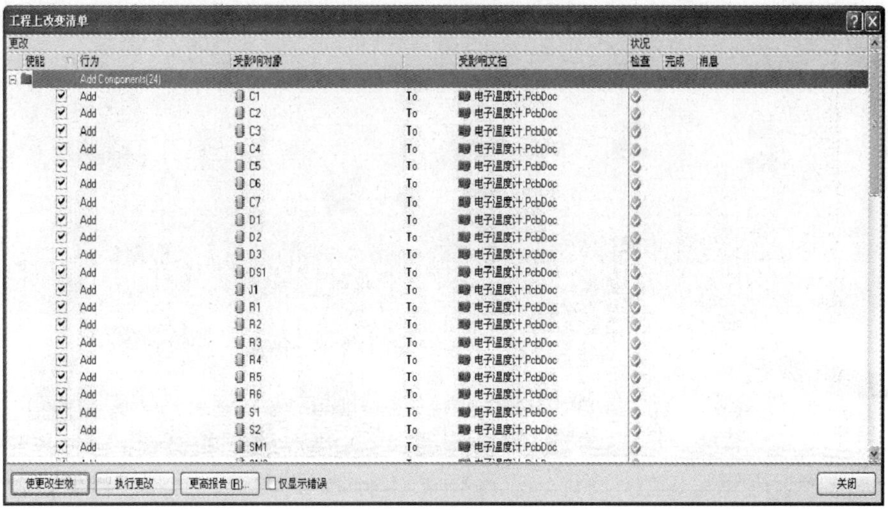

图 7-37　检查结果图

③ 单击【执行更改】按钮，系统开始将原理图中的信息传递到PCB文件。完成后如图7-38所示。如果没有错误，【完成】状态列出现✓符号。

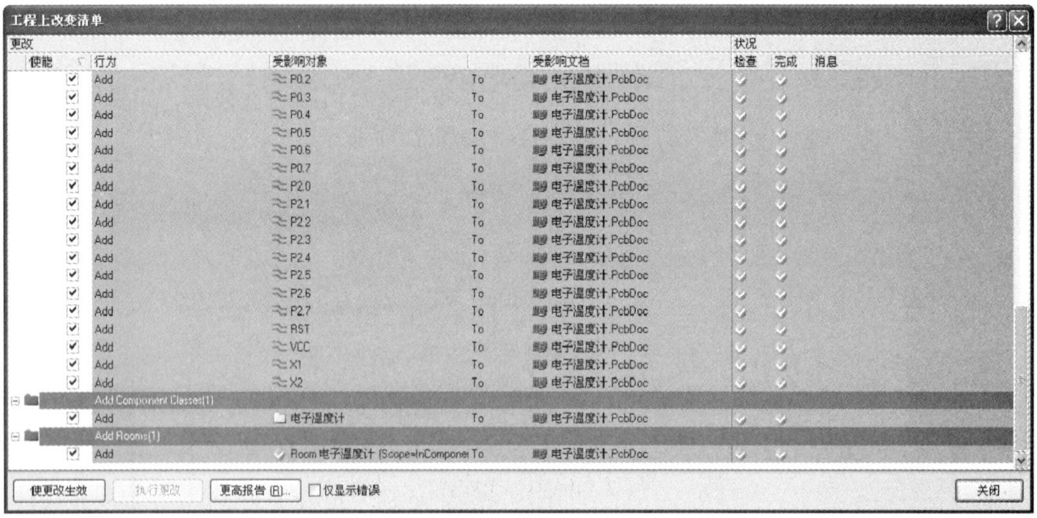

图 7-38　执行更改的结果

④ 单击【关闭】按钮，关闭工程上改变清单对话框。所有的元件出现在工作区域的 Room 内。元件之间的飞线连接体现了电气连接关系，如图 7-39 所示。

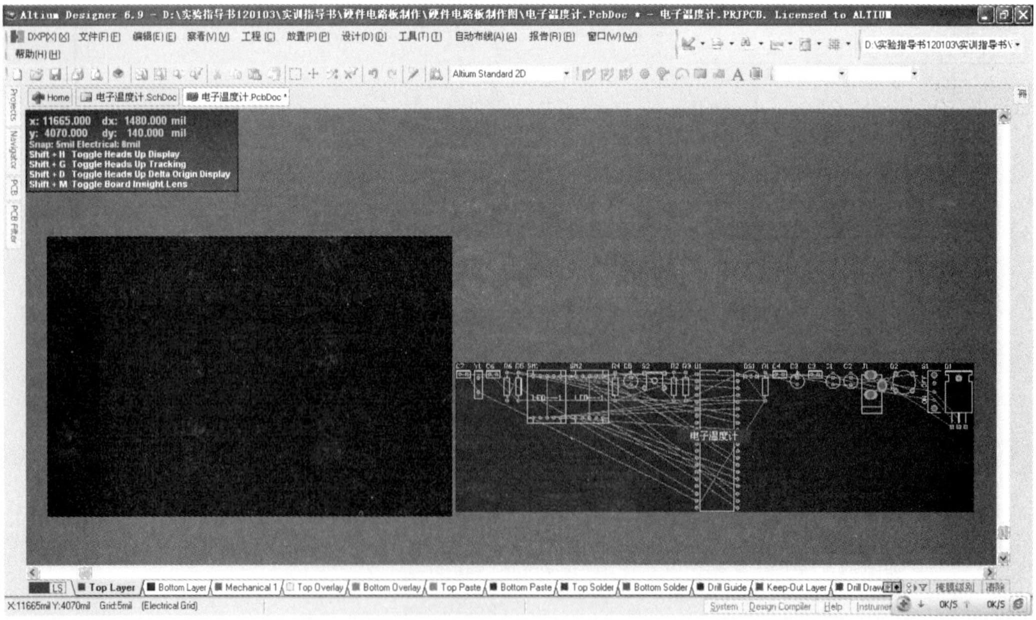

图 7-39　由原理图生成 PCB 文件的结果

⑤ 在一般的 PCB 设计中不需要 Room，所以将其删除。

（4）元件布局、布线。

由原理图更新生成的 PCB 文件后元件排布不合理，需要重新布置元件的位置并进行布线，这里采用手动放置元件和自动布线的方法。具体步骤如下：

① 选择 PCB 板上的所有元件，将其拖到禁止布线区。

② 进行手动调整元件位置，调整完后，如图 7-40 所示。

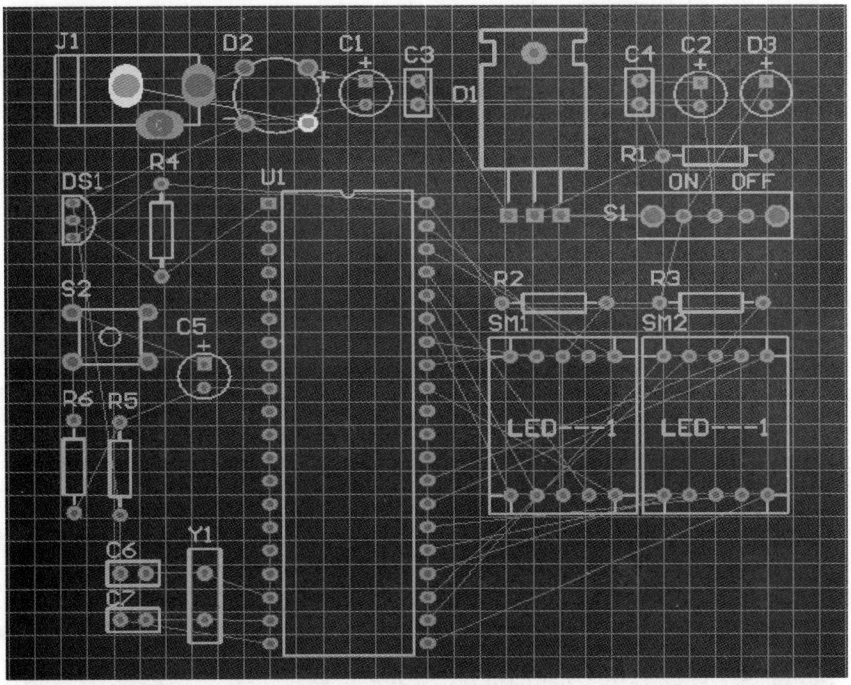

图 7-40　手动调整元件布局

注：在手动调整元件布局时，如果两个原件离得太近，别靠近的元件就会变成绿色的。所以为了元件放置美观合理，一般在手动放置元件时，利用长度测量工具进行测量，具体是按下快捷键“Ctrl+M”，鼠标箭头成“+”时，点击一个元件边，再点击另外一个元件边，就可以测量两个元件之间的长度，如图 7-41 所示为测量单片机到数码管之间的距离为 7.239 mm。

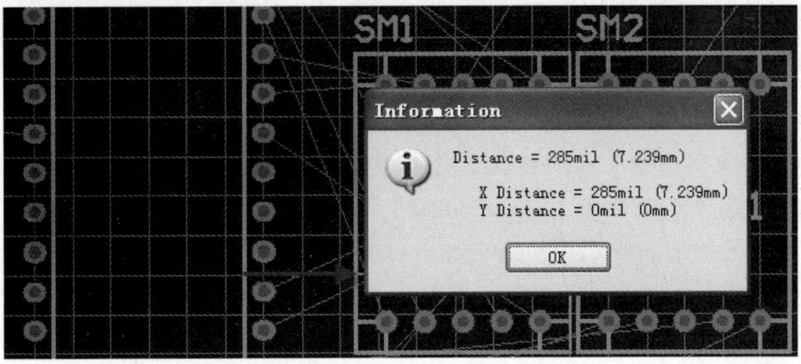

图 7-41　测量两个元件之间的距离

③ 元件布局结束后，在开始自动布线之前，需要设置禁止布线层，具体步骤：在该软件窗口下方选择【Keep-Out Layer】，后执行菜单栏【放置】|【走线】，设置布线区域，如图 7-42 所示，设置好后如图 7-43 所示。

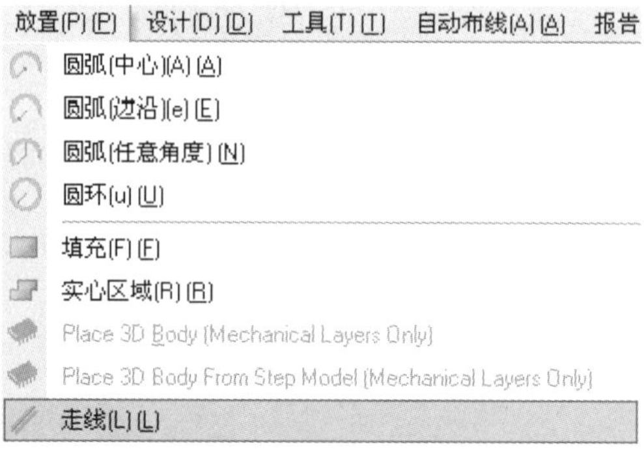

图 7-42　选择禁止布线走线

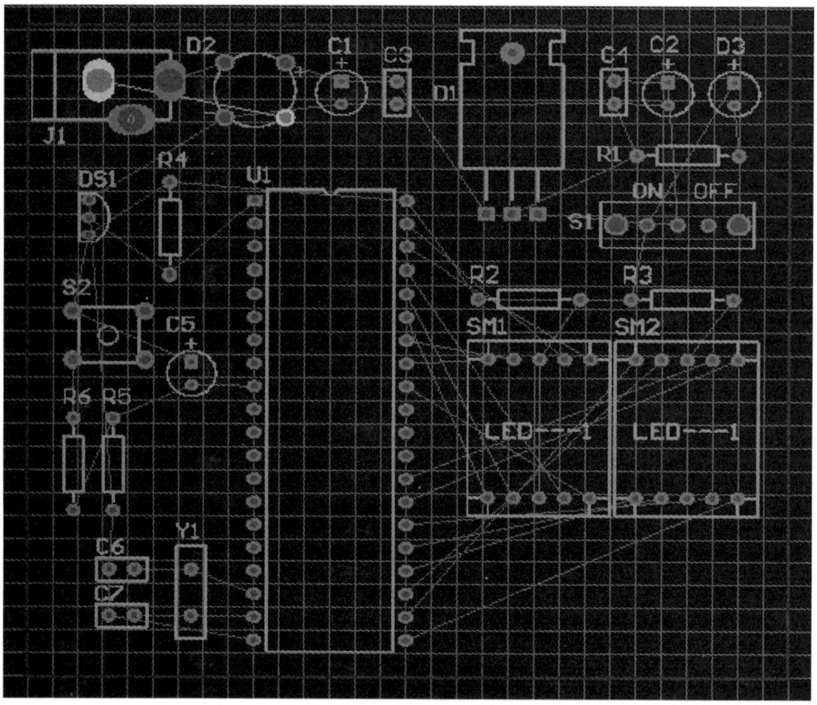

图 7-43　禁止布线层设置

④ 布线：执行菜单命令【自动布线】|【全部】，弹出如图 7-44 所示的对话框。在【状态行程策略】区域中选择【Default 2 Layer Board】策略，单击 Route All 按钮，启动 Situs 自动布线器。自动布线开始后，弹出【Messages】对话框显示布线过程的信息，如图 7-45 所示。在倒数第二条信息中显示通率为 100%，表示全部布线完毕。自动布线结果如图 7-46 所示。需要进行设计规则检查执行【工具】|【设计规则检查】，如图 7-47 所示，说明 J1 中 0、1、2 三个管脚不符合设计规则，但这个并不影响整体设计。

注：红线和蓝线分别是顶层和底层布线层的导线。

⑤ 为 PCB 板上添加说明性的字符，首先将设计层选择执行【Top Overlar】，执行菜单栏【设置】|【字符串】，如图 7-48 所示。修改说明性文字为“电子温度计”，如图 7-49 所示。

⑥ 生产 PCB 板的 3D 显示图，执行菜单栏【查看】|【3D 显示】，如图 7-50 所示。

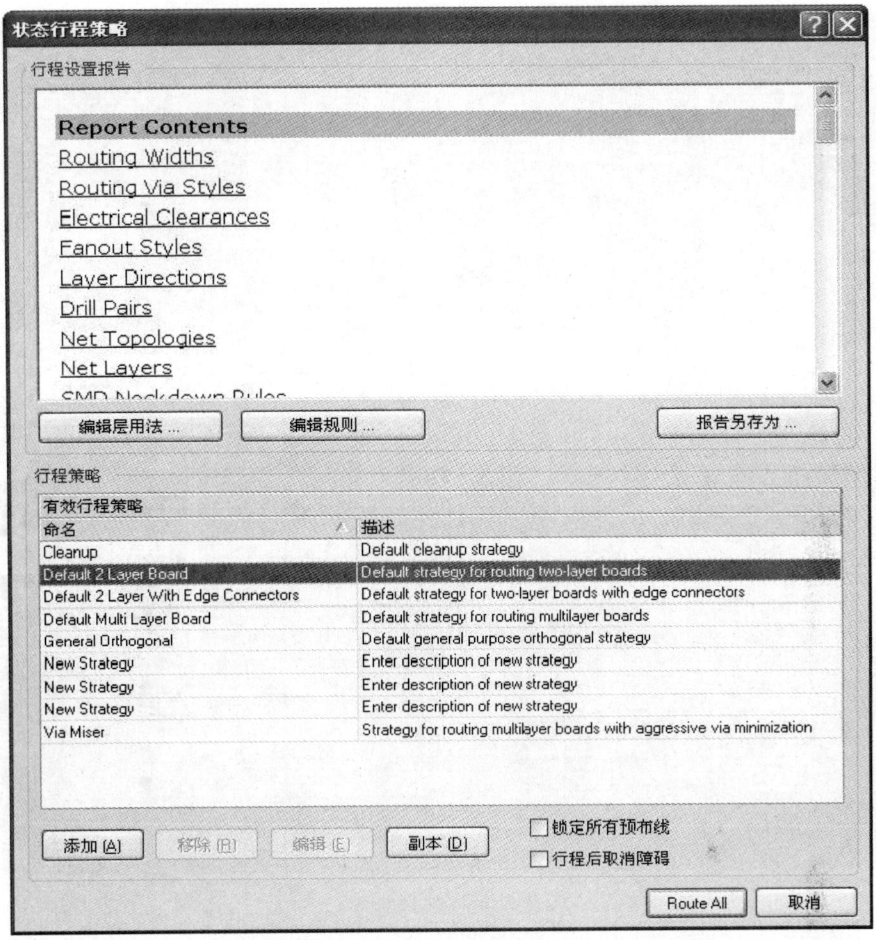

图 7-44　布线策略对话框

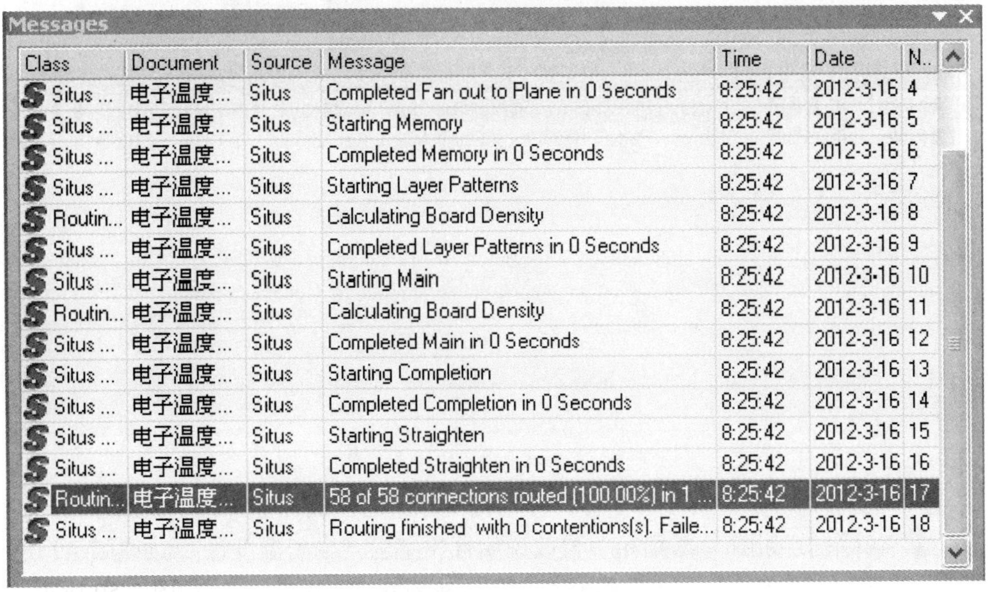

图 7-45　布线时弹出【Messages】对话框

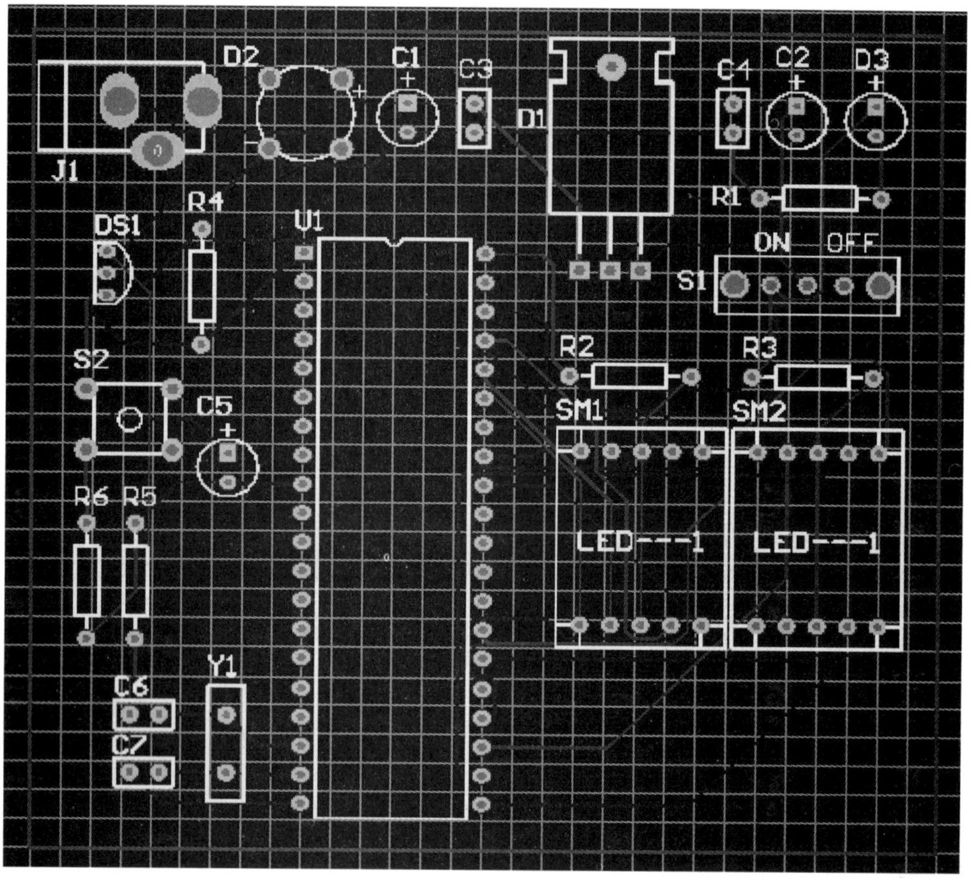

图 7-46　布线结果

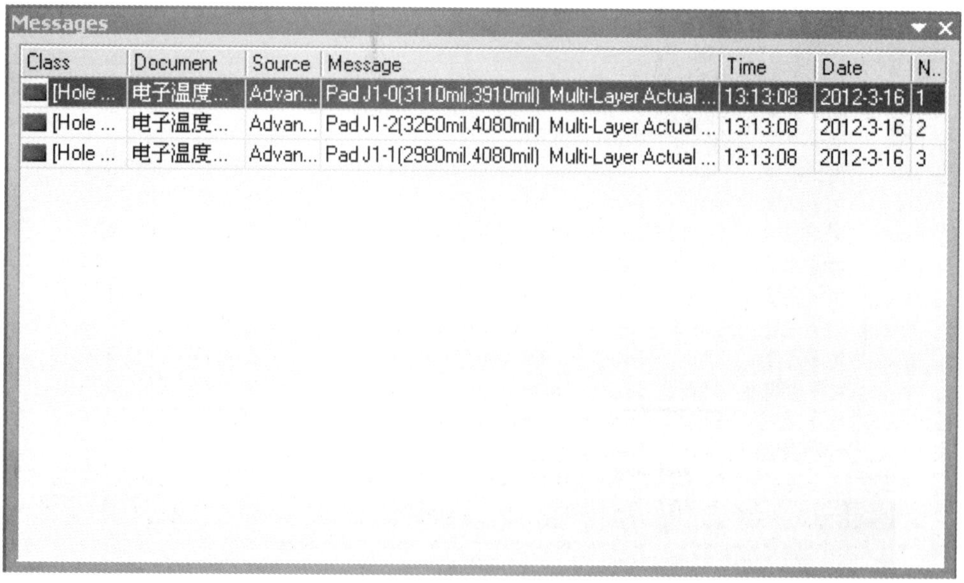

图 7-47　设计规格检查

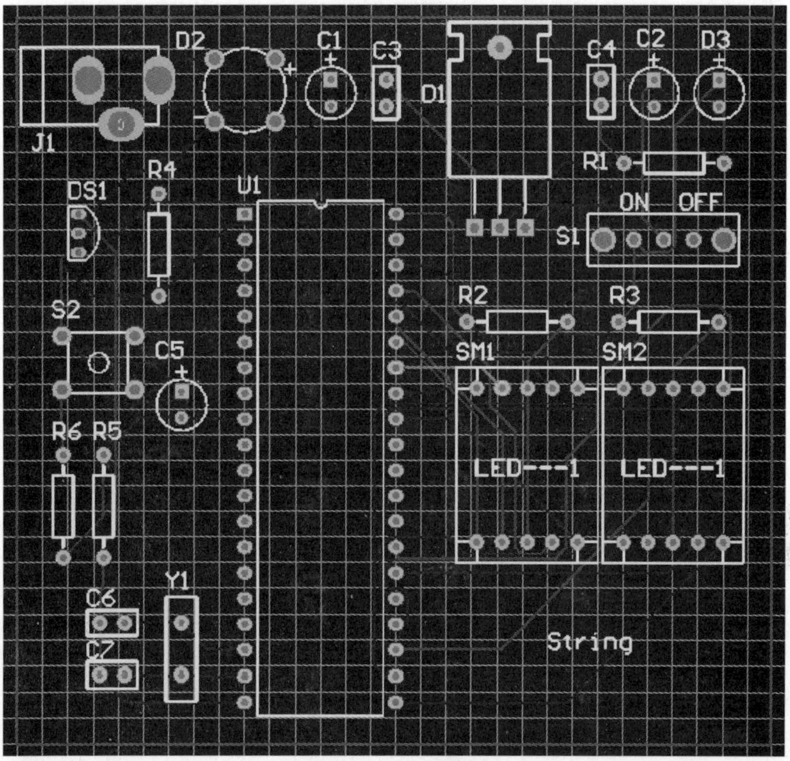

图 7-48 添加说明字符

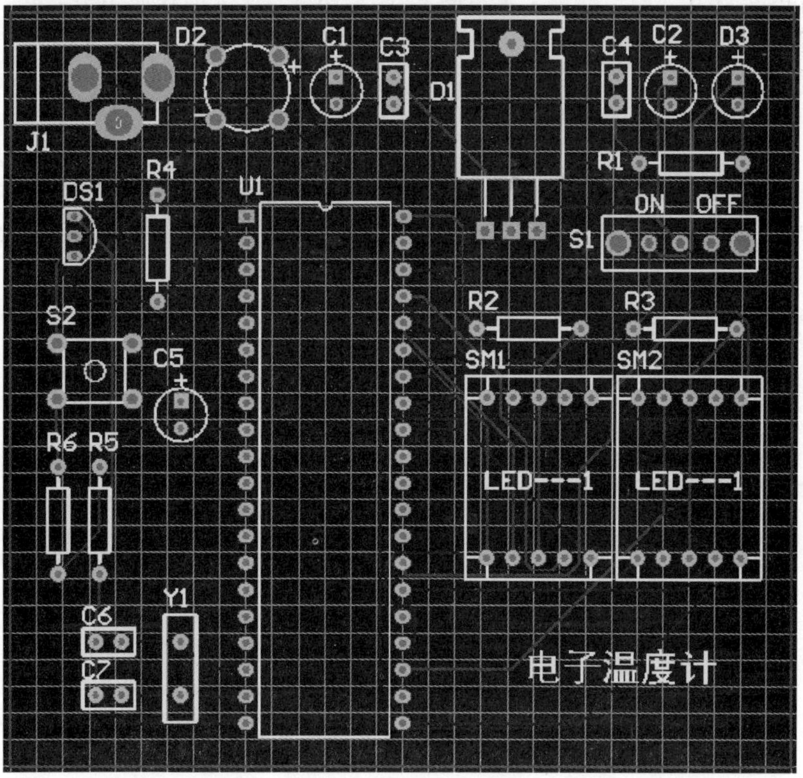

图 7-49 修改说明为“电子温度计”

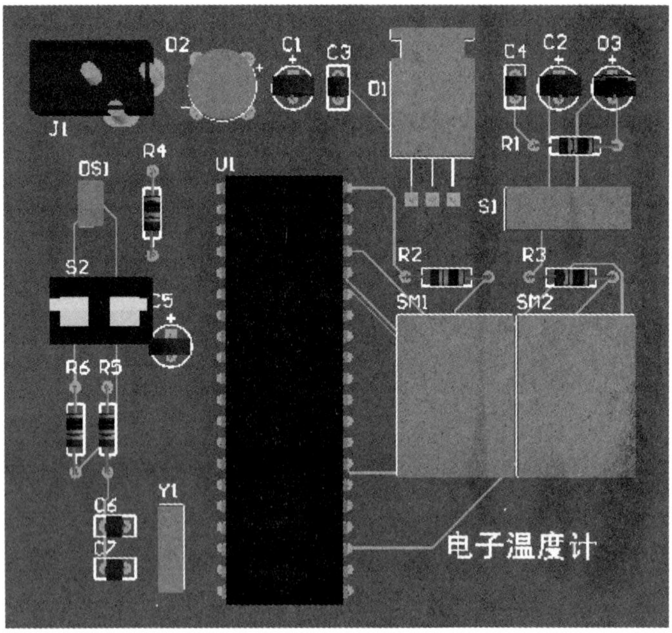

图 7-50　3D 显示图

7.4　制作 PCB 封装元件

Altium Designer 6 为用户提供了丰富的 PCB 元件封装库，但在使用中会遇到找不到合适的元件封装的时候。因此，Altium Designer 6 还提供了制作 PCB 元件封装库的工具以便用户创建自己所需要的封装。

1. PCB 元件封装库编辑器

（1）启动 PCB 元件封装库编辑器，通过新建一个 PCB 元件封装库讲述元件封装的编辑。

执行菜单命令【文件】|【新建】|【库】|【PCB 库】，则新建一个默认名为“PcbLib1.PcbLib”的元件封装库，同时启动元件封装库编译器，打开后如图 7-51 所示。

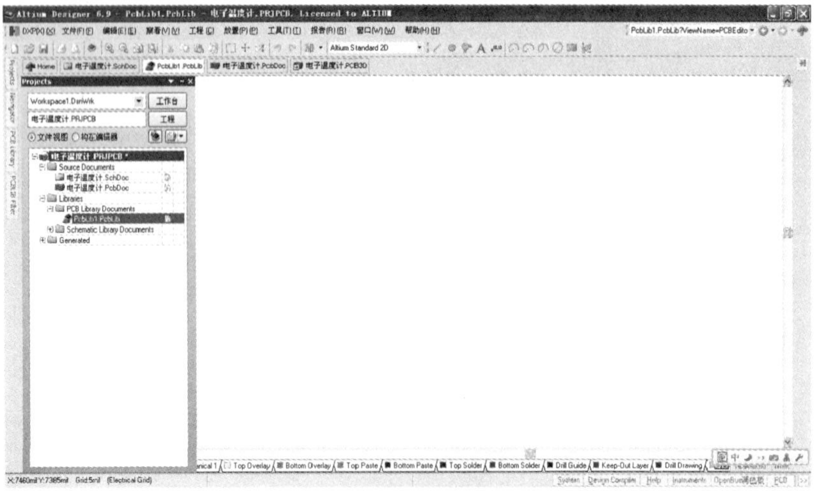

图 7-51　PCB 封装编辑器界面

（2）保存 PCB 元件封装库，执行菜单命令【文件】|【保存】，输入文件名称“dpj.PcbLib”，如图 7-52 所示，点击【保存】即可。

（3）以绘制短柄按键元件封装为例说明：具体执行菜单命令【工具】|【新建空元件】，在 PCB 库面板添加了一个元件封装，如图 7-53 所示。双击该元件封装，弹出如图 7-54 所示的元件参数修改窗口，修改名称为“anniu”后点击【保存】即可。

图 7-52　PCB 元件封装库保存选择

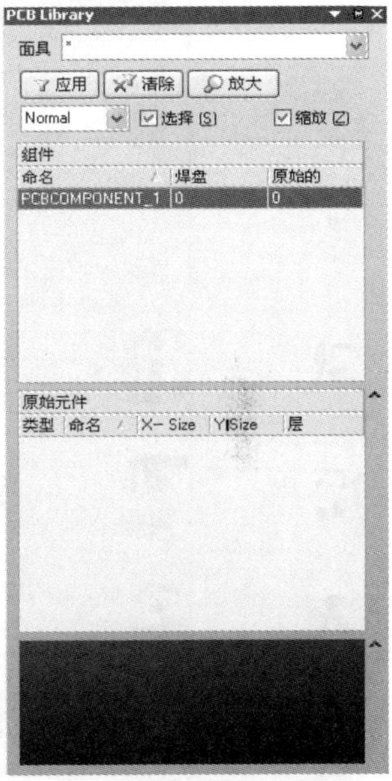

图 7-53　PCB 库面板

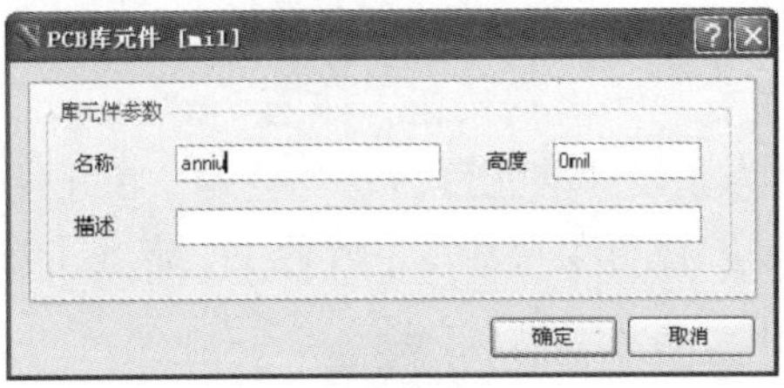

图 7-54　PCB 元件参数窗口

（4）放置焊盘的步骤如下：执行菜单命令【放置】|【焊盘】，如图 7-55 所示，双击焊盘进行焊盘参数修改，如图 7-56 所示。

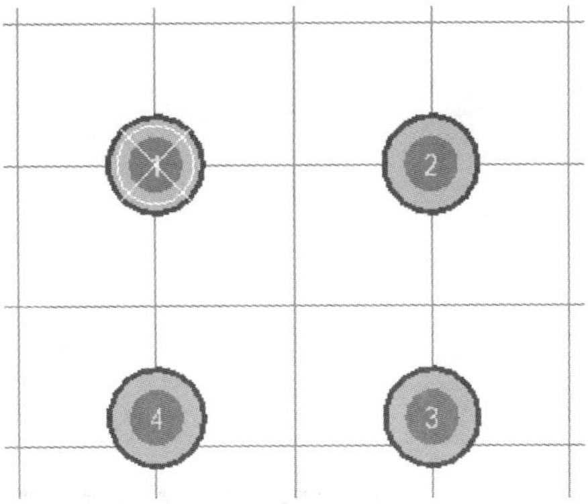

图 7-55　放置焊盘

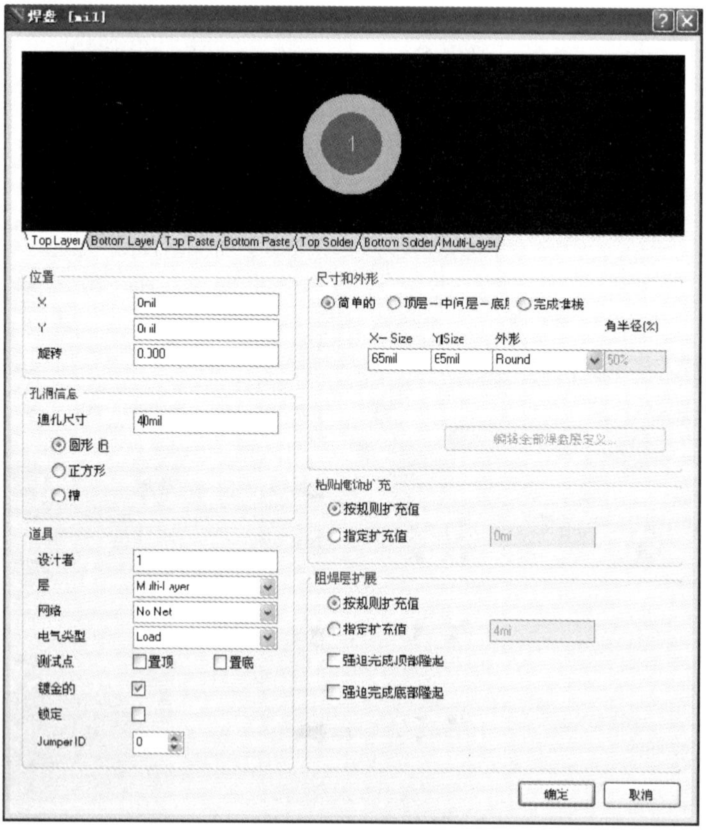

图 7-56　焊盘参数

（5）设计按键封装。首先找一个短柄按钮，如图 7-57 所示，用直尺量得引脚之间间距分别为 7.239 mm 和 5.07 mm。为了设计的元件为一个整体，在元件封装时，需要在表层加上元件样式图，选择【Top Overlar】，执行菜单命令【放置】|【走线】，设计完毕，如图 7-58 所示。

图 7-57　按键实物图

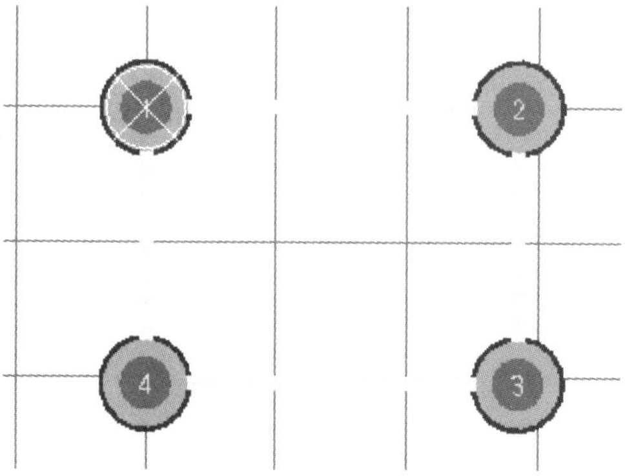

图 7-58　按键 PCB 封装

（6）设置元件封装参考，执行菜单命令【编辑】|【设置参考】|【1 脚】，如图 7-59 所示。

图 7-59 设置参考

执行菜单命令【文件】|【智能 PDF】，按照打印向导即可打印原理图与 PCB 图，如图 7-60 和图 7-61 所示。

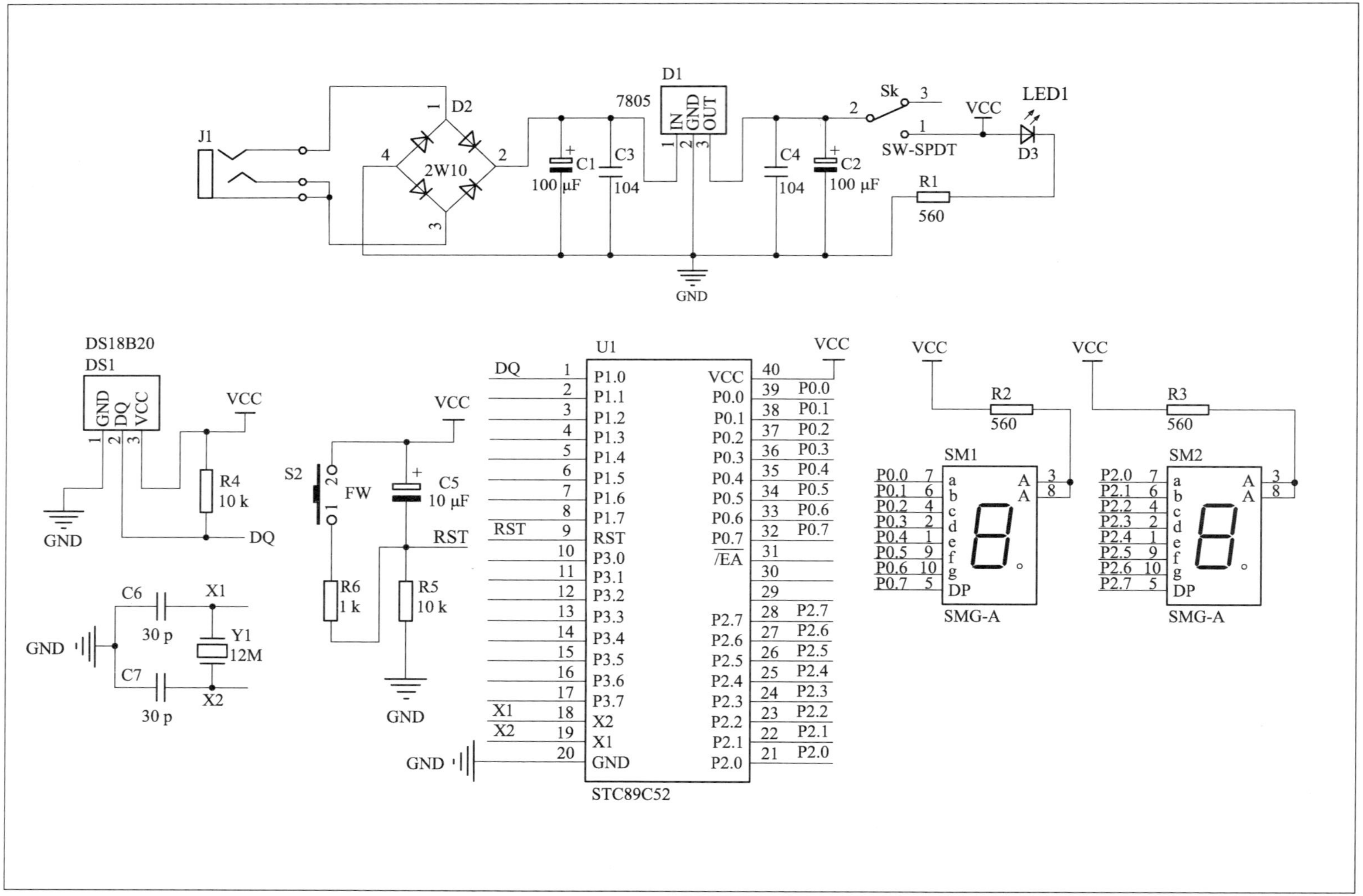
J1
D2
2W10
1
2
3
4
C1
100 μF
C3
104
7805
D1
IN
GND
OUT
C4
104
C2
100 μF
Sk
SW-SPDT
VCC
LED1
D3
R1
560
GND
DS18B20
DS1
VCC
R4
10 k
DQ
GND
C6
30 p
X1
Y1
12M
C7
30 p
X2
S2
FW
C5
10 μF
RST
R6
1 k
R5
10 k
U1
STC89C52
P1.0
P1.1
P1.2
P1.3
P1.4
P1.5
P1.6
P1.7
RST
P3.0
P3.1
P3.2
P3.3
P3.4
P3.5
P3.6
P3.7
X2
X1
GND
VCC
P0.0
P0.1
P0.2
P0.3
P0.4
P0.5
P0.6
P0.7
/EA
P2.7
P2.6
P2.5
P2.4
P2.3
P2.2
P2.1
P2.0
R2
560
R3
560
SM1
SM2
SMG-A
a
b
c
d
e
f
g
DP
A

图 7-60 原理图文件

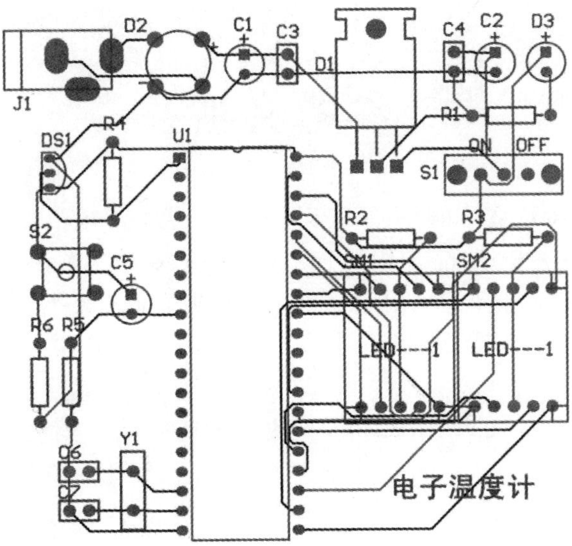
D2
C1
C3
C4
C2
D3
J1
D1
R1
DS1
R4
U1
ON
OFF
S1
R2
R3
S2
SM1
SM2
C5
LED---1
LED---1
R6
R5
Y1
C6
C7
电子温度计

图 7-61　PCB 文件

参考文献

[1] 姜志海，黄玉清，刘连鑫. 单片机原理及应用[M]. 北京：电子工业出版社，2013.
[2] 张靖武，周灵彬. 单片机原理、应用与 PROTEUS 仿真[M]. 北京：电子工业出版社，2008.
[3] 张春芝，荆珂. 单片机技术与应用[M]. 北京：煤炭工业出版社，2007.
[4] 杨欣，张延强，张铠麟. 实例解读 51 单片机完全学习与应用[M]. 北京：电子工业出版社，2011.
[5] 孙育才，孙华芳. MCS-51 系列单片机及其应用[M]. 南京：东南大学出版社，2012.
[6] 陈蕾. 单片机原理与接口技术[M]. 北京：机械工业出版社，2012.
[7] 陈铁军，余旺新. 单片机原理与应用技术[M]. 成都：西南交通大学出版社，2014.
[8] 周润景. 基于 PROTEUS 的电路设计、仿真与制版[M]. 北京：电子工业出版社，2013.
[9] 胡汉才. 单片机原理及接口技术[M]. 3 版. 北京：清华大学出版社，2010.
[10] 刘建清. 轻松玩转 51 单片机 C 语言[M]. 北京：北京航空航天大学出版社，2011.
[11] 李广第，朱月秀，王秀山. 单片机基础[M]. 2 版. 北京：北京航空航天大学出版社，2001.
[12] 程国钢. 51 单片机应用开发案例手册[M]. 北京：电子工业出版社，2011.
[13] 李晓林，牛昱光，阎高伟. 单片机原理与接口技术[M]. 2 版. 北京：电子工业出版社，2011.
[14] 张毅刚. 单片机原理及应用——C51 编程+Proteus 仿真[M]. 北京：高等教育出版社，2012.
[15] 李学礼. 基于 Proteus 的 8051 单片机实例教程[M]. 北京：电子工业出版社，2008.
[16] 徐爱钧. 单片机原理与应用——基于 Proteus 虚拟仿真技术[M]. 北京：机械工业出版社，2010.
[17] 张毅刚，彭喜元，彭宇. 单片机原理及应用[M]. 北京：高等教育出版社，2010.
[18] 蓝天，陈永，王婷，等. 单片机原理及实用技术[M]. 成都：西南交通大学出版社，2014.
[19] 倪志莲. 单片机应用技术[M]. 北京：北京理工大学出版社，2010.